Predictive Analytics
Data Mining, Machine Learning and Data Science for Practitioners
2nd Edition

预测性分析

基于数据科学的方法

（原书第2版）

[美] 杜尔森·德伦 　著　杜炤　邓双　译
（Dursun Delen）

机械工业出版社
China Machine Press

图书在版编目（CIP）数据

预测性分析：基于数据科学的方法：原书第 2 版 /（美）杜尔森·德伦（Dursun Delen）著；杜焱，邓双译 . —北京：机械工业出版社，2022.11（2024.1 重印）

（数据分析与决策技术丛书）

书名原文：Predictive Analytics: Data Mining, Machine Learning and Data Science for Practitioners, 2nd Edition

ISBN 978-7-111-71834-5

I.①预… II.①杜… ②杜… ③邓… III.①数据处理 IV.①TP274

中国版本图书馆 CIP 数据核字 (2022) 第 192565 号

北京市版权局著作权合同登记　图字：01-2021-3013 号。

预测性分析：基于数据科学的方法（原书第 2 版）

出版发行：机械工业出版社（北京市西城区百万庄大街 22 号　邮政编码：100037）

责任编辑：张秀华　　　　　　　　　　　　责任校对：史静怡　王　延

印　　刷：固安县铭成印刷有限公司　　　　版　　次：2024 年 1 月第 1 版第 2 次印刷

开　　本：186mm×240mm　1/16　　　　　印　　张：14.5

书　　号：ISBN 978-7-111-71834-5　　　　定　　价：89.00 元

客服电话：(010) 88361066　68326294

通常来说，商业分析，特别是预测性分析，用于预见未来和做出更明智、更快的商业决策。从错误中学习的传统观念不再适用，现实更像是"一击出局"。要想在当前动荡的商业环境中生存，管理者就必须以绝对准确的方式及时识别问题和机会，并计算和实施最优决策。在这种情况下，使用商业分析的组织不仅可以生存下来，而且还能够茁壮成长。商业分析曾被认为是一种高级 / 可选的能力，现在则是一种必需品——必须具备的组织能力。有了商业分析，公司可以利用数据了解发生了什么，预见将要发生什么，并落实会发生的事情。商业分析现在是企业管理的黄金标准。

分析（或者更恰当地说是数据分析）可以简单地定义为发现数据中有意义的模式——新奇的信息和知识。我们生活在大数据时代，数据正在高速、大量和多样化地被创建，因此分析的定义主要关注的是数据的价值主张。商业分析是一种特殊的分析应用，它利用底层的工具、技术和原则来为极其复杂的商业问题提供解决方案。企业通常将分析应用于商业数据，以描述、预测和优化其商业机会并最大化其绩效。商业分析是当今商界最时兴的词之一，无论看何种商业期刊，你都很可能会看到关于分析以及分析如何改变管理决策方式的文章。分析已经成为循证管理（即证据 / 数据驱动的决策）的新标签。问题是：为什么分析变得如此流行？为什么是现在？主要原因可以分为四类：需求、可用性、可负担性和文化改变。

商业分析按照术语层次性质通常分为三个层次 / 梯级：描述性分析、预测性分析和规范性分析。组织通常从描述性分析开始，然后转向预测性分析，最后实现规范性分析。虽然这三个分析梯级是分层的（就复杂性和烦琐性而言），但是从较低层次到较高层次并没有明确的区分。也就是说，企业在处于描述性分析层次的时候，也可以零碎地使用预测性分析甚至规范性分析。预测性分析是本书的主要主题，它处于描述性分析之后和规范性分析之前。在描述性分析方面已经成熟的组织会进入预测性分析这个关键层次。在这个层次中，组织的目光放在了已经发生的事情之外，并试图回答"将会发生什么？"的问题。本书会深入介绍各种分析技术的预测能力。

或许是由于作为流行词被迅速普及，"分析"一词正在取代"智能""挖掘"和"发现"

等先前流行的词的地位。例如，"商务智能"变成了"商业分析"，"客户智能"变成了"客户分析"，"Web 挖掘"变成了"Web 分析"，"知识发现"变成了"数据分析"。就连"商业分析"这个名字本身也受到了"数据科学""机器学习"和"认知计算"等流行词的挑战。但是，不论使用什么词，目标都是相同的：从大型且特征丰富的数据中创建可操作洞见。因为现代分析可能需要进行大量计算（是由大数据在数量、种类和速度方面的特性决定的），所以用于项目分析的工具、技术和算法使用了管理科学、计算机科学、统计学、机器学习、数据科学和数学等领域开发的最新、最先进的方法。

Acknowledgements 致 谢

本书总结了我 30 多年来在分析和数据科学方面的经验。这些经验来自大量应用研究项目，咨询工作，学术和专业教学活动，企业和教育指导计划，以及为本科生、研究生和企业高管提供的咨询。因此，我要感谢我的同事、客户和学生，他们对我的分析知识库的建立做出了直接和间接的贡献，为这本书奠定了基础。

我也要感谢那些在我写本书的过程中在情感和心理上给予我支持、启发和鼓励的人。我很幸运，有太多人给过我帮助。因此，虽然无法在此逐一列出他们的名字，但是我想要重点提及几个人：我大学时的老朋友 Erhan Sayin、Ahmet Murat Fis、Ali Mutlu，以及我亲爱的姐夫 Dincer Hamamci 和 Yilmaz Tomak。

我还要感谢培生教育出版集团知识渊博的员工，他们的专业和奉献精神使这本书得以出版。我特别要感谢 Kim Spenceley 女士和她的团队，感谢他们一直以来的帮助和对细节的关注。

作者简介 *About the Author*

　　Dursun Delen 博士是商业分析、数据科学和机器学习领域的国际知名专家。他经常受邀参加各种国内外会议，就数据/文本挖掘、商务智能、决策支持系统、商业分析、数据科学和知识管理等主题做大会报告。在 2001 年被聘任为俄克拉荷马州立大学（Oklahoma State University）的教授前，Delen 博士在工业界工作了十多年，致力于为企业开发和交付商业分析解决方案。他曾在私营应用研究和咨询公司 Knowledge Based Systems, Inc.（KBSI）担任研究科学家。在 KBSI 任职的五年间，Delen 博士主持了很多与决策支持系统、企业工程、信息系统开发和高级商业分析相关的项目，这些项目由私营企业和美国联邦机构（包括国防部、NASA、国家科学基金会、国家标准和技术研究所以及能源部）资助。现在，除学术工作外，Delen 博士还为企业提供专业教育和咨询服务，帮助它们评估分析、数据科学和信息系统需求以及开发最先进的计算机决策支持系统。

　　Delen 博士目前的学术职位是工商管理威廉·S. 斯皮尔斯讲席教授和商业分析帕特森家族讲席教授。他是美国卫生系统创新中心（Center for Health Systems Innovation）的研究主任，也是俄克拉荷马州立大学斯皮尔斯商学院（Spears School of Business）管理科学和信息系统的杰出教授。他在 *Journal of Business Research*、*Journal of Business Analytics*、*Decision Sciences Journal*、*Decision Support Systems*、*Communications of the ACM*、*Computers & Operations Research*、*Annals of Operations Research*、*Computers in Industry*、*Journal of Production Operations Management*、*Artificial Intelligence in Medicine*、*Journal of the American Medical Informatics Association*、*Expert Systems with Applications*、*Renewable and Sustainable Energy Reviews*、*Energy*、*Renewable Energy* 等核心期刊上发表了 150 多篇经过同行评议的研究论文。他还撰写或与人合著了 11 本商业分析、数据科学和商务智能领域的专著和教材。

　　Delen 博士经常在各种商业分析和信息系统的会议上担任专题和子专题的主席。目前，他是 *Journal of Business Analytics* 和 *Frontiers in Artificial Intelligence* 的主编，*Journal of Decision Support Systems*、*Decision Sciences* 和 *Journal of Business Research* 的高级编辑，*Decision*

Analytics、*International Journal of Information and Knowledge Management* 和 *International Journal of RF Technologies* 的副主编，以及其他几本学术期刊的编委会成员。他曾获得著名的富布赖特学者奖、杰出教师和研究者奖、校长杰出研究者奖和大数据导师奖等多项研究和教学奖项。

目 录 *Contents*

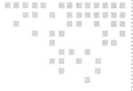

分析导论

作为本书的重点，预测性分析（Predictive Analytics）是商业分析连续体的重要组成部分。正如术语"预测"（Predictive）所示，预测性分析的主要目标是预见未来的事件和情况，从而帮助决策者及时把握即将到来的机会，预防即将出现的问题（至少减轻其影响），达到未雨绸缪的目的。正如我们将在本章后面详细讨论的那样，在商业分析连续体中，预测性分析在策略上位于描述性分析（关注发生了什么）和规范性分析（关注应做出的决策）之间。预测性分析利用描述性分析生成的内容（即信息/模式的历史快照）生成将来最有可能发生的事情作为其输出（即预测），并将输出作为规范性分析的关键使能因素或输入，以便为最佳决策提供洞见。

与商务智能相比，商业分析（Business Analytics）是在商业领域迅速流行起来的一个新词。一般来说，分析（Analytics）是一门使用复杂数学模型、各种数据和专家知识来支持准确而及时的决策的艺术和科学。从某种意义上讲，分析旨在做出决策和解决问题。当前，分析可以简单地定义为"发现数据中的信息/知识/洞见"。在这个数据充裕的时代——有人称为数据洪流（Data Deluge），分析更多地被用于筛选大量多样化的数据。

尽管分析倾向于以数据为中心，但是很多分析应用只涉及很少的数据甚至根本不涉及数据。相反，这些分析项目使用依赖过程描述和专家知识的数学与符号模型（如优化和仿真模型、专家系统、基于案例的决策分析）。因此，为了确保分析应用是由数据驱动的，数据分析（Data Analytics）这一更新且更具体的术语应运而生。

商业分析将分析的工具、技术和原理应用于复杂商业问题。组织通常针对商业问题（通常是在数据丰富的领域中）应用分析，以描述、预测和优化商业绩效。公司也将分析应用到很多方面，例如：

   ❑ 改善与客户、供应商、员工和其他利益相关者的关系（包括获客、留存和提升等客户关系管理的所有阶段）。

   ❑ 识别欺诈性交易和不良行为 / 结果，节省资金并改善结果。

   ❑ 提升产品和服务的特性，改善定价，从而提高客户满意度、忠诚度驱动的市场地位和盈利能力。

   ❑ 优化营销和广告活动，使公司能够以最少的花费将合适的消息和促销信息送达更多客户。

   ❑ 通过优化和仿真建模在任意时间以及任意地点优化库存管理和资源分配，使运营成本最小。

   ❑ 在员工面对客户以及处理与客户相关的问题时，为他们提供做出更快和更好决策所需的信息和洞见。

或许是作为流行词而迅速流行起来的缘故，"分析"一词已经被用来代替"智能""挖掘"和"发现"等一些曾经很流行的词。例如，"商务智能"变成了"商业分析"，"客户智能"变成了"客户分析"，"Web 挖掘"变成了"Web 分析"，"知识发现"变成了"数据分析"。在"分析"一词日益流行的同时，"数据科学""计算智能""大数据分析"和"应用机器学习"等更新的词已经出现。这使得名称空间变得更加拥挤和复杂。正如本书中所描述的，名称的快速变化很好地印证了对分析价值主张的快速发展和浓厚兴趣。

1.1　名称中有什么关系

流行词的不断涌现使得理解它们之间的相同和不同之处变得很困难。在概念的最高层层次上，商务智能、商业分析和数据科学是最容易混淆的三个术语。除这些热门术语外，大数据、机器学习、物联网（Internet of Things，IoT）和自然语言处理等术语也变得越来越常见。为了对这些复杂术语进行一定的排序，我们创建了如图 1.1 所示的简单维恩图。图的顶部展示了最受欢迎的术语之间的相互关系。商务智能被描述为商业分析完全使用的子组件（即商业分析中的描述性分析阶段），而商业分析则被描述为数据科学部分使用的子组件。商业分析和数据科学之间的部分使用的原因是商业分析也需要依赖一些不需要数据但由业务流程和专家知识驱动的解决方案。

图 1.1 中底部展示了大数据、机器学习、自然语言处理和物联网等术语对应图顶部三个关键术语的使能因素或机制。虽然术语"大数据"有时指大数据分析（Big Data Analytics），但它的恰当特征源于数据的数量、种类和速度，它们将商业分析和数据科学的能力提高到一个正确而全面的新水平。商务智能处理结构化数据（以行和列的形式存储在数据库和 Excel 表中），而商业分析和数据科学则处理结构化数据和非结构化数据。大数据不仅可以由结构化数据定义，也可以由非结构化数据（通常由文本、多媒体和物联网数据组成）定义。大数据为分析和数据科学领域带来了价值（以及一些挑战）。

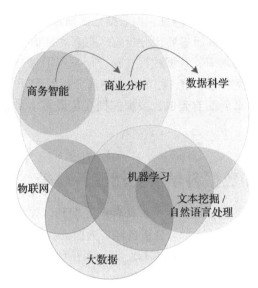

图 1.1 分析和数据科学中的流行概念和术语的重叠关系

在上述术语中，商业分析和数据科学通常是同义词，可以互换使用。它们是一样的吗？如果是，那么为什么同一个概念有两个不同的名称呢？商业分析和数据科学有着相同的目的：通过基于算法的发现过程将数据转换为可操作的洞见。但是，这两个术语在范围上是不同的。与从商务智能到商业分析的范围扩展非常相似，从商业分析到数据科学的范围也扩大了。商业分析在商务智能的基础上增加了预测性和规范性建模，而数据科学则在商业分析的基础上增加了大数据使能因素、低级编程（如 Python、R、SQL/NoSQL、JavaScript、Perl）和高级机器学习（如深度学习及其变体）。这两个术语之间的另一个区别在于它们的应用领域和所使用工具的不同。商业分析使用工作流型的工具和现成的算法处理商业问题，而数据科学则使用低级编程、增强算法和定制解决方案开发流程来解决更广泛的问题。

商业分析和数据科学之间的另一个区别可以在高等教育中观察到。商学院通常会提供商业分析方面的证书和本科/研究生学位课程，而计算机科学、决策科学和工业工程学院则会以数据科学的名义提供类似的课程。快速浏览这些课程就会发现，商业分析项目更侧重应用、问题解决和高层次方法，而数据科学项目则侧重编程、算法开发和低层次方法。虽然这些观察结果通常是正确的，但是它们并不是普遍适用的、标准化的或者经过实践检验的。

由于数据的数量、种类和速度以及需要尽快产生结果的要求，现代分析和数据科学项目通常需要大量的计算。因此，分析和数据科学使用的工具、技术和算法必须利用最先进的软硬件以及管理科学、计算机科学、统计学和数学等领域开发的最新方法。

数据挖掘的适用领域

数据挖掘（Data Mining）是指在大型数据集中发现模式和关系等新知识的过程。分析

的目标是将数据 / 事实转化为可操作洞见，而数据挖掘则是实现这一目标的关键。数据挖掘可以追溯到 20 世纪 80 年代，其历史要比分析悠久得多。随着分析成为所有决策支持以及问题解决方法和技术的首选术语，数据挖掘在这方面发现了相当广阔的空间，从通过描述性探索识别变量之间的关系和亲和度（如市场购物篮分析），到开发估计感兴趣变量未来值的模型。正如我们将在本章后面看到的，数据挖掘在从最简单到最复杂的各个分析层次上都扮演着关键角色。

1.2　为什么分析和数据科学会突然流行起来

分析是当今商界的一个流行词。无论看何种商业期刊，你都很可能会看到关于分析以及分析如何改变管理决策方式的文章。分析已经成为循证管理（即证据 / 数据驱动决策）的新标签。但是，为什么分析会变得如此流行？为什么是现在？这种流行背后的原因可以分为四类：需求、可用性、可负担性和文化改变。

1.2.1　需求

众所周知，当今的商业并非"一如既往"。竞争从本地竞争逐步发展为区域竞争、全国竞争乃至当前的全球竞争。大、中、小型企业都面临着全球竞争的压力。在各自的地理范围内保护公司的关税和运输成本壁垒不再像以前那样具备保护作用。除（也许是因为）全球竞争外，客户的要求也变得越来越高。客户想要在最短的时间内以最低的价格获得最高质量的产品和服务。企业的成功或者生存依赖于它是否变得敏捷以及它们的管理者是否能够及时做出可能的最佳决策以响应市场驱动的力量（即迅速识别和解决问题并利用机会）。因此，现在比以往任何时候都更加需要基于事实的、更好、更快的决策。在这种严苛的市场环境中，分析有望为管理者提供更快做出更好决策的洞见，从而帮助他们改善在市场中的竞争态势。当前，分析被广泛地认为能够帮助企业经理驾驭全球商业实践的复杂性。

1.2.2　可用性和可负担性

近年来，技术的飞速进步和软硬件可负担性的增强帮助组织收集了大量数据。基于各种射频识别（Radio Frequency Identification，RFID）技术和传感器的自动数据收集系统显著提高了组织数据的数量和质量。再加上用基于互联网的技术（如社交媒体）收集到的内容丰富的数据，企业现在往往拥有超出其处理能力的数据。正如俗语所说："他们淹没在数据中，但渴求获得知识。"

随着数据采集技术的发展，数据处理技术也取得了显著的进步。当今的机器有无数的处理器和非常大的内存容量，它们能够在合理的时间范围内（通常是实时的）处理大量复杂数据。软硬件技术的进步也体现在价格上，这类系统的成本在持续下降。除了所有权模式，我们现在拥有软件（或硬件）即服务的商业模式，它使得企业（特别是财力有限的中小企业）能够租用分析功能并只为它们使用的东西付费。

1.2.3　文化改变

在组织层面，已经从老式直觉驱动的决策转变为新时代基于事实 / 证据的决策。大多数成功的组织都在有意识地努力转向数据 / 证据驱动的商业实践。由于数据的可用性和 IT 基础设施的支持，这种范式转换的速度比很多人想象的要快。随着新一代精通量化的管理者取代了婴儿潮一代，这种基于证据的管理范式的转变将加剧。

1.3　分析的应用领域

虽然商业分析是一股新浪潮，但是其应用几乎涵盖了商业实践的各个方面。例如，在客户关系管理中，很多成功的案例都表明要开发复杂模型来识别新客户，寻找追加销售 / 交叉销售的机会，以及找到流失倾向高的客户。使用社交媒体分析和情感分析，企业试图掌握人们对其产品 / 服务和品牌的评价。欺诈检测、风险缓解、产品定价、营销活动优化、财务规划、员工保留、人才招聘和精算估算等都是分析的商业应用。如果没有很多分析应用，那么就很难找到业务问题。从业务报告到数据仓库，从数据挖掘到优化分析，技术已经广泛应用到了商业几乎所有方面。

1.4　分析面临的主要挑战

虽然分析的优势显而易见，但是仍然有很多企业对是否要加入分析潮流犹豫不决。以下是采纳分析的主要障碍：

- ❑ **分析人才**。数据科学家，即能够将数据转化为可操作洞见的量化天才，在市场上是稀缺的。真正好的数据科学家非常难找。由于分析是一门相对较新的科学，因此分析人才还在培养中。很多大学已经开设了旨在解决分析人才缺口的本科和研究生课程。随着分析技术的日益普及，对拥有将大数据转化为信息和知识技能的人才的需求也将增加，这些信息和知识是管理者和其他决策者应对现实世界复杂性所需的。

- ❑ **文化**。俗话说："积习难改。"从传统管理风格（通常以直觉作为决策的基础）到现代管理风格（基于数据和科学模型的管理决策和集体组织知识）的转变对任何组织来说都不是容易的过程。人们不喜欢改变。改变意味着丢弃过去所学或所掌握的东西，重新学习如何去做要做的事情。这意味着多年积累的知识（又称力量）将会消失或部分丢失。在采用分析作为新的管理范式时，文化的转变可能是最困难的部分。

- ❑ **投资回报**。采用分析的另一个障碍是很难清楚地证明其投资回报（Return On Investment, ROI）。分析项目很复杂，成本也很高，其回报不是立竿见影的。很多高管都很难对分析进行投资，特别是大规模投资。从分析中获得的价值能超过其投资吗？如果能，那么是什么时候？将分析的价值转化为合理的数据是非常困难的。从分析中获得的大部分价值都是无形的和整体的。如果处理得当，那么分析可以改变组织并使其处于新的、改进的水平之上。组织需要结合有形因素和无形因素使投资在数字上变得合理，并向分析和分析型管理实践发展。

❑ **数据**。媒体正以非常积极的方式谈论大数据，将其描述为改善商业实践的无价资产。这在很大程度上是正确的，特别是对于那些理解并知道如何利用它的企业而言。但是，对于其他企业来说，大数据则是一个巨大的挑战。大数据不仅大，而且还是非结构化的。同时，大数据的生成速度是传统收集和处理手段无法达到的。它通常很杂乱。想要在分析方面获得成功的组织需要深思熟虑的策略来处理大数据，以便将大数据转化为可操作洞见。

❑ **技术**。尽管技术是可行和可用的，而且在很大程度上是企业负担得起的，但是技术的采纳对技术含量较低的传统企业仍然构成了另一个挑战。虽然构建分析基础设施是企业负担得起的，但这仍然需要大量资金。如果没有财务手段和明确的投资回报，一些企业的管理层可能不愿意投资所需技术。对某些企业来说，分析即服务的模型（包括实施分析所需的软件和基础设施 / 硬件）可能成本更低，也更容易实现。

❑ **安全和隐私**。对数据和数据分析最常见的批评与安全相关。我们经常能听到敏感信息的数据泄露。事实上，保证数据基础设施绝对安全的唯一办法是确保该设施与所有其他网络隔离和断开（这与拥有数据和分析的理由恰好相悖）。数据安全的重要性使得信息保护成为全球信息系统部门最关注的领域之一。在使用日益复杂的技术保护信息基础设施的同时，日益复杂的攻击也变得越来越常见。此外，人们还担心个人隐私泄露。即使是在法律范围内，也应当避免使用客户（现在或未来）的个人数据或仔细审查，以保护组织免受不良宣传和公众抗议。

尽管存在种种障碍，但是分析的采纳率仍在增长。对各种规模和细分行业的企业而言，采纳分析是不可避免的。随着经营复杂性的增加，企业将努力在混乱的行为中寻找秩序。那些充分利用分析能力的公司将获得成功。

1.5 分析的纵向视图

虽然有关分析的讨论是最近才开始的，但分析并不新鲜。早在 20 世纪 40 年代，也就是第二次世界大战时期，就可以找到企业分析的参考文献。当时，人们需要通过更有效的方法使有限资源的产出最大化。那时开发了很多优化和仿真技术。分析技术已经在商业中使用了很长时间。一个例子是 19 世纪末由弗雷德里克·温斯洛·泰勒（Frederick Winslow Taylor）发起的时间和动作研究。后来，亨利·福特（Henry Ford）测量了装配线的速度，从而实现了大规模生产。

20 世纪 60 年代末，当计算机被用于决策支持系统时，分析开始受到更多的关注。从那时起，分析随着企业资源计划（Enterprise Resource Planning，ERP）系统、数据仓库及各种其他硬件与软件工具和应用的发展而发展。

图 1.2 中的时间轴展示了自 20 世纪 70 年代以来用于描述分析的术语。在分析发展的早期，即 20 世纪 70 年代之前，数据需要从领域专家那里通过手工过程（即访谈和调查）获取，并被用于构建数学模型或基于知识的模型以解决约束优化问题。当时的想法是在资源有限的情况下做到最好。这类决策支持模型通常被称为运筹学（Operations Research，OR）。对过于复杂而（使用线性或非线性数学规划技术）无法找到最优解的问题，则使用启发式方法（如仿真模型等）来解决。

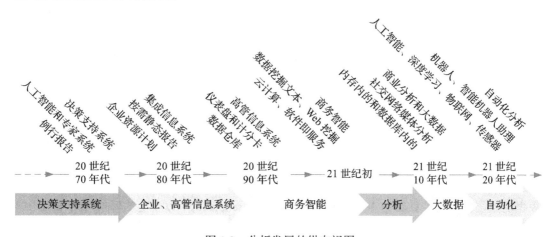

图 1.2　分析发展的纵向视图

在 20 世纪 70 年代，除了在很多行业和政府系统中使用的成熟运筹学模型之外，出现了一种新的、令人兴奋的模型：基于规则的专家系统（Expert System，ES）。这些系统以一种计算机可以处理的格式（通过一组 "if-then" 规则）来获取专家知识，以保证这些知识可以用于咨询，如同人们让领域专家来识别结构化问题并给出最可能的解决方案一样。专家系统通过 "智能" 决策支持系统，使得稀缺专业知识变得可用。在 20 世纪 70 年代，企业还开始构建例行报告，以告知决策者（管理者）前一时期（如日、周、月、季）发生的事情。虽然知道过去发生的事情很有用，但是管理者需要的却不止这些。他们需要各种不同粒度级别的报告，以便更好地理解和应对不断变化的业务需求和挑战。

在 20 世纪 80 年代，组织获取业务相关数据的方式发生了显著变化。过去的做法是使用多个互不关联的信息系统来获取不同组织单元或职能（如会计、市场和销售、财务、制造单元）的事务性数据。在 20 世纪 80 年代，这些系统被集成为企业级信息系统。我们现在通常称这样的系统为企业资源计划（ERP）系统。旧的以顺序和非标准化为主的数据表示模式被关系型数据库管理（Relational Database Management，RDBM）系统所取代。这些系统使得数据的获取和存储效率提升、组织数据字段之间的关系改善，以及显著地减少信息的复制次数成为可能。当数据的完整性和一致性成为问题，商业实践的有效性受到明显阻碍时，对关系型数据库管理系统和企业资源计划系统的需求就应运而生。使用 ERP 系统可以将企业中各个角落的所有数据收集并集成到一致的模式中，从而使组织的每个部门都能随时随地访问同一版本的真实数据。除企业资源计划系统的出现外——或许是由于这些系统的出现——业务报告成了一种随需可得的商业实践。决策者可以决定什么时候需要或者想要创建特定报告，以便研究组织的问题和机遇。

在 20 世纪 90 年代，对多功能报告的需求推动了高管信息系统（专门为高管及其决策需要设计和开发的决策支持系统）的发展。这些系统被设计成图形化的仪表盘和记分卡，从而以视觉上有吸引力的形式突出展示决策者最关注的关键绩效指标。为了实现这种功能丰富的报表，并保持业务信息系统的交易完整性，需要创建名为数据仓库（Data Warehouse，DW）的中间层，作为专门支持业务报告和决策制定的存储库。在很短的时间内，多数大中型企业都采用数据仓库作为其企业范围决策的平台。仪表盘和记分卡从数据仓库获取数据，这样做也不会降低业务交易系统（通常指 ERP 系统）的效率。

在 21 世纪的前十年，数据仓库驱动的决策支持系统开始被称为商务智能系统（Business Intelligence System）。随着数据仓库中积累的纵贯数据的增加，软件和硬件能力也在增加，以满足决策者快速变化和发展的需求。由于竞争市场的全球化，决策者需要使用易于理解的信息来及时解决业务问题并利用市场机会。因为数据仓库中的数据是定期更新的，所以无法反映最新信息。为了解决这一数据延迟问题，数据仓库厂商开发了一个可频繁更新数据的系统，即实时数据仓库（Real-Time Data Warehousing）以及更实际的即时数据仓库（Right-Time Data Warehousing）。不同于实时数据仓库，即时数据仓库采用基于数据项新鲜度需求的数据刷新策略（即并非所有数据项都需要实时刷新）。数据仓库不仅非常庞大，而且特性丰富，很有必要通过"挖掘"公司数据来"发现"新的有用知识，从而改进业务流程和商业实践。因此，就有了数据挖掘（Data Mining）和文本挖掘（Text Mining）这两个术语。随着数据数量和种类的增加，需要更多存储空间和更强处理能力。虽然大公司有办法解决这个问题，但是中小型公司需要财务上更易于管理的商业模式。这种需求催生了面向服务的架构以及软件和基础设施即服务的分析商业模式。较小的公司可以根据需要获得分析能力，并只为它们使用的资源付费，而不是投资极其昂贵的硬件和软件资源。

在 21 世纪的第二个十年中，数据的获取和使用方式又发生了范式转变。在很大程度上，互联网的广泛使用催生了很多新的数据生成媒介。在所有新的数据源（如 RFID 标签、数字电表、点击流网络日志、智能家居设备、可穿戴健康监测设备）中，最有趣和最富于挑战的或许是社交网络 / 社交媒体。这种非结构化数据拥有丰富的信息内容。但是，从软件和硬件的角度来看，对这类数据源的分析给计算系统带来了重大挑战。近年来，人们创造了"大数据"一词来强调这些新的数据流给我们带来的挑战。为了应对大数据的挑战，很多硬件（如拥有非常大的计算内存和高度并行的多处理器计算系统的大规模并行处理）和软件 / 算法（如包含 MapReduce 的 Hadoop 和 NoSQL）被开发出来。

很难预测未来十年将会发生什么以及与分析相关的新术语将是什么。在信息系统，特别是分析领域中，新范式之间的转换时间在不断缩短，而且，这种趋势在可预见的未来还将继续。尽管分析并不是新鲜事物，但它的爆炸式流行程序却是非常新鲜的。由于近来大数据的爆炸式发展，收集和存储这些数据的方式、直观的软件工具以及数据和数据驱动的洞见比以往任何时候都更容易为商业专业人士所用。因此，在全球竞争中，有巨大的机会可以通过使用数据和分析来做出更好的管理决策，以构建更好的产品，改进客户体验，防范欺诈并通过定向及定制来提高客户参与度，从而增加收入、降低成本——所有这些都需要借助分析和数据的力量。现在，越来越多的公司正在为它们的员工准备商业分析知识，以提高他们日常决策过程的有效性和效率。

1.6　分析的简单分类

由于与做出更好、更快决策的需求以及硬件和软件技术的可用性与可负担性相关的诸多因素，分析要比我们近来在历史上看到的其他趋势都更受欢迎。这种指数型的上升趋势会持续下去吗？许多业内专家认为，至少在可预见的未来会是这样的。据业内专家和顶级咨询公司预测，在未来几年，分析部门的增长将比任何其他业务部门增长更快。它们还认为分析（和数据科学）是近十年最重要的商业趋势之一。随着对分析的兴趣和采纳率的迅速增长，需要为分析定义一个简单的分类。顶级咨询公司 [如埃森哲（Accenture）、高德纳（Gartner）、弗雷斯特（Forrester）、IDT] 和一些技术导向的学术机构已经开始着手创建简单的分析分类。如果得到适当开发和普遍采纳，那么这样的分类法可以构建分析的上下文描述，从而有利于形成有关分析是什么的共识，其中包括分析包含什么以及分析相关的术语（如商务智能、预测性建模、数据挖掘）之间的相互关联是什么样的。运筹学与管理科学研究院（Institute For Operations Research and Management Science，INFORMS）是参与这项挑战的学术机构之一。为了触达广泛的受众，INFORMS 聘请战略管理咨询公司凯捷（Capgemini）来研究分析及其特征。

凯捷的研究给出了分析的简洁定义："分析通过报告数据来分析趋势，通过构建模型来进行预测和业务流程优化，最终提高绩效并促进商业目标的实现。"正如该定义所指出的，这项研究的关键发现之一是，高管将分析视为使用它的企业的核心功能。分析贯穿组织中的多个部门和职能。在成熟的组织中，分析则贯穿整个企业。这项研究将分析分为描述性分析、预测性分析和规范性分析。这三组分析有时会重叠。根据组织的分析成熟度级别，这三组是分层级的。大部分组织从描述性分析开始，然后转向预测性分析，最后实现规范性分析，即分析层次结构的最高层。虽然这三组分析在复杂性上是分层的，但是较低层次和较高层次之间的界限并不明确。也就是说，企业在处于描述性分析的时候，也可以以某种零碎的方式使用预测性分析甚至规范性分析。因此，从一个层次移动到下一个层次在本质上意味着上一层次的分析已经成熟，下一层次的分析正在被广泛使用。图 1.3 所示的是

INFORMS 开发的简单分析分类的图形化描述。它已经被大多数行业领袖和学术机构广泛采用。

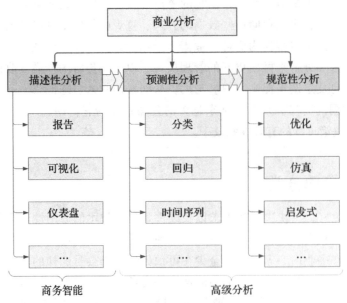

图 1.3　分析的简单分类

　　描述性分析（Descriptive Analytics）是入门级的分析。因为这一级的大部分分析活动都是处理创建报表以汇总业务活动来回答诸如"发生了什么"和"正在发生什么"的问题，所以描述性分析通常又称为业务报告。这些报告包括按照固定的时间表（如每天、每周、每季度）交付给知识工作者（即决策者）的业务交易的静态快照、以易于理解的形式（通常是仪表盘型的图形界面）连续地交付给经理和高管的业务绩效指标动态视图，以及特定报告。决策者可以通过创建特定报告（使用直观的拖放式图形用户界面）来处理特定或独特的决策情况。

　　描述性分析又称为商务智能，预测性分析和规范性分析统称为高级分析。这里的逻辑是，由于从描述性分析到预测性分析或规范性分析存在复杂度的显著转变，因此需要使用"高级"这个标签。自 21 世纪初以来，商务智能已经成为设计支持管理决策的信息系统最流行的技术趋势。直到分析浪潮到来之前，商务智能一直很受欢迎（在某种程度上，它仍然在一些商业圈中很流行）。商务智能是通向分析世界的门户，为更复杂的决策分析奠定基础并铺平道路。描述性分析系统通常以数据仓库为基础，数据仓库是专门为支持商务智能功能和工具而设计、开发的大型数据库。

　　在三层分析层次结构中，预测性分析紧随描述性分析之后。在描述性分析方面成熟的组织会迁移到这个层次。在这个层次上，组织的目光会放在已经发生的事情之外，并试图回答"将会发生什么"的问题。后续章节将深入介绍这些分析技术的预测能力并将其作为数据挖掘的一部分。本章仅简要介绍预测性分析方法的主要类别。在本质上，预测是对客户需求、利率和股票市场走势等变量的未来值进行智能/科学估计的过程。如果被预测的是分类变量，那么预测就被称为分类；否则，它就被称为回归。如果被预测的变量是时间相关的，那么预测过程通常称为时间序列预测。

规范性分析是分析层次结构中的最高层。它通常是由预测性分析或描述性分析创建/确定的诸多行动方案中使用复杂的数学模型确定的最佳可选方案。因此，在某种意义上，这类分析试图回答"应该做什么"的问题。规范性分析使用基于优化、仿真和启发式信息的决策建模技术。尽管规范性分析处于分析层次结构的顶部，但是它背后的方法并不新鲜。大多数构成规范性分析的优化模型和仿真模型都是在二战之间及之后开发的。当时资源有限，但是却急需大量资源。从那时起，一些企业已经将这些模型用于包括产出/收益管理、运输建模和调度等非常具体的问题。分析的新分类法使它们再次流行起来，让它们可以用于广泛的商业问题和情境。

图 1.4 以表格形式展示了分析的三个层次以及在每个层次上回答的问题和使用的技术。可以看出，数据挖掘是预测性分析的关键使能因素。

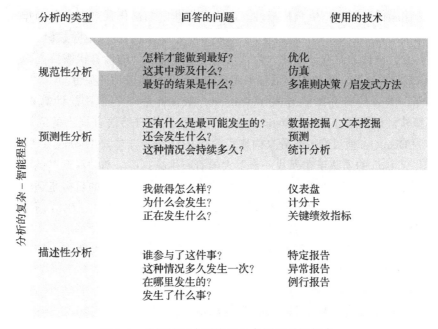

图 1.4 分析的三个层次以及各层的关键技术

商业分析之所以越来越受欢迎，是因为它有望为决策者提供成功所需的信息和知识。无论商业分析系统属于分析层次中的哪一层，其有效性在很大程度上都取决于三个因素，即数据的质量和数量（数量和数据表示的丰富性），数据管理系统的准确性、完整性和及时性，以及分析过程中使用的分析工具和程序的功能及复杂度。理解分析的分类有助于组织正确地选择和实施分析功能，从而有效地驾驭成熟度连续体。

1.7   分析的前沿：IBM Watson

IBM Watson 及其继任者 Summit 或许是迄今为止最智能的计算机系统。自 20 世纪 40 年代末计算机以及人工智能出现以来，科学家一直将这些"智能"机器的性能和人类思维进行比较。于是，在 20 世纪 90 年代中后期，IBM 的研究人员构造了一台智能机器，并通过让其与最佳棋手比试国际象棋（常被认为是聪明人的比赛）来测试其能力。1997 年 5 月 11 日，一台名为"深蓝"（Deep Blue）的 IBM 计算机在六场系列赛后击败了世界象棋大师："深蓝"赢了两场，人类冠军赢了一场，三场平局。这场比赛持续了好几天，得到了全球各地媒体的广泛报道。这是人与机器对阵的经典故事。除国际象棋比赛外，开发此类计算机智能的目的是让计算机能够处理发现新药所需的各种复杂计算，完成趋势识别和风险分析所需的各种金融建模，处理大型数据库搜索，以及执行高新科学领域所需的大量计算。

几十年后，IBM 的研究人员提出了另一个可能更具挑战性的想法：发明一台不仅可以玩美国电视智力竞赛节目《危险边缘！》（*Jeopardy!*），而且还能击败《危险边缘！》最佳玩家的机器。这比赢得国际象棋更具挑战性。国际象棋非常结构化且规则十分简单，因此非常适合用计算机处理。但是，《危险边缘！》既不简单也不结构化。《危险边缘！》是一款为人的智慧和创造力设计的游戏。因此，为了玩这个游戏而设计的计算机需要能像人一样工作和思考的认知计算系统。理解人类语言中固有的不精确性是成功的关键。

2010 年，IBM 的研究团队开发了 Watson。Watson 是一个非凡的计算机系统。作为先进硬件和软件的新颖组合，Watson 旨在回答使用人类自然语言提出的问题。该团队将 Watson 作为 DeepQA 项目的一部分来构建，并以 IBM 第一任总裁 Thomas J. Watson 的名字命名。创建 Watson 的团队正在寻找一个重大的研究挑战：可以与"深蓝"的科学和大众兴趣相匹敌，同时又与 IBM 的商业利益明显相关的研究挑战。他们的目标是通过探索计算机技术影响科学、商业和社会的新途径来推动计算科学的发展。因此，IBM 研究院接受了一项挑战，即将 Watson 构建为一台能够在《危险边缘！》中以人类冠军水平实时比赛的计算机系统。该团队希望创造一个能够倾听、理解和回应的实时自动参赛者，而不仅仅是在实验室中练习的系统。

1.7.1   在《危险边缘！》节目与最优者对决

2011 年，为了测试自身的能力，Watson 参加了智力竞赛节目《危险边缘！》。这是《危险边缘！》中的首次人机对抗赛。在一场两局、比分连续计算的比赛（2 月 14 日至 2 月 16 日播放的三集）中，Watson 击败了有史以来赢得奖金最多的玩家 Brad Rutter 和最长连胜纪录（75 天）保持者 Ken Jennings。在这几集中，虽然 Watson 在比赛的信号装置上的表现始终优于人类的对手，但是它在对某些类别，特别是那些只有几个单词的简短线索的类别的响应方面却遇到了困难。Watson 获取了 2 亿页的结构化和非结构化内容，消耗了 4 TB 的磁盘存储空间。在比赛期间，Watson 没有接入互联网。

应对《危险边缘！》挑战需要推进和整合各种文本挖掘和自然语言处理技术，包括解析、问题分类、问题分解、自动来源获取与评价、实体和关系检测、逻辑形式生成及知识表示与推理等。在《危险边缘！》中获胜需要准确计算答案的置信度。问题和内容都是模糊和嘈杂的，而且，没有一种算法是完美的。每个组件都必须生成其输出的置信度，将单个组件的置信度结合起来就可以计算最终答案的总体置信度。最终的置信度用于决定计算机系统是否应当冒险选择该答案。用《危险边缘！》的说法，计算机用这个置信度确定对某个问题是"振铃"（抢答）还是"嗡嗡作响"（弃权）。置信度必须在读题时以及弃权前计算出来。这个时间是 1～6s，平均约 3s。

1.7.2　Watson 是如何做到的

Watson 背后的系统 DeepQA 是一个大规模并行的、聚焦于文本挖掘的、基于证据的概率型计算架构。在《危险边缘！》中，Watson 使用了 100 多种不同技术来分析自然语言，识别来源，寻找和生成假设，寻找证据并进行评分，以及合并假设并进行排名。远比 IBM 团队使用的任一特定技术更重要的是如何将其结合到 DeepQA 中，使重叠的方法能够发挥各自的优势，提高准确度、置信度和速度。

DeepQA 是一种架构，与之相伴的方法论并非仅限于《危险边缘！》挑战。以下是 DeepQA 的总体原则：

- ❑ **大规模并行**。在考虑多种解释和假设时，Watson 需要利用大规模并行功能。
- ❑ **很多专家**。Watson 需要能够集成、应用并根据上下文评估各种松散耦合的概率问题和内容分析。
- ❑ **普遍的置信度估计**。Watson 的任何组件都无法给出答案。所有组件都在生成特征及其相关置信度，为不同问题和内容解释打分。底层的置信度处理基础层学习如何堆叠和组合分数。
- ❑ **浅层与深层知识的融合**。Watson 需要利用很多松散形式的本体平衡诸多严格语义和浅层语义的使用。

图 1.5 大致展示了 DeepQA 的架构。关于各种架构组件及其角色和能力的更多技术细节可参阅文献（Ferrucci et al.，2010）。

1.7.3　Watson 的未来是什么

《危险边缘！》帮助 IBM 解决了一些需求，这些需求催生了 DeepQA 架构的设计和 Watson 的实现。在大量研发预算的支持下，经过大约 20 名研究人员的核心团队三年的紧张研发，在《危险边缘！》智力竞赛节目中，Watson 在准确度、置信度和速度方面成功地达到了人类专家的水平。

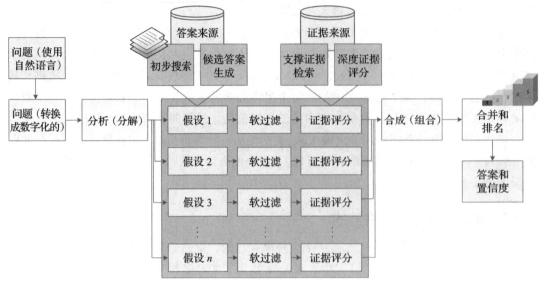

图 1.5　DeepQA 架构的大致描述

节目结束后，最大的问题是"接下来该怎么办？"开发 Watson 完全是为了一个智力竞赛节目吗？绝对不是！向全世界展示 Watson（及其背后的认知系统）为下一代智能信息系统提供了灵感。对 IBM 来说，Watson 是一个展示前沿分析和计算科学可能性的例子。这个信息很明确：如果智能机器可以在人类最擅长的领域中击败人类的佼佼者，那么想想它可以针对组织的问题做些什么。首先使用 Watson 的行业是医疗行业，紧随其后的是安全、金融、零售、教育、公共服务和研究等行业。下面将简要描述 Watson 能够为这些行业做什么（在很多情况下实际上已经在做了）。

1. 医疗

当前，医疗行业面临的挑战相当大，而且，这种挑战是多方面的。随着美国人口的老龄化，人们对医疗服务需求的增长速度已经超过资源供应的增长速度。出现这种情况的部分原因可能是各种技术创新推动了更好生活条件和更先进的医学成果的出现。我们都知道，当供求不平衡时，价格就会上涨，质量也会受影响。因此，我们需要像 Watson 这样的认知系统来帮助决策者在临床和管理中优化资源。

据医疗专家称，医生用于诊断和治疗患者的知识中只有 20% 是基于证据的。考虑到医疗信息的数量每五年翻一番，而且这些数据大多是非结构化的，医生根本没有时间去阅读每一本能够帮助他们跟上最新进展的期刊。考虑到日益增长的服务需求和医疗决策的复杂度，医疗服务的提供者要如何解决这些问题呢？答案可能是使用 Watson 或者其他一些像 Watson 一样的认知系统。它们能够通过分析大量数据来帮助医生诊断和治疗病人。这里的数据包括来自电子病历数据库的结构化数据和来自医生笔记及已出版文献的非结构化文本。首先，由医生和患者用自然语言向系统描述症状和其他相关因素。然后，由 Watson 识别关键信息并挖掘患者的数据，找到与家族史、当前的药物治疗以及其他现有疾病相关的事实。接着，由 Watson 将这些信息与当前的检测结果结合起来，之后，通过检查治疗指南、电子医疗记录数据、医生和护士的笔记以及同行评议的研究与临床研究等各种数据源来形成针对可能诊断的假设并进行测试。接下来，由 Watson 提出可能的诊断和治疗方案并对每条建议给出置信度评级。

Watson 还具备通过智能地综合发表在不同渠道的零散研究成果来变革医疗的潜力。它可以极大地改变医学生的学习方式，可以帮助医疗经理积极应对即将到来的需求模式、优化资源分配和改进支付流程。一些领先的医疗供应商已经使用 MD Anderson、Cleveland Clinic 和 Memorial Sloan Kettering 等早期的类 Watson 认知系统。

2. 安全

随着互联网扩展到电子商务、智能电网、用于远程控制住宅设备和电器的智能家居等我们生活的方方面面，事情变得更易于管理。但是，这同时也为心怀恶意的人提供了侵入我们生活的可能性。我们需要像 Watson 这样的智能系统来持续监控异常行为，并在发现异常行为后阻止心怀恶意的人进入我们的生活，避免伤害我们。这既可能发生在公司层面甚至国家安全系统层面，也可能发生在个人层面。这样的智能系统可以了解我们是谁，是能够推断与我们生活相关的活动并在异常情况发生时及时提醒我们的数字守护者。

3. 金融

金融服务业面临着复杂的挑战。监管措施以及社会和政府要求金融机构更具包容性的压力都有所增加。金融服务业的客户比以往任何时候都更强大、更挑剔、更成熟。每天都有非常多的金融信息产生，因此很难正确地利用这些信息来采取行动。或许解决方案是通过更好地理解风险画像和操作环境来构建更智能的客户参与。主要金融机构已经在与 Watson 合作，将智能融入它们的业务流程中。Watson 可以应对银行、金融规划和投资等金融服务部门的数据密集型挑战。

4. 零售

零售行业正随着顾客需求的变化而快速变化。在移动设备和社交网络的帮助下，消费者比以往任何时候都能更容易、更快地获取更多信息，而且对产品和服务有着很高的期望。虽然零售商正在使用分析功能来满足这些期望，但是其面临的更大挑战是如何高效、有效地分析出可能会带来竞争优势的堆积如山的实时信息。Watson 在分析大量非结构化数据方面的认知计算能力能够帮助重塑定价、采购、分销和人员配置等方面的决策过程。由于 Watson 具备理解和回答自然语言问题的能力，因此它是一种有效的、可扩展的解决方案，能够基于从社交互动、博客和客户评论获得的数据来分析和响应社会情绪。

5. 教育

随着学生特点的快速变化——越来越以视觉为导向（受视觉刺激），持续与社交媒体和社交网络连接，注意力持续时间越来越短——未来的教育和教室应该是什么样的？下一代教育系统应当根据新一代的需求进行定制，包括定制的学习计划、个性化的教材（集成多媒体音频、视频、动画图表等的数字化教材）、动态调整的课程，或许还有智能数字导师和全天候的个人顾问。Watson 似乎有能力让这一切变成现实。凭借 Watson 的自然语言处理能力，学生可以像与老师、顾问和朋友交谈一样与它交谈。智能助手可以回答学生的问题，满足他们的好奇心，并帮助他们跟上学习进程。

6. 公共服务

对于地方、地区和国家政府来说，大数据的指数级增长带来了巨大的困境。现在的公众比以往任何时候都知道得更多，也更有力量。这意味着他们对为他们服务的公共部门的价值有很高的期望。政府机构现在可以收集大量未经验证的非结构化数据。这些数据可以为公众服务，但前提是这些数据可以被高效、有效地分析。IBM Watson 的认知计算可能有助于理解这一数据洪流，加快政府的决策过程，并帮助公务员专注于创新和发现。

7. 研究

每年都会有数千亿美元被用于研发，其中大部分结果被记录在专利和出版物中，从而产生了大量非结构化数据。为了对现有知识库做出贡献，有必要对这些数据源进行筛选，以便找到特定领域研究的外部边界。如果使用传统方法来完成这些工作，即使可能，也非常困难。但是，Watson 可以作为研究助理来帮助收集和综合信息，从而让人们了解最新的发现和洞见。例如，纽约基因组中心（New York Genome Center）正在使用 IBM Watson 认知计算系统分析被诊断为高度恶性脑癌患者的基因组数据，以便更快地为患有这种疾病的患者提供个性化的、能够挽救生命的治疗（Royyuru，2014）。

小结

当前，商业分析、数据科学、数据挖掘、商务智能和数据分析等术语在商业界和科学界随处可见。虽然覆盖范围和应用领域各有不同，但它们的目的都是相同的，即将数据转换为可操作洞见。它们的目标是使用特征丰富的数据来解决看似无法解决的问题。传统统计和现代机器学习的协同使用使得知识发现过程在很多行业和科学领域中成为现实。

商业分析及其衍生术语和概念的日益流行可以归因于四个主要因素：需求（在当今竞争激烈的商业环境中更快、更好地做出决策）、可用性（可用的数据、功能强大的软件和越来越高效的算法）、可负担性（因分析即服务的商业模式和云计算，成本不断降低）以及文化改变（重点是企业内基于数据 / 证据的决策实践）。

本章使用简单的三层分类法对商业分析进行了概述，并对每一层次的分析以及它们之间的相互关系进行了描述。本书的后续部分将使用一种简单而又富有启发性的非技术方法通过示例介绍预测性分析、数据挖掘、文本挖掘和机器学习的使能技术和方法。

参考文献

Bi, R. (2014). *When Watson Meets Machine Learning*. www.kdnuggets.com/2014/07/watson-meets-machine-learning.html (accessed June 2014).

DeepQA. (2011). *DeepQA Project: FAQ, IBM Corporation*. www.research.ibm.com/deepqa/faq.shtml (accessed September 2020).

Feldman, S., J. Hanover, C. Burghard, & D. Schubmehl. (2012). *Unlocking the Power of Unstructured Data*. ftp://public.dhe.ibm.com/software/data/sw-library/ecm-programs/IDC_UnlockingThePower.pdf (accessed September 2020).

Ferrucci, D., et al. (2010). "Building Watson: An Overview of the DeepQA Project," *AI Magazine*, 31(3): 59–79.

IBM. (2020). *Build with Watson: The AI for business*. https://www.ibm.com/watson/developer (accessed October 2020).

Liberatore, M., & W. Luo. (2011). "INFORMS and the Analytics Movement: The View of the Membership," *Interfaces*, 41(6): 578–589.

Robinson, A., J. Levis, & G. Bennett. (2010, October). "Informs to Officially Join Analytics Movement," *OR/MS Today*.

Royyuru, A. (2014). *IBM's Watson Takes on Brain Cancer: Analyzing Genomes to Accelerate and Help Clinicians Personalize Treatments*. www.medicaldesignandoutsourcing.com/ibms-watson-takes-on-brain-cancer-2/ (accessed September 2020).

第 2 章

预测性分析和数据挖掘导论

数据挖掘是数据分析和预测分析最重要的使能因素之一。虽然它的起源可以追溯到 20 世纪 80 年代末和 90 年代初，但是数据挖掘最强大的应用是在 21 世纪初开发的。很多人认为，近来分析的流行在很大程度上得益于数据挖掘的日益普及。数据挖掘是提取并向各级管理层的决策者提供急需的洞见和知识的过程。术语数据挖掘（Data Mining）最初用于描述在数据中发现未知的模式的过程。软件供应商和咨询公司已经将这个定义扩展到包括大多数形式的数据分析，以扩大其覆盖面并提升其能力，从而增加与数据挖掘相关的软件工具和服务的销量。随着分析作为所有数据分析的总称术语，数据挖掘被放回了合适的位置——分析连续体，以此发现新的知识。

在《哈佛商业评论》（Harvard Business Review）的一篇文章中，商业分析领域备受尊敬的知名专家托马斯·达文波特（Thomas Davenport）指出，当今企业的最新战略武器是以数据挖掘发现知识为基础的分析性决策（Thomas Davenport, 2006）。他列举了亚马逊（Amazon.com）、第一资本（Capital One）、万豪国际（Marriott International）等公司的例子。这些公司已经使用（并仍在使用）分析来更好地了解客户，优化其扩展的供应链，从而在提供最佳客户服务的同时实现投资回报的最大化。这种程度的成功只有在公司努力通过三个层次的分析——描述性分析、预测性分析和规范性分析——来深入了解客户及客户需求、供应商、业务流程和扩展的供应链时才会发生。

数据挖掘是将数据先转化为信息，再转化为知识的过程。在知识管理的情境中，数据挖掘是创造新知识的阶段。如图 2.1 所示，知识与数据、信息截然不同。数据是事实数据、测量数据和统计数据，信息是及时的（即在特定时间范围内从数据中得出的推断）、可理解的（即与原始数据相关的）经过组织和处理的数据。知识是情境化的、相关的和可操作的信息。例如，提供从一个地方到另一个地方的详细驾驶路线的地图可以被认为是数据。高速公路上显示的由于前方几千米处施工而导致行车缓慢的最新路况公告可以被认为是信息。有关另一条备选偏僻路线的认识可以被视为知识。在这个例子中，地图被认为是数据，因为其中不包含影响当前从一个地方到另一个地方的驾驶时间和条件的相关信息。然而，只有拥有能够使你避开施工区域的知识，将当前的条件作为信息才是有用的。这意味着知识包含很强的经验性和反思性元素，这些元素可以在特定情境中将知识与信息区分开来。

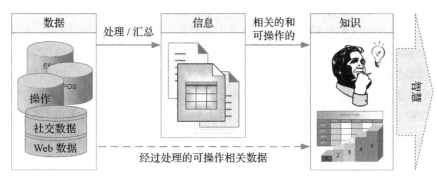

图 2.1　从数据到信息到知识再到智慧的连续体

拥有知识意味着可以用它来解决问题，而拥有信息则没有同样的含义。行动能力是知识的重要组成部分。例如，在相同环境下拥有相同信息的两个人可能没有相同的信息使用能力，因而也无法获得同等程度的成功。因此，人类的价值增加能力是存在差异的。这种能力差异可能是由不同的经历、不同的训练、不同的视角以及其他因素造成的。虽然可以将数据、信息和知识视为组织的资产，但是知识提供了有关数据和信息的更高层次的含义。因为知识传达了意义，所以更有价值。然而，知识也更容易转瞬而逝。

虽然对很多人来说，数据挖掘这个术语相对较新，但是其背后的思想却并不新鲜。数据挖掘中使用的很多技术都源于 20 世纪 50 年代早期以来的传统统计分析和人工智能。那么，为什么数据挖掘突然引起了商业界的关注呢？以下是最常见的一些原因：

- ❑ **全球范围内的竞争更加激烈**。供应商的数量超过了满足每个人的需求的数量。
- ❑ **不断变化的客户需求**。由于供应商及其产品（如更高的质量、更低的成本和更快的服务）数量的不断增加，客户需求正在发生巨大的变化。
- ❑ **认识到数据的价值**。现在，企业意识到了大型数据源中隐藏的未被开发的价值。
- ❑ **管理文化的改变**。数据驱动的、基于证据的决策正在成为一种普遍做法，显著地改变着管理者的工作方式。
- ❑ **改进的数据获取和存储技术**。将来自各种数据源的数据收集并集成到标准化的数据结构中，使企业能够获得有关客户、供应商和业务交易的高质量数据。
- ❑ **数据仓库的出现**。数据库和其他数据存储库正在被合并成数据仓库，以支持分析和管理决策。
- ❑ **硬件和软件的技术进步**。计算设备的处理和存储能力正在呈指数级增长。

❑ **成本**。在能力不断提高的同时，用于数据存储和处理的硬件和软件的成本却在迅速下降。

❑ **数据的可用性**。互联网时代为善于分析的企业带来了新的机会。它们可以通过识别和利用信息丰富的庞大数据源（如社交网络、社交媒体）来更好地理解数据。

数据无处不在。例如，基于互联网的活动产生的数据正在快速增加，甚至达到了我们无法说出的数量。世界各地正在产生和积累大量的基因组数据和相关信息（以期刊论文和其他媒体上发表的出版物和研究结果的形式）。天文学和核物理学等学科会定期生成大量数据。医学和药学研究人员在持续生成和存储相关数据，这些数据可用于数据挖掘，以找到更好地诊断和治疗疾病的方法并发现改进的新药物。在商业中，数据和数据挖掘最常见的应用可能是在金融、零售和医疗领域。数据挖掘可用于检测和减少欺诈活动（特别是在保险索赔和信用卡使用中），识别顾客的购买模式，发现潜在的客户，根据历史数据识别交易规则，以及通过市场购物篮分析来帮助提高盈利能力。数据挖掘已经被广泛用于更好地定位目标客户。随着电子商务的发展以及时间的推移，数据挖掘只会变得更为普及。

2.1　什么是数据挖掘

在最基本的层面上，数据挖掘可以定义为从大量数据中发现（即挖掘）知识（即可操作信息）的过程。当你真正思考数据挖掘的时候，你就会意识到术语数据挖掘并不是正在发生的事情的正确描述。例如，从岩石中开采黄金被称为金矿开采，而不是岩石开采。因此，数据挖掘或许应该被称为知识挖掘或知识发现。虽然这个术语与其含义并不匹配，但是数据挖掘已经成为整个社区的首选术语。虽然已经有建议用数据库中的知识发现、信息提取、模式分析、信息收集和模式搜索等名称来取代数据挖掘，但是没有一条获得过强有力的支持。

数据挖掘是使用统计学、数学和人工智能技术与算法从大量数据中提取并识别有用信息及知识（或模式）的过程。这些模式可以是业务规则、关联性、相关性、趋势或预测的形式。文献（Fayyad et al., 1996）将数据挖掘定义为"从结构化数据库存储的数据中识别有效、新颖、可能有用且最终可理解的模式的重要过程"。在结构化数据库中，数据被组织为由分类变量、顺序变量和连续变量构成的记录。该定义中关键术语的含义如下：

❑ 过程意味着数据挖掘包含很多迭代步骤。

❑ 重要是指涉及一些实验型的搜索或推断。也就是说，数据挖掘不像计算预定义的量那样简单。

❑ 有效是指发现的模式应当在新的数据上具有足够的确定性。

❑ 新颖是指在被分析系统的情境中，用户先前并不知道这些模式。

❑ 可能有用是指发现的模式应当给用户或任务带来一些好处。

❑ 最终可理解是指模式应该有商业意义，能让用户发出"这是有意义的。我怎么没有想到呢?"之类的感慨——即便不是马上，也至少是在处理完之后。

数据挖掘不是一门新的学科，而是一种其他几门学科交叉的新方法。在某种程度上，数据挖掘是一种新的哲学，它建议使用数据和数学模型来创造或发现新知识。如图 2.2 所示，数据挖掘以一种系统性的协同方式来充分利用统计学、人工智能、机器学习、管理科学、信息系统和数据库等学科。利用这些学科的共同能力，数据挖掘旨在从大型数据存储库中提取有用信息和知识。它在很短时间内引起了广泛关注并推动了分析运动的兴起和普及，是一个新兴领域。

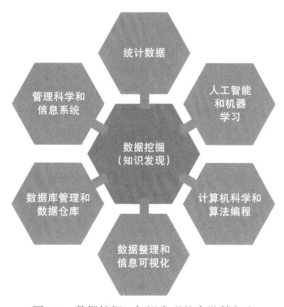

图 2.2　数据挖掘：知识发现的多学科方法

2.2　数据挖掘不是什么

由于数据挖掘这个术语的影响力，很多人都用它来指代与数据有关的各种分析。例如，人们可能会把随意的互联网搜索称为数据挖掘。的确，互联网搜索是一种通过挖掘大量不同的数据或信息源为特定问题或查询寻找（即发现）证据的方法——正因为如此，它可能看起来像是数据挖掘。然而，数据挖掘是通过应用统计或机器学习技术发现可重用模式的过程。因此，数据挖掘要比简单的互联网查询严谨和科学很多。

另一个经常与数据挖掘混淆的概念是在线分析处理（OnLine Analytical Processing，OLAP）。作为商务智能运动的核心推动者，OLAP 是一组使用数据立方体来搜索大型数据库（或数据仓库）的数据库查询方法的集合。数据立方体是数据仓库中存储的数据的多维表示。通过数据立方体，OLAP 帮助决策者将数据切片，以回答诸如"发生了什么?""在哪里发生的?"和"什么时候发生的?"之类的问题。尽管 OLAP 听起来很复杂，而且或许从效率的角度来看，OLAP 的确很复杂，但是 OLAP 并非数据挖掘。它可能是数据挖掘的先驱。在某种意义上，OLAP 和数据挖掘是互补的，因为它们都将数据转化为信息和知识，以便更好、更快地做出决策。OLAP 是描述性分析的一部分，而数据挖掘则是预测性分析的重要组成部分。

关于统计和数据挖掘的讨论有很多。有人认为数据挖掘是统计的一部分，也有人认为统计是数据挖掘的一部分，还有人认为数据挖掘和统计是一样的。虽然受篇幅所限，我们无法在这里深入讨论这个问题，但是可以通过几个关键点来探究一下。数据挖掘和统计有很多共同之处。它们都在寻找数据中的关系。二者的主要区别在于，统计从定义明确的命题和假设开始，而数据挖掘则从定义松散的发现声明开始。统计通过收集数据样本（即一手数据）来检验假设，而数据挖掘和分析则使用现有数据（即观察性的二手数据）来发现新的模式和关系。它们的另一个区别在于所使用数据的大小。数据挖掘在尽可能"大"的数据集中挖掘，而统计则在大小合适的数据集中统计。如果数据集大于统计分析所要求的，那么会使用样本数据。统计和数据挖掘对"大数据"有着不同的定义。对统计学家来说，几百到上千个数据点就足够大了；而对于数据挖掘研究来说，几百万到几十亿个数据点才被认为是大数据。

总之，数据挖掘既不是简单的互联网搜索，也不是 OLAP 的常规应用，它不等同于统计。虽然使用了这些描述性技术的功能，但是数据挖掘属于分析层次结构中的预测性分析。它使用数据和模型来发现有趣的模式（关系和未来趋势）。

2.3 最常见的数据挖掘应用

数据挖掘已经成为应对很多复杂商业问题及寻找机遇的流行工具。它在很多领域中都被证明是非常成功、非常有用的，下面将列出这些领域并进行简要讨论。很难找到文献中尚未涉及大量数据挖掘应用的行业或领域。这些数据挖掘应用的目标是解决复杂的问题或探索新的机遇，从而帮助创造可持续的竞争优势。

1. 营销与客户关系管理

客户关系管理（Customer Relationship Management，CRM）是传统营销的延伸。客户关系管理的目标是通过深入了解客户的需求和需要来与客户建立一对一的关系。随着时间的推移，企业在通过各种互动（如产品查询、销售、服务请求、保修电话、产品评论、社交媒体连接等）与客户建立关系的过程中积累了大量数据。当与人口统计和社会经济属性相结合时，这些信息丰富的数据可以用来识别新产品和新服务最有可能的响应者和买家（即客户分析）；了解客户流失的根本原因，以提高客户保留率（即客户流失分析）；发现产品和服务之间随时间变化的关联关系，以最大限度地提高销量和客户价值；找到最有价值的客户和他们的优先需求，以增强与客户的联系并最大限度地提高销量。

2. 银行业和金融业

数据挖掘可以帮助银行和其他金融机构应对各种问题和机会。数据挖掘通过准确预测和识别最有可能的违约者，来简化和自动化贷款申请的处理，检测信用卡欺诈和网上银行交易欺诈行为；通过销售客户有可能购买的产品和服务来帮助找到最大化客户价值的新途径；通过准确预测银行实体（如自动取款机、银行分行）的现金流来优化现金回报。

3. 零售业和物流业

在零售业中，数据挖掘可以被用于准确预测特定零售点的销量，以确定正确的库存水平；识别不同产品之间的销售关系（通过市场购物篮分析），改善店铺布局并优化促销活动；预测不同产品类别的消费水平（根据季节及环境情况）；优化物流，以最大化销量；通过分析传感器和 RFID 数据发现产品在供应链中移动的有趣模式（特别是那些保质期有限的产品，因为它们会过期、易腐烂、易被污染）。

4. 制造业

制造商可以通过对传感器数据使用数据挖掘技术来预测机械故障（实现基于状态的维护），通过识别生产系统中的异常和共性来优化生产能力，并通过发现新模式来识别和提高产品质量。

5. 经纪与证券交易

经纪人和交易员利用数据挖掘技术来预测特定股票或债券价格何时发生变化及如何变化，预测市场波动的幅度和方向，评估特定问题及事件对整体市场走势的影响，以及识别和防止证券交易中的欺诈行为。

6. 保险业

保险业使用数据挖掘技术来预测财产和医疗保险费用的索赔金额，以便更好地进行业务规划，根据索赔和客户数据分析来确定最优费率方案，预测哪些客户最有可能购买具有特殊特征的新保单，以及识别和防止不正确的索赔付款和欺诈活动。

7. 计算机硬件和软件

数据挖掘可用于预测磁盘驱动器故障，识别和过滤不需要的网络内容和电子邮件信息，检测和防止计算机网络安全网桥，并识别可能不安全的软件产品。

8. 政府和国防

数据挖掘有很多政府和军事应用。它可用于预测调动军事人员和装备的费用，通过预测对手的行动来制定更成功的军事交战战略，通过预测资源消耗来更好地进行规划和预算，并从军事行动中找出不同类别的独特经验、战略和教训以在整个组织中更好地共享知识。

9. 旅行和住宿

数据挖掘在旅游业中有很多用处。它可用于预测不同服务（如飞机上的座位类型、酒店和度假村的房间类型、汽车租赁公司的汽车类型）的销量，以便通过优化服务定价来使收益成为时变交易的函数，从而实现收益最大化（通常称为收益管理）；预测不同地点的需求，以便更好地分配有限的组织资源；识别最有价值的客户并向其提供个性化服务，从而使其成为回头客；找出并处理员工流失的根本原因，以留住有价值的员工。

10. 健康与医疗

数据挖掘有许多医疗应用。它可以用于帮助个人和群体追求更健康的生活方式（通过分析可穿戴健康监测设备收集的数据）；确定没有医疗保险的人以及导致这种不良现象的因素；确定不同治疗方法之间新的成本效益关系，以便制定更有效的策略；预测不同服务地点的需求水平及时间，以优化组织的资源分配；了解客户和员工流失的可能原因。

11. 医学

在医学中使用数据挖掘是对传统医学研究的宝贵补充。传统的医学研究在本质上是临床和生物学的。数据挖掘分析可用于识别新模式，以提高癌症的生存能力；预测器官移植的成功率，以便制定更好的供体–器官匹配策略；鉴定人类染色体中不同基因的功能（称为基因组学）；发现症状与疾病之间的关系（和疾病与成功治疗方法的关系），以帮助医疗专业人员及时做出正确的决定。

12. 娱乐

在娱乐业中，数据挖掘被成功地用于分析观众数据，从而确定在黄金时段播放什么节目，了解在何时插入广告才能获得最大回报，在电影制作前预测其是否值得投资以及投资回报如何，预测不同地区的需求以更好地安排娱乐活动、优化资源分配，制定最优定价策略以实现营收最大化。

13. 国土安全和执法

数据挖掘在国土安全和执法方面有很多应用。数据挖掘经常被用于识别恐怖行为的模式；发现犯罪模式（如地点、时间、犯罪行为和其他相关属性），以便帮助及时侦破刑事案件；通过分析有特殊目的的传感器数据来预测和消除对国家关键基础设施的潜在生物和化学攻击；识别并阻止对关键信息基础设施的恶意攻击（通常称为信息战）。

14. 体育

数据挖掘已经被用于提高美国国家篮球协会（National Basketball Association，NBA）球队的表现。美国职业棒球大联盟的球队使用预测性分析和数据挖掘技术来优化有限资源的利用，从而在赛季中获胜（《点球成金》就是一部关于在棒球比赛中使用分析的流行电影）。如今，大多数职业运动都雇佣数据处理员使用数据挖掘技术来增加获胜的可能性。

数据挖掘的应用并不局限于职业体育。例如，德伦等人（Delen et al.，2012）使用两支对阵球队先前比赛统计数据中的大量变量开发了预测美国大学体育协会（NCAA）美式橄榄球碗赛结果的模型。赖特（Wright，2012）使用多种预测器对 NCAA 男子篮球冠军赛（又名"疯狂三月"）进行了检验。简言之，数据挖掘可以用于预测体育赛事的结果，找到提高战胜特定对手的优势的方法，并最大限度地利用可用资源（如财务、管理、体育资源）使球队获得最好的结果。

2.4　数据挖掘能够发现什么样的模式

使用最相关的数据（可能来自组织中的数据库，也可能来自外部数据源），数据挖掘可以构建模型来识别数据集中属性（即变量或特征）之间的模式。模型通常是识别数据集中描述的对象（如客户）的属性之间关系的数学表示（简单的线性相关或复杂的高度非线性关系）。其中一些模式是解释性的（解释属性之间的相互关系和亲和度），而其他模式是预测性的（预测某些属性的未来值）。一般来说，数据挖掘旨在识别三类主要模式：

- ❏ 关联模式发现通常同时出现的事物组合，如通常一起被放入购物车并购买的"啤酒和尿布"或"面包和黄油"（即市场购物篮分析）。另一种类型的关联模式获取事物的序列。通过这些序列关系可以发现时序事件，如预测已有支票账户的银行客户是否在一年内将先后开设储蓄账户和投资账户。
- ❏ 预测模式根据过去发生的事情来预测未来发生某些事件的性质，如预测超级碗的赢家或者预测某一天的绝对温度。
- ❏ 聚类模式根据事物的已知特征来确定其自然分组，如根据人口统计信息和过去的购买行为将客户分配到不同的细分市场。

几个世纪以来，这些类型的模式都是人工从数据中提取的。但是在现代，随着数据量的不断增长，需要更加自动化的方法。随着数据集规模和复杂性的增长，直接的手工数据分析手段越来越多地被采用复杂方法和算法的间接自动化数据处理工具所增强。这种处理大型数据集的自动化和半自动化手段的演化表现目前通常被称为数据挖掘。

如前所述，一般来说，数据挖掘任务和模式可以分为预测、关联和聚类三大类。基于从历史数据中提取模式的方式，数据挖掘方法的学习算法可以分为监督学习算法和无监督学习算法。对于监督学习算法，训练数据同时包含描述性属性（即自变量或决策变量）和类属性（即输出变量或结果变量）。相比之下，在无监督学习中，训练数据只包含描述性属性。图 2.3 所示的是数据挖掘任务的简单分类以及每种数据挖掘任务的学习方法和流行算法。在这三大类任务中，预测模式是监督学习过程的结果，而关联模式和聚类模式则是无监督学习过程的结果。

预测任务（Prediction）通常对未来进行预测。预测不同于简单的猜测，预测需要考虑经验、意见和其他相关信息。通常与预测联系在一起的一个术语是预报（Forecasting）。虽然很多人把这两个术语当作同义词使用，但它们之间还是存在细微的区别。预测主要是基于经验和观点，而预报则是基于数据和模型。也就是说，猜测、预测和预报的可靠性依次增加。在数据挖掘术语中，预测和预报是同义的，而"预测"这个术语则用作行为的常用表示。根据所预测事物的本质，预测可以被进一步分为分类预测（其中被预测的是诸如"雨"或"晴"等表示明天天气的标签）和回归预测（其中被预测的是诸如"65℃"的表示明天气温的实数）。

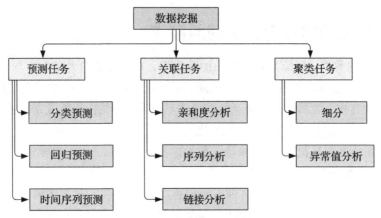

图 2.3　数据挖掘的简单分类

分类（或监督归纳）可能是最常见的数据挖掘任务。分类任务的目的是分析存储在数据库中的历史数据，并自动生成可以预测未来行为的模型。这个分类模型经训练数据集中记录的数据泛化，有助于区分预定义的类。我们希望这个模型可以用于预测其他未分类数据的类别。更重要的是，我们希望它可以准确预测真实的未来事件。

常见的分类方法包括神经网络和决策树（来源于机器学习）、逻辑回归和判别分析（来源于传统统计），以及粗糙集、支持向量机和遗传算法等新兴方法。有人批评，基于统计的分类方法（如逻辑回归、判别分析）会对数据做出独立和正态等不切实际的假设，这限制了它们在分类型数据挖掘项目中的使用。

神经网络涉及数学结构（有些类似于人类大脑中的生物神经网络）的开发。这种数学结构具有从过去的经验中学习的能力，并以结构良好的数据集的形式呈现。当变量非常多且变量之间的关系复杂而不准确时，神经网络往往更有效。神经网络既有优点也有缺点。例如，针对神经网络的预测，通常很难给出良好的理论基础。此外，神经网络往往需要大量的训练。不幸的是，随着数据量的增长，训练所需的时间往往呈指数级增长。一般来说，神经网络不能在非常大的数据库上训练。这些因素限制了神经网络在数据丰富领域的适用性（想要更详细地了解神经网络，请参阅第 5 章）。

决策树根据输入变量的值将数据分为有限数量的类。由于决策树本质上是一个由 if-then 语句组成的层次结构，因此比神经网络要快得多。决策树最适合分类数据和区间数据。

因此，在将连续变量纳入决策树框架时需要进行离散化，即将取值连续的数值变量转换为区间和类别。

规则归纳是一种分类工具。与决策树不同，在规则归纳中，if-then 语句是直接从训练数据中归纳出来的，它们在本质上是不需要分层的。支持向量机、粗糙集和遗传算法等其他新的技术正在逐渐进入分类算法库，我们将在第 5 章进行更详细的介绍。

关联任务（Association）——在数据挖掘中通常称为关联规则（Association Rule）——用于发现大型数据库中变量之间的有趣关系。由于条形码扫描仪等自动化数据收集技术的使用，使用关联规则在超市销售点系统记录的大规模交易中发现产品之间的规律已经成为零售业中一项常见的知识发现任务。在零售业中，关联规则挖掘通常被称为市场购物篮分析。

关联规则挖掘的两个常见衍生品是链接分析和序列分析。通过链接分析可以自动发现很多感兴趣对象之间的链接，如网页之间的链接和学术出版物作者群体之间的引用关系等。使用序列分析可以根据出现的顺序来研究关系，以识别随时间推移的关联。关联规则挖掘中使用的算法包括流行的 Apriori（用于识别频繁项集）、FPGrowth、OneR、ZeroR 和 Eclat 算法。第 4 章将介绍 Apriori。

聚类任务（Clustering）涉及将一组事物（如结构化数据集中的对象、事件等）划分成多个部分（或自然分组），每个部分中的成员具有相似的特征。与分类任务不同，在聚类任务中，类的标签是未知的。选定的算法遍历数据集，根据事物的特征识别其共性并建立聚类簇。因为聚类簇是使用启发式算法确定的，且不同的算法对相同的数据集可能给出不同的聚类簇，所以在使用聚类结果之前可能需要专家来解释或修改聚类建议的聚类簇。在确定了合理的聚类簇之后，就可以用它们来对新数据进行分类和解释。

毫不奇怪，聚类方法包含优化。聚类的目标是创建组，使组内成员具有最大的相似度，而组间成员具有最小的相似度。最常用的聚类方法包括 k 均值聚类（来源于统计）和自组织映射聚类（来源于机器学习）。自组织映射是由科荷伦开发的一种独特的神经网络架构（Kohonen，1982）。

企业经常有效地利用其数据挖掘系统中的聚类分析进行市场细分。聚类分析是一种识别事物类别，使得簇内事物的共性大于簇间事物的共性的方法。这类分析可以用于细分客户，并在正确的时间以正确形式和价格将恰当的营销产品引导到细分市场。聚类分析还可用于识别事件或对象的自然分组，以便确定用于描述这些组的共同特征集。

与数据挖掘相关的两种技术是可视化和时间序列预测。可视化可以和其他数据挖掘技术结合使用，以便我们更清楚地理解底层关系。近年来，随着可视化重要性的增加，术语可视化分析也应运而生。可视化分析的思想是将分析和可视化在一个环境中结合起来，以便更轻松、更快速地创造知识。可视化分析将在第 4 章中详细介绍。在时间序列预测中，数据由相同变量在一段时间内定期获取和存储的值组成。然后，这些数据被用于开发预测模型，以推断同一变量的未来值。

2.5 流行的数据挖掘工具

很多软件供应商都提供了功能强大的数据挖掘工具。其中，一些供应商只提供数据挖掘和统计分析软件，而另一些供应商则是除了提供数据挖掘软件产品外，还提供各种软件、硬件和咨询服务的大公司。提供数据挖掘工具的供应商包括 IBM（IBM SPSS Modeler，先前称为 SPSS PASW Modeler 和 Clementine）、SAS（Enterprise Miner）、StatSoft（Statistica Data Miner——现在的 TIBCO 公司）、KXEN（Infinite Insight——现在的 SAP 公司）、Salford（CART、MARS、TreeNet 和 RandomForest）、Angoss（Knowledge STUDIO 和 KnowledgeSeeker）和 Megaputer（PolyAnalyst）。值得注意但并不令人惊讶的是，最流行的数据挖掘工具最初是由成熟的统计软件公司（SPSS、SAS 和 StatSoft）开发的。这在很大程度上是因为统计是数据挖掘的基础，而这些公司有办法将其开发成完整的数据挖掘系统。

大多数商务智能工具供应商（如 IBM Cognos、Oracle Hyperion、SAP Business Objects、Microstrategy、Teradata、微软）也在其软件产品中集成了某种程度的数据挖掘功能。这些商务智能工具仍然主要关注多维建模和数据可视化意义上的描述性分析，并未被看作数据挖掘工具供应商的直接竞争对手。

除商业数据挖掘工具外，还可以从互联网上获取一些免费开源数据挖掘软件工具。从历史上看，最流行的免费开源数据挖掘工具是由新西兰怀卡托大学的几位研究人员开发的 Weka（可以从 cs.waikato.ac.nz/ml/weka/ 下载）。Weka 包含很多可用于不同数据挖掘任务的算法且具有直观的用户界面。另一个快速流行起来的免费（非商业用途）数据挖掘工具是由 RapidMiner.com 开发的 RapidMiner（可以从 rapidminer.com 下载）。RapidMiner 中图形化增强的用户界面、大量算法的使用以及各种数据可视化特性的结合将它与其他免费数据挖掘工具区分开来。

另一个拥有极具吸引力的工作流图形用户界面的免费开源数据挖掘工具是 KNIME 分析平台（可以从 knime.org 下载）。关于 KNIME 的详细描述见附录。

商业工具（如 Enterprise Miner、IBM SPSS Modeler 和 Statistica）和免费工具（如 Weka、RapidMiner 和 KNIME）的主要区别通常在于计算效率。对于涉及大型数据集的数据挖掘任务，使用免费软件可能需要更长的时间。对于某些算法来说，使用免费软件甚至无法完成（即免费软件可能会由于计算机内存的低效使用而崩溃）。有了基于云计算的分析，开源工具的缺陷不再像过去那样突出。例如，可以在 KNIME 分析平台（KNIME Analytics Platform）中使用小数据样本开发分析模型，然后使用完整的大型数据集在云平台上部署和执行该模型。除软件工具外，基于代码的分析工具和高级编程语言（如 Python、R 和 JavaScript）在分析和数据科学领域也越来越受欢迎。表 2.1 所示的是主要的数据挖掘软件产品及其网站。

表 2.1 流行的数据挖掘软件工具

产　品	网站（URL）
KNIME Analytics Platform	knime.org
SAS Enterprise Miner	https://www.sas.com/en_us/software/enterprise-miner.html
IBM SPSS Modeler	ibm.com/products/spss-modeler
TIBCO Statistica	docs.tibco.com/products/tibco-statistica
RapidMiner	rapidminer.com
PolyAnalyst	megaputer.com/polyanalyst.php
Salford Predictive Modeler	salford-systems.com
XLMiner	https://www.solver.com/xlminer-platform
DataRobot Enterprise Analytics and AI	https://www.datarobot.com/
Databricks Unified Analytics Platform	https://databricks.com/
Apache Spark Analytics	https://spark.apache.org/
H2O Analytics	https://h2oanalytics.com/
Teradata Warehouse Miner	https://www.teradata.com/
Oracle Data Mining	oracle.com/database/technologies/ advanced-analytics/odm.html
R for Analytics	https://www.r-project.org/
Python for Analytics	https://www.python.org/
Open Source Analytical API Platform for JavaScript	https://cube.dev/

　　微软的 SQL Server 包含一套在数据挖掘研究中越来越流行的商务智能功能。使用 SQL Server 时，由于数据和分析模型驻留在同一个关系型数据库环境中，因此显著提高了模型执行效率并使模型管理变得相当容易。微软企业联盟（Microsoft Enterprise Consortium）是为全球范围内出于学术目的（即教学和研究）使用微软 SQL Server 软件套件的用户提供的资源。该联盟成立的目的是使世界各地的大学能够使用企业的技术，而无须在各自的校园内维护必需的硬件和软件。该联盟提供了各种商务智能开发工具（如数据挖掘、立方体构建、业务报告）以及来自山姆俱乐部（Sam's Club）、迪拉德（Dillard's）和泰森食品（Tyson Foods）等公司的大量真实的数据集。微软企业联盟是免费的，只能用于学术目的。阿肯色大学（University of Arkansas）的山姆·沃尔顿商学院（Sam M. Walton College of Business）负责管理该企业系统。联盟成员及其学生可以使用简单的远程桌面连接访问这些资源。有关成为联盟成员以及易于遵循的示例教程等更多详细信息，请参见 https://walton.uark.edu/enterprise/ Microsoft/index.php。

　　2019 年 5 月，KDnuggets（著名的数据挖掘和分析的链接及资源门户网站）就下列问题进行了第 20 次年度软件投票：“在过去三年（2017～2019 年）中，你在真实项目中使用过哪些分析、数据科学、机器学习软件／工具？”这项调查受到了分析和数据科学界的极大关注，吸引了超过 1800 名独立投票者。这项调查既衡量了数据分析／数据科学软件工具的使用范围，也衡量了供应商对其工具的支持程度。以下是一些有趣的调查结果：

　　❑ 许多商业分析和数据科学软件用户使用多个工具来执行数据分析项目。根据这项调查，2019 年，个人或供应商使用的工具数量的平均值为 6.1 个（2014 年为 3.7 个）。

这清楚地表明，大部分数据科学家使用多个工具（商业软件、免费开源软件、编程语言和作为社区项目的开放获取算法和模型库）。仅使用一种工具或语言似乎不足以满足处理新一代分析项目的需求。

❑ 免费开源软件工具及编程语言的流行程度远超商业工具。在最受欢迎的前40名工具中，超过三分之二都是带有图形用户界面的免费开源软件或用于数据分析的编程语言和模型/算法库。总体而言，最受欢迎的工具是Python（获得了65%的选票），这与2018年的情况项目。

❑ 虽然大数据工具（如Apache Spark、Hadoop、Kafka）和技术的投票比例有所下降，但是深度学习工具、技术和库（如TensorFlow、Keras、PyTorch）却获得了非常高的人气。

图2.4所示的是票数排名前40的工具，其中数字表示每种工具获得的选票数。

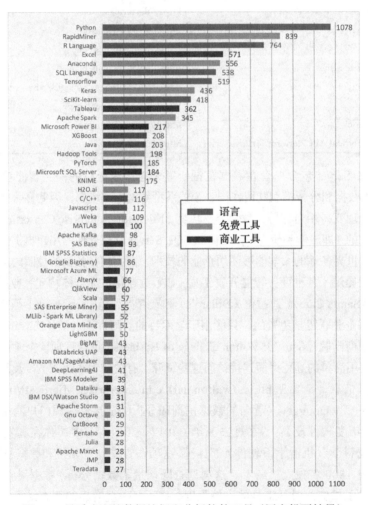

图2.4　最受欢迎的数据挖掘和分析软件工具（用户投票结果）。

来源：经KDnuggets.com许可使用

在这次投票中，为了避免通过多次投票来减少差距，KDnuggets 使用了电子邮件验证。这样可能会减少总票数，但是会使结果更加公平、更具有代表性。

2.6　数据挖掘的潜在问题：隐私问题

在数据挖掘中，收集、存储和分析的数据往往包含与真实人物相关的信息。这些信息可能包含身份数据（如姓名、地址、社会保险号、驾照号码、员工编号）、人口统计数据（如年龄、性别、种族、婚姻状况、子女数量）、财务数据（如工资、家庭总收入、支票或储蓄账户余额、房屋所有权、抵押或贷款账户明细、信用卡限额和余额、投资账户明细）、购买历史（来源于供应商交易记录或信用卡交易明细中的时间、地点及购买的物品）以及其他个人数据（如周年纪念日、怀孕、疾病、家庭损失、破产申请情况）。这些数据大多数都可以通过一些第三方数据提供者访问。这里存在的主要问题是涉及数据所属人的隐私。为了维护隐私和保护个人权利，数据挖掘专业人员有道德和法律义务。一种合乎道德的处理私有数据的方法是在应用数据挖掘应用之前去掉客户记录中的身份信息，使得无法根据记录追溯到个人。很多公开可用的数据源（如 CDC 数据、SEER 数据、UNOS 数据）已经去除了身份信息。在访问这些数据源之前，这些数据挖掘执行者通常被要求同意不去识别这些数据背后的个人。

在最近的一些案例中，一些公司在没有征得客户明确同意的情况下就与他人共享了客户数据。例如，你可能还记得，在 2003 年，捷蓝航空（JetBlue Airlines）向美国政府的承包商火炬概念（Torch Concepts）提供了 100 多万份乘客记录。火炬概念随后使用从名为艾克希姆（Acxiom）的数据代理公司购买的家庭规模和社会保险号等其他信息增强了这些乘客数据。这个综合性的个人信息数据库被计划用于开发潜在恐怖分子画像数据挖掘项目。这一切都是在没有征得乘客同意的情况下进行的。在这些活动的消息传出以后，有数十起针对捷蓝航空、火炬概念和艾克希姆的隐私诉讼被提起。一些美国参议员也呼吁对该事件进行调查（Wald，2004）。类似地，最近也有关于热门社交网络公司的与隐私相关的新闻，据称这些公司将客户的特定数据售卖给其他公司用于个性化定向营销。

2012 年，一个关于数据挖掘和隐私问题的奇特案例登上了头条。在这个案例中，这家公司甚至没有使用任何隐私和个人数据。从法律上讲，这家公司并未违反任何法律。这个关于塔吉特（Target）百货公司的案例是这样的。2012 年初，塔吉特使用预测性分析的做法传出了一个恶名昭彰的故事。故事讲的是一个十几岁的女孩收到塔吉特公司寄来的广告传单和优惠券，这些广告传单和优惠券针对的是准妈妈们会从塔吉特这样的商店购买的产品。一名愤怒的男子走进明尼阿波利斯市外的塔吉特百货公司，要求和经理谈谈。"我女儿在邮件中收到了这个！"他说，"她还在上高中，你们却给她寄婴儿衣服和婴儿床的优惠券！你们是在鼓励她怀孕吗？"经理一头雾水。他看了看邮件。果然，信是寄给这个男人的女儿的，里面有孕妇装和婴儿房家具的广告以及微笑着的婴儿的照片。经理道歉了，并在几天后又打电话道歉。不过在电话里，这位父亲有些尴尬。"我和女儿谈过了"，他说，"事实证明，我家里发生了一些我还没有完全意识到的事情。她的预产期是八月。我应该向你道歉。"

事实证明，塔吉特公司比少女的父亲更早发现她怀孕了！下面介绍他们是如何做到的。塔吉特公司为每个客户分配一个客户 ID 号（与该客户的信用卡、姓名或电子邮件地址关联）。客户 ID 号成为用于保存客户所有购买历史记录的标识符。塔吉特公司使用从客户处收集的或从其他信息源购买的人口统计信息来扩充这些数据。通过这类信息，塔吉特公司调查了过去在塔吉特婴儿登记册上登记的所有女性的历史购买数据。该公司从各个方面分析了数据，得到了一些有用的模式。例如，乳液和特殊维生素的购买模式就比较有趣。虽然很多人会购买乳液，但是塔吉特公司注意到，婴儿登记册上登记的女性会在孕中期购买大量无味乳液。另一位分析师指出，在前 20 周的某个时候，孕妇会大量摄入钙、镁和锌等补充剂。虽然很多购物者都会购买肥皂和棉球，但是当有人突然开始购买大量无味肥皂和超大袋棉球以及洗手液和毛巾时，这表明她的生产日期可能就要临近了。塔吉特公司能够识别出约 25 种产品，当把它们放在一起分析时，可以根据它们给每位顾客打一个"怀孕预测"分数。塔吉特公司甚至可以在很小的误差范围内估计出其预产期。因此，这家公司可以在她怀孕的特定阶段发送优惠券。

如果从合法的角度来看这种做法，你会得出结论：塔吉特没有使用任何侵犯客户隐私权的信息，它只是使用了几乎所有其他零售连锁店都在收集和存储（或许还在分析）的关于客户的交易数据。在这种情况下，令人不安的或许是怀孕被当作目标概念。人们倾向于认为，诸如绝症、离婚和破产等事件或概念应当被禁止或极其谨慎地对待。

应用示例：好莱坞经理人的数据挖掘

预测电影票房收入是一个有趣而富有挑战性的问题。据一些领域专家称，由于很难预测产品需求，因此电影业是一个"凭直觉胡乱猜测的领域"，这使得好莱坞的电影业成为冒险的尝试。长期担任美国电影协会总裁及首席执行官的杰克·瓦伦蒂（Jack Valenti）也支持这样的观点，他曾说："没人能告诉你一部电影在市场上的表现会怎么样……直到电影在影院上映，火花在屏幕和观众之间飞舞起来。"支持这种说法的例子、声明和经验在娱乐业的各种杂志上随处可见。

与很多其他试图探究这一富有挑战性的现实问题的研究人员一样，拉梅什·沙尔达（Ramesh Sharda）和杜尔森·德伦（Dursun Delen）一直在研究如何使用数据挖掘来预测电影票房的财务表现，甚至是在电影拍摄之前（此时电影只不过是一个概念性的想法）。在其完全公开的预测模型中，他们将预测（或回归）问题转化为分类问题。也就是说，他们不是预测票房收入，而是根据票房收入将电影分为从"毒药"到"大片"的九类，从而使这个问题变成多分类问题。表 2.2 所示的是根据票房收入范围给出的这九个类别的定义。

表 2.2　基于票房收入的电影分类

类别号	1	2	3	4	5	6	7	8	9
票房收入范围 （单位：百万）	<$1 （惨败）	≥$1 <$10	≥$10 <$20	≥$20 <$40	≥$40 <$65	≥$65 <$100	≥$100 <$150	≥$150 <$200	≥$200 （大片）

数据

电影分类模型的数据是从各种与电影相关的数据库（如 ShowBiz、IMDb、IMSDb、AllMovie）中收集的并被合并为一个数据集。用于开发最新模型的数据集包含了 1998 年至 2006 年间发行的 2632 部电影。表 2.3 所示的是模型自变量及其说明。有关这些自变量的更多描述细节以及选择它们的理由，请参阅文献（Sharda & Delen，2006）。

表 2.3　模型自变量及其说明

自变量名称	定　义	取值范围
MPAA 分级	表示由美国电影协会（Motion Picture Association of America，MPAA）指定的分级	G、PG、PG-13、R NR
竞争强度	表示电影与同期上映的其他电影争夺同一娱乐收入池的能力	高、中、低
明星价值	表示演员阵容中的票房超级明星。超级明星是指对电影预售做出重大贡献的演员	高、中、低
类型	表示影片所属的内容类别。与其他类别变量不同的是，一部电影可以同时被归为多个内容类别（如动作和喜剧）。因此，每个内容类别使用一个单独的二进制变量表示	科幻、史诗、剧情、现代剧、惊悚、恐怖、喜剧、卡通、动作、纪录片
特效	表示电影中使用技术内容和特效（如动画、声音、视觉效果）的程度	高、中、低
续集	表示电影是续集（取值为"是"或者"1"）还是非续集（取值为"否"或者"0"）	是、否
屏幕数	表示首映时电影计划放映的屏幕数	正整数

方法

沙尔达和杜尔森利用神经网络、决策树、支持向量机和三种集成方法等多种数据挖掘方法开发了预测模型。它们使用 1998～2005 年的数据作为训练数据建立预测模型，并使用 2006 年的数据作为测试数据对模型的预测准确度进行评价和比较。图 2.5 所示的是所提出的电影预测系统的概念架构，图 2.6 所示的是模型构建过程的工作流。

结果

表 2.4 所示的是三种数据挖掘方法的预测结果以及三种不同集成方法的结果。第一个性能指标是分类正确率，称为宾果（Bingo）。该表还报告了单路（即在一个类别内）的分类正确率。结果表明，支持向量机在各个预测模型中表现最好，其次是人工神经网络，效果最差的是 CART 决策树算法。总体而言，集成模型优于单个预测模型，而在集成模型中，融合算法的表现最好。对决策者来说，更重要一点是，与单个模型相比从集成模型中得到的标准差明显较低，这一点在表 2.4 中尤为明显。

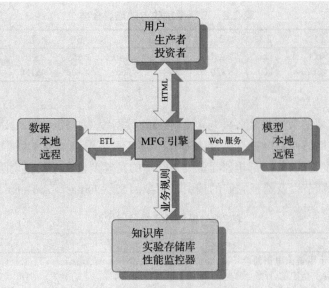

图 2.5 电影预测系统的概念架构

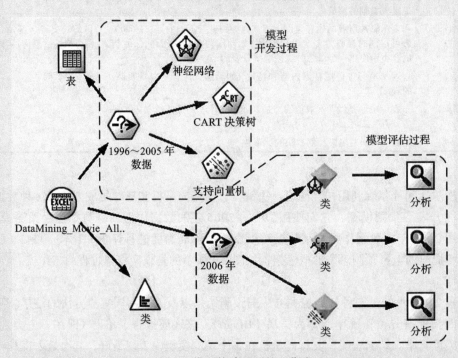

图 2.6 模型构建过程的工作流

表 2.4　单个模型和集成模型的预测结果

性能指标	单个模型			集成模型		
	支持向量机	人工神经网络	CART 决策树	随机森林	提升树	信息融合
计数（宾果）	192	182	140	189	187	194
计数（单路）	104	120	126	121	104	120
准确率（宾果）	55.49%	52.60%	40.46%	54.62%	54.05%	56.07%
准确率（单路）	85.55%	87.28%	76.88%	89.60%	84.10%	90.75%
标准差	0.93	0.87	1.05	0.76	0.84	0.63

结论

　　据研究人员称，这些预测结果要好于该领域中已发表文献所报告的结果。除票房收入的预测结果拥有极具吸引力的准确度外，这些模型还可以用于进一步分析（以及优化）决策变量，以实现财务回报最大化。具体来说，可以使用已经训练过的预测模型来更改用于建模的参数，以便更好地理解不同参数对最终结果的影响。在这个过程（通常称为灵敏度分析）中，娱乐公司的决策层可以发现，这些模型能够以非常高的准确度来预测特定演员（或特定发布日期、增加更多的技术效果等）带来的电影票房收入，从而使底层系统成为无价的决策支持工具。图 2.7 所示的是名为电影预测大师（Movie Forecast Guru）的预测系统原型实现的屏幕截图。

图 2.7　电影预测大师的屏幕截图

小结

本章主要介绍预测性分析的定义以及它最流行的支持工具——数据挖掘。正如第 1 章中对商业分析简单分类的说明所述，预测性分析位于描述性分析和说明性分析之间，其目的是回答"将会发生什么？"。描述性分析采用回顾性的视角，而预测性分析则采用前瞻性的方法来预测未来最可能发生的事情，以便在问题发生之前发现并预防它们，并在每个人（特别是竞争对手）发现潜在机会之前发现并利用它们。本章通过几个说明性的例子和应用示例介绍了这些看似复杂的概念。

参考文献

Chapman, P., J. Clinton, R. Kerber, T. Khabaza, et al. (2013). CRISP-DM 1.0. www.the-modeling-agency.com/crisp-dm.pdf (accessed July 2020).

Davenport, T. H. (2006, January). "Competing on Analytics," *Harvard Business Review*. https://hbr.org/2006/01/competing-on-analytics (accessed September 2020).

Delen, D. (2019). *Prescriptive Analytics: The Final Frontier for Evidence-Based Management and Optimal Decision Making*. FT Press/Pearson.

Delen, D. (2009). "Analysis of Cancer Data: A Data Mining Approach," *Expert Systems*, 26(1): 100–112.

Delen, D., D. Cogdell, & N. Kasap. (2012). "A Comparative Analysis of Data Mining Methods in Predicting NCAA Bowl Outcomes," *International Journal of Forecasting*, 28: 543–552.

Delen, D., R. Sharda, & P. Kumar. (2007). "Movie Forecast Guru: A Web-Based DSS for Hollywood Managers," *Decision Support Systems*, 43(4): 1151–1170.

Delen, D., G. Walker, & A. Kadam. (2005). "Predicting Breast Cancer Survivability: A Comparison of Three Data Mining Methods," *Artificial Intelligence in Medicine*, 34(2): 113–127.

Fayyad, U., G. Piatetsky-Shapiro, & P. Smyth. (1996). "From Knowledge Discovery in Databases," *AI Magazine*, 17(3): 37–54.

Hill, K. (2012, February 16). "How Target Figured Out a Teen Girl Was Pregnant Before Her Father Did," *Forbes Magazine*. https://www.forbes.com/sites/kashmirhill/2012/02/16/how-target-figured-out-a-teen-girl-was-pregnant-before-her-father-did (accessed September 2020).

Kohonen, T. (1982). "Self-Organized Formation of Topologically Correct Feature Maps," *Biological Cybernetics*, 43(1): 59–69.

Nemati, H. R., & C. D. Barko. (2001). "Issues in Organizational Data Mining: A Survey of Current Practices," *Journal of Data Warehousing*, 6(1): 25–36.

Nolan, R. (2012, February 21). "Behind the Cover Story: How Much Does Target Know?" *The New York Times*.

SAS. (2020). *Introduction to SEMMA*. https://documentation.sas.com/?docsetId=emref&docsetTarget=n061bzurmej4j3n1jnj8bbjjm1a2.htm&docsetVersion=14.3&locale=en (accessed July 2020).

Sharda, R., & D. Delen. (2006). "Predicting Box-Office Success of Motion Pictures with Neural Networks," *Expert Systems with Applications*, 30: 243–254.

Wald, M. (2004). "U.S. Calls Release of JetBlue Data Improper," *The New York Times*, www.nytimes.com/2004/02/21/business/us-calls-release-of-jetblue-data-improper.html (accessed May 2020).

Wright, C. (2012). *Statistical Predictors of March Madness: An Examination of the NCAA Men's Basketball Championship*. http://economics-files.pomona.edu/GarySmith/Econ190/Wright March Madness Final Paper.pdf (accessed July 2020).

第 3 章

预测性分析的标准流程

与很多其他计算范式中的情况一样，从大型数据存储库中提取知识（如数据挖掘、预测性分析、数据科学、商业分析）也是从反复试错的实验过程开始的。很多实践者试图从描述什么有效和什么无效的视角来处理这个问题。在很长一段时间中，数据挖掘（或者最近的数据分析和数据科学）项目都是作为极具艺术性、临时性和试验性的工作来开展的。然而，为了有条不紊地进行这些分析，亟须开发标准化的流程来遵循。在早期，数据挖掘研究人员基于最佳实践提出了几个流程——采用简单的逐步法形式的工作流——以最大限度地提高成功实施数据分析项目的可能性。本章将介绍其中一些标准流程。

3.1 数据库的知识发现流程

文献（Fayyad et al., 1996）提出的数据库的知识发现（Knowledge Discovery in Database, KDD）方法是最早的数据挖掘流程之一。它或许是第一个数据挖掘流程。在 KDD 方法中，数据挖掘被描述为从预处理后的数据中提取模式的单个步骤。该文献提出 KDD 是一个完整的端到端流程，包含了多个将数据转换为知识的步骤。图 3.1 所示的是 KDD 流程，带标记的有向箭头表示处理步骤，代表人工制品的图形和图标表示每个步骤的处理结果。如图 3.1 所示，KDD 流程的输入是来自组织数据库或其他外部数据源的数据集合。这些数据源通常整合为称为数据仓库的集中数据存储库。由于数据仓库为数据挖掘提供了单一数据源，因此能够保证 KDD 流程的有效和高效执行。无论是否使用数据仓库，只要数据被整合到了统一的数据仓库中，就可以针对特定问题提取数据子集，为进一步处理做好准备。由于数据经常处于原始的、不完整和嘈杂的状态，因此在建模之前需要对数据进行全面的预处理和清洗。只要数据经过预处理并被转换成可供建模的形式，就可以使用各种建模技术将数据转换成模式、关联和预测模型。发现的模式必须经过验证、解释和内化，才能被转换成能为决策者所用的可操作信息（即知识）。反馈循环是这个流程中最重要的部分，它允许流程向后重定向，从任意步骤转向其之前的任意步骤，以便进行返工和重新调整。

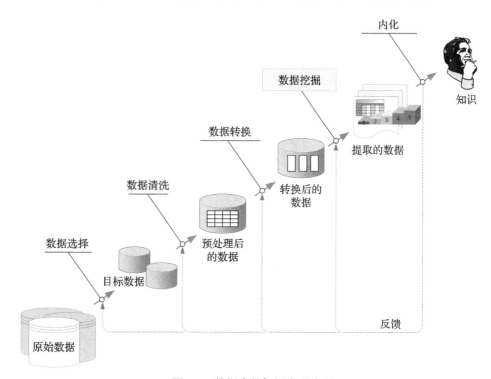

图 3.1　数据库的知识发现流程

3.2　跨行业数据挖掘的标准流程

另一个标准化的数据挖掘流程——可以说是当前最流行的——是在 20 世纪 90 年代中后期由一个欧洲公司联盟提出的跨行业数据挖掘标准流程（Cross-Industry Standard Process for Data Mining，CRISP-DM）。该流程旨在成为数据挖掘项目的通用标准方法（Chapman et al.，2013）。现在，CRISP-DM 已广泛用于商业分析和数据科学项目。它有时也称为 CRISP-BA（对于商业分析）、CRISP-DS（对于数据科学），或者简称为 CRISP（省略了与分析相关的规范，以使其成为更通用的术语）。

图 3.2 所示的是跨行业数据挖掘标准流程（CRISP-DM）的六个标准步骤。该流程以理解业务问题和数据挖掘项目（即应用领域）的需求为起点，以部署满足特定业务需求（即开始启动数据挖掘项目时的需求）的解决方案为终点。虽然这些步骤在图中是按顺序展示的，但是通常存在很多回溯。数据分析 / 数据科学在很大程度上依赖经验和最佳实践驱动的实验。也就是说，没有适用于每个项目和每位数据科学家的神奇方法。因此，根据问题的情

境以及分析人员的技能、知识和经验，这个过程可能需要反复迭代（即可能需要反复执行这些步骤）且相当耗时。因为每个步骤都建立在前一个步骤的结果之上，所以为了避免从一开始就将整个研究置于错误的路径上，必须要注意前面的步骤。

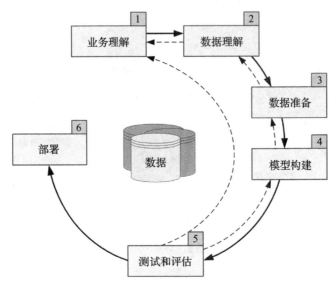

图 3.2　数据分析 / 数据科学的 CRISP-DM 图

下面几节将详细描述 CRISP-DM 的步骤。

3.2.1　第 1 步：业务理解

数据挖掘项目成功的关键是明确研究目的。要做到这一点，研究人员首先需要全面了解管理人员寻求的新知识和拟开展研究的业务目标的明确规范。需要有诸如"最近被竞争对手抢走的客户有哪些共同特征？"或者"我们客户的典型特征是什么，他们每个人能为我们提供多少价值？"的具体目标。然后，应当制定挖掘这类知识的项目计划，项目计划需要指定负责数据收集、数据分析和研究结果输出的相关人员。在起始阶段，应当制定支持这项研究的预算，预算中至少应该给出大概的数字。例如，对于为零售目录业务开发的客户细分模型，确定业务目标意味着要确定有望产生利润回报的客户类型。类似的分析对信用卡经销商也很有用。出于业务目的，百货商店会尝试确定哪些商品通常会被一起购买，这样就可以更好地做好店内的亲和度定位或更明智地指导促销活动。数据挖掘有很多有用的商业应用，可以应对很多业务问题和机会。深入了解业务目标是取得成功的关键。

3.2.2　第 2 步：数据理解

CRISP-DM 的第二步是完美匹配业务问题和用于解决业务问题的数据。换言之，数据挖掘研究有赖于定义良好的业务任务，不同的任务需要不同的数据集。因此，从众多可用数据源中确定相关数据是非常重要的。在数据识别和选择过程中必须考虑几个关键点。首先，分析师在描述数据挖掘任务时应该简洁明了，以便确定最相关的数据。例如，零售数据挖掘项目可能需要根据人口统计数据、信用卡交易数据和社会经济属性来确定购买季节性服装的女性购物者的消费行为。此外，分析师应当深入了解数据源——例如，相关数据以什么形式存储，存储在哪里，数据是自动收集的还是手动收集的，数据是谁收集的，数据的更新频率如何。分析师还应当通过寻找诸如"最相关的变量是什么？""是否存在同义或同名变量？"和"变量之间是否相互独立？即变量是否构成不存在重叠和冲突的完整信息源？"等问题的答案来理解变量。

为了更好地理解数据，分析师经常会使用各种统计和图形技术，例如每个变量的简单统计描述（如数值变量的均值、最小值、最大值、中位数和标准差等，类别变量的众数和频率表等）、相关分析、散点图、直方图和箱形图等。仔细确认和选择数据源及相关变量能够帮助数据挖掘算法更快地发现有用的知识模式。

用于选择数据的数据源可能各不相同。通常，商业应用的数据源包括人口统计数据（如收入、教育、房屋数量、年龄数据）、社会数据（如爱好、俱乐部会员资格、娱乐数据）和交易数据（如销售记录、信用卡消费、签发的支票数据）等。

数据可以分为定量数据和定性数据。定量数据使用数值测量，可以是离散的（如整数），也可以是连续的（如实数）。定性数据又称分类数据，包括名义数据和序数数据。名义数据拥有有限个无序值，例如，婚姻状态可能有四种取值：已婚、单身、丧偶和离婚。序数数据拥有有限个有序值，例如，客户信用评级被认为是序数数据，因为评级可以是优秀、一般和差。定量数据很容易使用某种概率分布来表示。概率分布描述数据是如何分布的以及分布的形态是什么样的。例如，正态分布的数据是对称的，其曲线通常被称为钟形曲线。定性数据可以编码为数字并使用频率分布来描述。只要根据数据挖掘业务目标选择了相关数据，就需要进行数据预处理（关于数据挖掘中数据的更多详细信息，请参见第 4 章）。

3.2.3　第 3 步：数据准备

数据准备（通常称为数据预处理）的目的是将前一步骤识别的数据准备好，以便使用数据挖掘方法进行分析。在 CRISP-DM 的步骤中，由于现实世界的数据通常是不完整的（缺少属性值，缺少某些感兴趣的属性，或者仅包含聚合数据）、包含噪声的（包含错误值或异常值）且不一致（代码或名称之间存在差异），因此数据预处理花费的时间和精力最多——通常占数据挖掘项目总时间的 80% 以上。

因为数据可能来自不同数据源，所以可能有不同的格式。所选的数据可能来自平面文件、语音信息、图像和网页等，需要被转换成一致、统一的格式。通常，数据清理意味着过滤、聚合以及填充缺失值（又称插补）。在过滤数据时，分析师会检查所选变量是否存在异常值和冗余。异常值一般显著区别于大部分数据或明显超出所选数据组的范围。例如，如果数据集中某个客户的年龄是 190 岁，那么这一定是数据输入错误，应当加以识别和修复（由于年龄被认为是关键客户特征，因此也许应当被剔除出旨在研究客户各个方面的数据挖掘项目）。异常值的产生可能会有很多原因，如人为错误或技术错误，甚至可能由于极端事件而在数据集中自然出现。如果信用卡持有人的年龄被记录为 12 岁，那么这很可能是数据输入错误导致的——大概率是人为造成的。但是，可能确实会有独立、富有且有重要购物习惯的青春期前儿童。随意删除这个异常值可能会忽略有价值的信息。

数据也可能是冗余的，因为相同的信息会以多种不同的方式被记录。特定产品的日销量与同一产品的季度销量是冗余的，因为分析师从每日数据和季度数据中都可以得到销量。数据聚合可以降低数据维度。值得注意的是，虽然聚合后数据集的数据量很小，但是信息仍然在。如果考虑未来三到四年家具销售的市场推广，那么可以将可用的每日销售数据汇总为年度销售数据，这样销售数据的数据量会显著减少。数据平滑有助于找到所选数据的缺失值，增加新的或合理的值。这些增加的值可以是变量的平均值（均值）或众数。在应用数据挖掘算法发现知识模式时，缺失值通常意味着未找到解。

3.2.4 第 4 步：模型构建

在 CRISP-DM 的第 4 步中，为满足特定的业务需求，需要选择多种建模技术并将其应用到已备好的数据集中。模型构建步骤还包括对能够处理相同类型的数据挖掘任务（如聚类、分类）的多个不同类型模型的评估和对比分析。因为对于特定的数据挖掘任务，并没有公认的最佳方法或算法，所以分析师需要使用各种可行的模型类型并定义良好的实验和评估策略来确定给定数据挖掘问题的"最佳"方法。即使是单个方法或算法，也需要对很多参数进行校准以获得最优结果。有些方法可能对数据的格式有特定的要求，因此，经常需要返回数据准备步骤。

根据业务需求的不同，数据挖掘任务可以是预测型（分类或回归）、关联型或聚类型的。这些数据挖掘任务都可以使用多种数据挖掘方法和算法。例如，分类型数据挖掘任务可以通过开发神经网络或者使用决策树、支持向量机或逻辑回归来完成。这些数据挖掘方法及其对应的算法将在第 4 章和第 5 章中详细介绍。

数据挖掘中的标准建模过程是将一个大型的预处理后的数据集分成多个用于训练、验证或测试的子集。然后，分析师将使用一部分数据（训练集）来开发模型（无论使用何种建模技术或算法），并使用另一部分数据（测试集）来测试构建的模型。这样做的原因是，模型会在构建它的数据上有很好的测试结果。通过划分数据，将一部分数据用于模型开发并用另一组单独的数据对模型进行测试，分析师可以在模型的准确性和可靠性方面得到令人信服的可靠结果。将数据分割成多个子集的想法经常被带到其他层次，在数据挖掘实践中进行多次分割。有关数据分割和其他评估方法的更多详细信息，请参见第 4 章。

3.2.5 第 5 步：测试和评估

在 CRISP-DM 的第 5 步中，对开发的模型进行准确度和通用性评估。这个步骤评估所选模型满足业务目标的程度以及是否需要开发和评估更多模型。如果时间和预算允许，也可以选择在现实场景中测试开发的模型。尽管预期所开发模型的测算结果与原始业务目标相关，然而经常会发现其他不一定与原始业务目标相关但是也可能揭示更多信息或提示未来方向的情况。

测试和评估是关键且富有挑战性的一步。在确定和识别从所发现知识模式中获得的业务价值之前，数据挖掘任务不会增加任何价值。从所发现的知识模式中识别业务价值有些类似玩拼图游戏。提取的知识模式是需要在特定业务情境中拼在一起的拼图碎片。这种识别操作的成功有赖于数据分析师、业务分析师以及决策者（如业务经理）之间的互动。数据分析师可能完全理解数据挖掘的目标及其对业务的意义，业务分析师和决策者可能不具备解释复杂数学解决方案结果的技术知识。因此，他们之间的互动是必要的。为了正确地解释知识模式，经常需要使用各种制表和可视化技术（如数据透视表、结果交叉表格、饼图、直方图、箱线图、散点图）。

3.2.6　第 6 步：部署

模型开发和评估并不是数据挖掘项目的终点。即使模型的目的是对数据进行简单的探索，从这样的探索中获得的知识也需要以最终用户能够理解并受益的方式组织和展示。根据需求的不同，部署阶段可以像生成报告那样简单，也可以像在整个企业中实施可重复的数据挖掘流程那样复杂。在很多情况下，执行部署步骤的是客户，而不是数据分析师。然而，即使分析师不执行部署工作，但是为了能够实际使用所创建的模型，让客户提前了解需要执行哪些操作是非常重要的。

CRISP-DM 的部署步骤可能还包括对所部署模型的维护活动。由于业务是不断变化的，反映业务活动的数据也在持续变化。随着时间的推移，基于旧数据构建的模型（以及其中嵌入的模式）可能会过时，变得不相关，甚至具有误导性。因此，如果数据挖掘结果成了日常业务及其环境的一部分，那么对模型的监控和维护就非常重要。认真准备维护策略有助于避免长时间不必要的数据挖掘结果的错误使用。为了监控数据挖掘结果的部署过程，项目需要详尽的数据挖掘过程监控计划。但是，对于复杂的数据挖掘模型来说，这并非易事。

CRISP-DM 是工业界和学术界最完整、最受欢迎的数据挖掘方法实践。实践者会增加自己的洞见而不仅仅是照搬，以使其更符合自己的行事风格。

3.3　SEMMA

为了成功地应用，必须将数据分析项目视为一个多方面的过程，而不仅仅是一组工具或技术。项目的成功取决于软硬技能和方法的合理和最佳使用。标准化的流程是由个人团体和公司财团开发和提出的，其目的是实现分析项目的最佳执行。除 KDD 和 CRISP-DM 外，还有一种称为 SEMMA 的知名技术。该技术是由全球最大的分析公司之一的 SAS 研究院开发的。SEMMA 代表抽样（Sample）、探索（Explore）、修正（Modify）、建模（Model）和评估（Assess）的英文首字母缩略（SAS, 2020）。SEMMA 从具有统计代表性的数据样本开始，旨在使应用探索性统计和可视化技术，选择和转换最显著的预测变量，对变量进行建模（以预测结果），以及确认模型的准确度变得更容易。图 3.3 所示的是 SEMMA 的主要步骤。

通过评估 SEMMA 流程中每个阶段的结果，分析师可以确定如何对根据先前结果提出的新问题进行建模，并因此返回前面的步骤以进一步细化数据。与 CRISP-DM 一样，SEMMA 流程也是由高度迭代的实验循环驱动的。下面几节描述了 SEMMA 流程中的五个步骤。

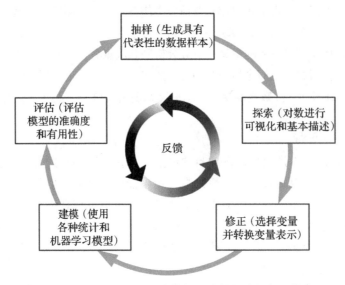

图 3.3　SEMMA：SAS 研究院提出的数据分析标准化流程

3.3.1　第 1 步：抽样

在抽样步骤中，从大型数据集（大到足以包含重要信息，同时又小到足以能够快速操作）中抽取部分数据。为了优化成本和计算性能，一些机构（包括 SAS 研究院）提倡使用抽样策略，即应用全细节数据的可靠的、统计上具有代表性的样本。在数据集非常大的情况下，挖掘有代表性的样本（而不是所有数据）可能会大大减少获得关键业务信息所需的处理时间。如果一般性的模式作为整体出现在数据中，那么它们在有代表性的样本中是可追溯的。

如果某个部分（一种罕见的模式）非常小，以至于在样本中没有体现出来，但又非常重要，会影响全局，那么就需要使用探索性的数据描述方法来发现它。通过创建分区数据集来更好地进行准确度评估也是不错的办法。

SEMMA 流程的抽样步骤包括三个子步骤：

❑ **训练**，用于模型拟合。

❑ **验证**，用于评估和防止过拟合。

❑ **测试**，用于如实评估模型的泛化程度。

有关数据挖掘模型评估和验证的更详细讨论和相关技术，请参见第 4 章。

3.3.2　第 2 步：探索

在 SEMMA 流程的第二步，为了更好地理解数据集，分析师会挖掘和探索未曾预料到的趋势和异常。分析师以可视化方式或数值形式探索数据，以了解其内在的趋势或分组。这种探索有助于细化和重定向发现过程。如果可视化探索不能清楚地揭示数据的趋势，那么分析师可以使用因子分析、对应分析和聚类分析等统计技术来探索数据。例如，在直邮活动的数据挖掘中，聚类分析可能会揭示拥有不同订购模式的客户群。将发现过程限制在这些不同群体中的单个群体可能会增加发现更丰富模式的可能性。如果要一起处理整个数据集，那么这些模式很可能由于不够强大而无法被检测到。

3.3.3　第 3 步：修正

在 SEMMA 流程的第三步，分析师创建、选择和修改模型构建过程中关注的变量。基于探索阶段的发现，为了引入新的变量，分析师可能需要通过操作数据来增加顾客分组和重要子分组等信息；还可能需要查找异常值并减少变量，以便聚焦于最重要的变量。当所挖掘的数据发生变化时，分析师还可能需要修正数据。因为数据挖掘是一个动态的迭代过程，所以当有新信息时，分析师可以更新数据挖掘方法或模型。

3.3.4　第 4 步：建模

在 SEMMA 流程的第四步，分析师要寻找能够对期望结果进行可靠预测的变量组合。这一步的目标是构建用于解释数据中的模式的模型。数据挖掘中的建模技术包括人工神经网络、决策树、粗糙集分析、支持向量机、逻辑模型，以及时间序列分析、基于记忆的推理和主成分分析等统计模型。每类模型都有其独特的优点，适用于特定的数据挖掘情况和不同类型的数据。例如，人工神经网络非常擅长拟合高度复杂的非线性关系，而粗糙集分析则可以在不确定和不精确的问题情境中得到可靠的结果。

3.3.5　第 5 步：评估

在 SEMMA 流程的最后一步，分析师评估数据挖掘流程成果的有用性和可靠性。这是对模型执行效果的基本估计。一种常见的评估模型的方法是将模型应用于数据集的一部分，这部分数据在抽样阶段被保留出来且在模型构建阶段未被使用。如果模型是有效的，那么它应该既适用于这些留出样本，也适用于用于构建模型的样本。类似地，可以根据已知数据测试模型。例如，如果你知道文件中的哪些客户拥有较高的留存率，而且模型也能够预测留存率，那么可以检查模型是否准确地选择了这些客户。此外，在直邮活动中，诸如部分邮寄的模型实际应用也有助于证明模型的有效性。

3.4　SEMMA 和 CRISP-DM

SEMMA 方法与 CRISP-DM 方法非常兼容。这两种方法都旨在简化知识发现过程。它们都作为可适应特定情况的广泛框架而建立。在这两种方法中，只要得到了模型并且模型经过了测试，就可以部署它们以获得与业务或研究应用相关的价值。虽然 CRISPDM 和 SEMMA 目标相同且有很多相似之处，但是它们也存在一些差异，如表 3.1 所示。

表 3.1　CRISP-DM 和 SEMMA 的比较

任 务	CRISP-DM	SEMMA	备注
项目启动	业务理解	—	在这个阶段，CRISP-DM 包括项目启动、问题定义和目标设定等活动。SEMMA 则没有这个阶段
数据访问	数据理解	样本探索	在这个阶段，CRISP-DM 和 SEMMA 都有访问、抽样和探索数据的步骤
数据转换	数据准备	修正	在这个阶段，CRISP-DM 和 SEMMA 都对数据进行处理，以使其适于机器处理
模型构建	模型构建	建模	在这个阶段，CRISP-DM 和 SEMMA 都会构建多个模型并进行测试
项目评估	测试和评估	评估	CRISP-DM 和 SEMMA 都会根据项目目标对结果进行评估
项目结束	部署	—	CRISP-DM 要求对模型进行部署，而 SEMMA 则没有明确包含这个步骤

3.5　数据挖掘的六西格玛

　　六西格玛是一种流行的企业管理理念。它专注于通过严格、系统性地使用已被证明的质量控制和业务流程改进原则与技术来减少偏差（即西格玛）。这一广受欢迎的管理理念最早是由摩托罗拉在 20 世纪 80 年代在制造过程改进和管理的背景下提出的。从那时起，在制造业以外的各种商业环境中它已经被很多企业和组织采用。理想情况下，六西格玛推动了接近零缺陷和接近零容错的实现，这在业务情境中大致可以翻译为零错误、完美地实现了业务。在商业领域中，六西格玛又称 DMAIC，包括定义（Define）、测量（Measure）、分析（Analyze）、改进（Improve）和控制（Control）五个步骤。

　　因为在很多其他业务问题和情况下取得了成功，所以 DMAIC 方法也被应用于数据分析和数据科学项目。图 3.4 所示的是 DMAIC 方法的简化流程图。下面几节将对这些步骤进行简要描述。

3.5.1　第 1 步：定义

　　DMAIC 流程的第一步是设置并启动项目。它包含几个步骤：（1）透彻了解业务需求；（2）确定最紧迫的问题；（3）定义目标；（4）确定研究业务问题所需的数据和其他资源；（5）制定

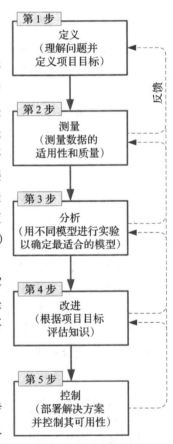

图 3.4　DMAIC 流程

详细的项目计划。正如你可能已经注意到的，这与 CRISP-DM 中的第一步有很多重叠内容。

3.5.2 第 2 步：测量

DMAIC 流程的第二步是评估组织数据存储库与业务问题之间的映射。由于数据挖掘需要相关的、干净的可用数据，因此确定和创建这样的数据资源对于数据挖掘项目的成功至关重要。这一步将对确定的数据源进行整合并将其转换为适合机器处理的格式。

3.5.3 第 3 步：分析

DMAIC 流程的第三步是使用一系列数据挖掘技术开发模型。可用的技术有很多，其中大多数是需要优化很多参数的机器学习技术。由于不存在最优技术，因此分析师需要应用多种可能的技术并进行试验，以确定最适合的模型。

3.5.4 第 4 步：改进

DMAIC 流程的第四步是研究改进的可能性。改进可以发生在技术层面，也可以发生在业务问题层面。例如，如果对模型的结果不满意，那么可以使用其他更复杂的技术（如集成系统）来提高模型的性能。此外，如果建模结果没有明确地解决业务问题，那么分析师可以回到前面的步骤，重新检查和改进分析的结构。分析师还可以进一步研究和重述业务问题。

3.5.5 第 5 步：控制

DMAIC 流程的最后一步是评估项目结果。如果对结果很满意，就将模型和结果分发给决策者并将其集成到现有的商务智能系统中以实现自动化。

基于六西格玛的 DMAIC 流程与 CRISP-DM 流程类似。没有证据表明其中一个受到了另一个的启发。因为这两种方法在各种业务系统分析工作中都包含非常合乎逻辑且直接的步骤，所以它们之间不需要相互启发。它们的相似之处可能只是巧合。DMAIC 很少与 CRISP-DM 比较，因为这两种方法处理不同类型的业务应用。世界各地的很多组织都在使用 DMAIC 和 CRISP-DM 及其变体来实施流程改进和数据挖掘项目。

3.6 哪种方法最好

有些数据挖掘流程比其他数据挖掘流程更复杂，没有确定的方法来比较数据挖掘流程。它们都各具优缺点。有些更侧重问题，有些则更注重分析。进行数据挖掘的企业会选取某种方法，然后对其稍加修改以使其适用于实际的业务或数据。知名数据挖掘门户网站 KDnuggets 进行了一项问卷调查，其中询问了"哪种方法最好？"图 3.5 所示的是这项问卷调查的投票结果（KDnuggets.com）。

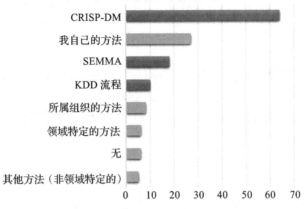

图 3.5　关于流行数据挖掘方法的调查

来源：经 KDnuggets.com 许可使用

调查结果表明，CRISP-DM 是最受欢迎的数据挖掘流程。此外，很多"自己的方法"也是基于 CRISP-DM 定制的。相比其他流程，CRISP-DM 是最完整、最成熟的数据挖掘流程。

典型的数据挖掘案例：从癌症数据中挖掘新知识

癌症是最致命的疾病之一。根据美国癌症协会（American Cancer Society）的数据，美国有一半的男性和三分之一的女性在一生中会患上癌症，2014 年诊断出的新增癌症病例约有 150 万。癌症是美国甚至世界范围内的第二大常见死因，仅次于心血管疾病。2014 年，有超过 50 万美国人死于癌症——每天超过 1300 人，约占死亡人数的四分之一。

癌症是一组以异常细胞不受控制地增长和扩散为特征的疾病。如果这种增长和扩散不受控制，那么就可能导致死亡。癌症的致病因素包括外部因素（如吸烟、传染性生物体、接触化学品或辐射）和内部因素（如遗传突变、激素、免疫条件、代谢引起的突变）两个方面。这些致病因素可能共同或依次起作用，从而引发或促进癌变。癌症的治疗方法包括手术、放疗、化疗、激素治疗、生物治疗和靶向治疗。生存统计数据因癌症类型和诊断阶段的不同而存在很大差异。

所有癌症的五年相对生存率都在提高。从 1991 年到 2013 年，癌症死亡率下降了20%，这意味着在这段时间内避免了约 120 万人死亡。这相当于每天拯救 400 多条生命！生存率的提高反映了在癌症早期诊断方面的进展和治疗的改进。预防和治疗癌症需要进一步的改进。

尽管传统的癌症研究在本质上是临床和生物学的，但是近年来，数据驱动的分析研究已经成为一种常见的补充。在数据驱动和分析驱动的研究已经成功应用的医学领域，已经确定了新的研究方向来进一步推进临床和生物学研究。使用分子数据、临床数据、文献数据和临床试验数据等各种类型的数据以及合适的数据挖掘工具和技术，研究人员已经能够识别新的模式，从而为无癌症社会铺平道路。

在一项研究中，德伦等人使用人工神经网络、决策树和逻辑（logistic）回归三种数据分析方法，基于特征丰富的大型数据集（超过 20 万案例和数百个变量）开发了乳腺癌生存预测模型（Delen et al., 2005）。他们使用 10 折交叉验证方法来测量预测模型的无偏估计以比较模型的性能。结果表明，决策树方法（带 C5 算法）是最佳预测器，其留出样本上的预测准确度为 93.6%（这是当时文献报道的最佳预测准确度）；其次是人工神经网络方法，其准确度为 91.2%；最后是逻辑回归方法，其准确度为 89.2%。图 3.6 所示的是完整的结果表。对预测模型的进一步分析揭示了预后因素的优先重要性，这一点可作为进一步临床和生物学研究的基础。这篇研究论文的被引次数超过 1200 次，这使其成为该领域的开创性论文之一。

折号	神经网络（MLP）				决策树归纳（CS）				逻辑回归			
	混淆矩阵	准确度	灵敏度	特异度	混淆矩阵	准确度	灵敏度	特异度	混淆矩阵	准确度	灵敏度	特异度
1	7571 844 / 369 5747	0.9165	0.9535	0.8719	7828 587 / 338 5778	0.9363	0.9586	0.9078	7672 743 / 838 5277	0.8912	0.9015	0.8766
2	7589 729 / 334 5926	0.9271	0.9578	0.8905	7737 581 / 290 5970	0.9403	0.9639	0.9113	7543 773 / 821 5439	0.8906	0.9018	0.8756
3	7567 768 / 367 5730	0.9214	0.9537	0.8818	7741 594 / 336 5761	0.9356	0.9584	0.9065	7602 732 / 834 5261	0.8915	0.9011	0.8779
4	7508 796 / 412 5824	0.9169	0.9480	0.8798	7703 601 / 336 5900	0.9356	0.9582	0.9076	7607 696 / 829 5407	0.8951	0.9017	0.8860
5	7609 809 / 359 6565	0.9239	0.9549	0.8903	7789 629 / 319 5796	0.9348	0.9607	0.9021	7659 757 / 830 5284	0.8908	0.9022	0.8747
6	7390 908 / 661 5491	0.8914	0.9179	0.8581	7694 604 / 317 5835	0.9363	0.9604	0.9062	7554 743 / 847 5305	0.8900	0.8992	0.8771
7	7298 751 / 558 5631	0.9081	0.9290	0.8823	7464 585 / 307 5882	0.9374	0.9605	0.9095	7333 716 / 781 5408	0.8949	0.9037	0.8831
8	7069 977 / 418 5832	0.9024	0.9442	0.8565	7436 610 / 315 5935	0.9353	0.9594	0.9068	7269 773 / 807 5443	0.8894	0.9001	0.8756
9	7290 958 / 421 5691	0.9040	0.9454	0.8559	7621 627 / 292 5820	0.9360	0.9631	0.9027	7501 747 / 800 5310	0.8923	0.9036	0.8767
10	7475 764 / 537 5651	0.9098	0.9330	0.8809	7625 614 / 325 5863	0.9349	0.9591	0.9052	7518 716 / 815 5372	0.8938	0.9022	0.8824
均值		0.9121	0.9437	0.8748		0.9362	0.9602	0.9066		0.8920	0.9017	0.8786
标准差		0.0111	0.0131	0.0135		0.0016	0.0019	0.0028		0.0020	0.0014	0.0038

图 3.6　所有模型的 10 折交叉验证结果列表

在最近的一项研究中，佐巴宁等人研究了并发症对癌症生存率的影响（Zolbanin et al., 2015）。虽然先前的研究表明，诊断和治疗建议可能会根据并发症的严重程度而改变；但是在大多数情况下，慢性疾病仍在被独立地研究。为了说明并发慢性疾病在治疗过程中的重要性，他们的研究使用 SEER（Surveillance, Epidemiology and End Results, 监测、流行病学和最终结果）项目的癌症数据创建了两个并发症数据集：一个用于乳腺癌和女性生殖器官癌，另一个用于前列腺癌和尿路癌。用多种流行的机器学习技术基于结果数据集建立预测模型。图 3.7 所示的是这项研究中使用的分析方法的图形化描述。结果表明，掌握更多患者并发症情况的信息可以提高模型的预测能力，这反过来能够帮助医生做出更好的诊断和治疗决策。因此，这项研究表明，正确识别、记录和分析患者的并发症状态可能降低治疗成本，缓解与医疗相关的经济压力。

这些例子（包括医学文献中的很多其他例子）表明，先进的分析技术和数据科学技术可用于开发具有高度预测能力和解释能力的模型。虽然数据挖掘方法能够从庞大而复杂的医学数据库中提取深藏的模式和关系，但是如果没有医学专家的合作和反馈，则结果不会有多大用处。通过数据挖掘方法发现的模式应该由相关领域中有多年经验的医疗专业人员评估。他们可以判断这些模式是否符合逻辑，是否具备可操作性，以及是否足够新颖，以保证正确的研究方向。简言之，数据挖掘不是要取代医疗专业人员和研究人员，而是要辅助他们的治疗，提供以数据驱动的新的研究方向，最终拯救更多人的生命。

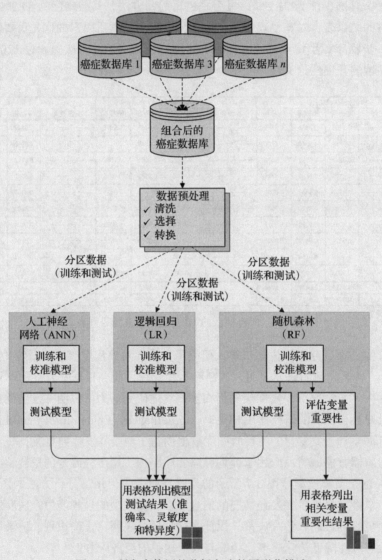

图 3.7　研究中使用的分析方法的图形化描述

小结

本章介绍了执行预测性分析和数据挖掘项目的常用流程。标准流程是（在复杂实践领域中）使用合乎逻辑的、科学的实用方法的最佳实践的体现和展示。遵循标准流程能够帮助数据科学家增加获得准确、一致和有用的项目结果的优势。在多个标准流程中，CRISP 似乎是工业界和学术界最常用的流程，因此，本章详尽地阐述了该流程。

参考文献

Chapman, P., J. Clinton, R. Kerber, T. Khabaza, et al. (2013). CRISP-DM 1.0. www.the-modeling-agency.com/crisp-dm.pdf (accessed July 2020).

Delen, D. (2009). "Analysis of Cancer Data: A Data Mining Approach," *Expert Systems*, 26(1): 100–112.

Delen, D., & N. Patil. (2006, January). "Knowledge Extraction from Prostate Cancer Data," *Proceedings of the 39th Annual Hawaii International Conference on Systems Sciences*, 5: 92b.

Delen, D., G. Walker, & A. Kadam. (2005). "Predicting Breast Cancer Survivability: A Comparison of Three Data Mining Methods," *Artificial Intelligence in Medicine*, 34(2): 113–127.

Fayyad, U., G. Piatetsky-Shapiro, and P. Smyth. (1996). "From Knowledge Discovery in Databases," *AI Magazine*, 17(3): 37–54.

KDnuggets. (2019). *Python Leads the 11 Top Data Science, Machine Learning Platforms: Trends and Analysis*. https://www.kdnuggets.com/2019/05/poll-top-data-science-machine-learning-platforms.html (accessed June 2020).

SAS. (2020). *Introduction to SEMMA*. https://documentation.sas.com/?docsetId=emref&docsetTarget=n061bzurmej4j3n1jnj8bbjjm1a2.htm&docsetVersion=14.3&locale=en (accessed July 2020).

Zolbanin, H. M., D. Delen & A. H. Zadeh. (2015). "Predicting Overall Survivability in Comorbidity of Cancers: A Data Mining Approach," *Decision Support Systems*, 74: 150–161.

Chapter 4 第 4 章

预测性分析的数据和方法

由于能够发现深藏于当前组织内自动积累的大型数据存储库中的模式，因此数据挖掘和预测性分析广受欢迎。对于正在竭力寻求基于证据进行智能决策的方案的组织来说，数据本身并没有价值。只有将方法应用于数据，才能得到组织所需的宝贵知识。不同类型的数据挖掘任务可以应用不同的方法和算法。对于特定项目而言，每种方法的优势和劣势取决于待解决问题的具体特征和所使用的数据集。一般来说，需要经过大量实验和适当的比较评估才能确定应当使用的最佳方法。

本章将从非技术角度详细介绍预测性分析的方法和常用评估技术。但是，在介绍这些内容之前，我们需要先了解与数据挖掘相关的数据。

4.1　数据分析中数据的本质

数据是指通常作为经验、观察结果或实验结果而获得的事实的集合。数据可能包括数字、字母、单词、图像、录音和其他变量。数据通常被认为是底层的抽象，我们从数据中能够获得信息和知识。

在最高层的抽象中，我们将数据分为结构化数据和非结构化（或半结构化）数据（详见第 7 章）。非结构化数据或半结构化数据包括各种文本、图像、语音和 Web 内容。数据挖掘算法使用结构化数据。结构化数据可以分为分类数据和数值数据。分类数据可以细分为名义数据和序数数据，数值数据可以细分为区间数据和比率数据。图 4.1 所示的是数据挖掘中数据的简单分类。

分类数据包含多个类别。这些类别用于将变量划分为特定的组。种族、性别、年龄组和教育水平等都是分类变量。虽然年龄组和教育水平也可以用数值来表示，即使用年龄和所完成最高年级的精确数值来表示，但是将这些变量划分为相对较少的有序类别通常能提供更多信息。分类数据又称离散数据，表示有限数量的非连续值。即便用数字来表示分类变量或离散变量的值，这些数字也只不过是符号，不能用于计算分数值。

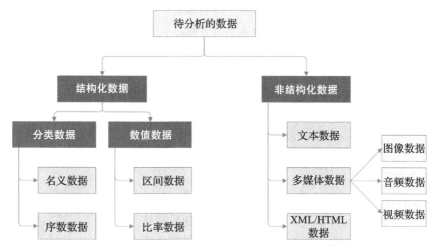

图 4.1　数据挖掘中数据的简单分类

名义数据包含作为标签分配给对象的简单代码的测量值，这些标签本身并非测量值。例如，婚姻状态这一变量通常包括单身、已婚和离异等类别。名义数据可以用包含两个可能值（如是与否、真与假、好与坏）的二项值或者包含三个或更多可能值（如棕色、绿色与蓝色，以及单身、已婚与离婚）的多项值来表示。

序数数据包含作为标签分配给对象或者事件的代码。这些代码同时也表示标签之间的等级顺序。例如，信用评分这一变量通常包括低、中和高三个类别。在年龄组（即儿童、青年、中年、老年）和教育水平（即高中、大学、研究生）等变量中可以看到类似的有序关系。考虑这种等级顺序信息，有序多分类逻辑回归等数据挖掘算法可以构建更好的分类模型。

数值数据表示特定变量的数值。年龄、儿童数量、家庭总收入、旅行距离和温度等都是数值变量。数值变量的取值可以是整数（仅取整数），也可以是实数（可取小数）。数值数据又称连续数据。也就是说，数值变量包含可插入中间值的特定标度上的连续度量。与表示有限、可数数据的离散变量不同，连续变量表示可缩放的测量值，而且，它还可能包含无限多的小数值。

区间数据包括可在区间尺度上测量的变量。例如，摄氏温度是一个常见的区间尺度测量变量。其中，测量单位是大气压下水的沸点与熔点之差的 1/100。也就是说，摄氏温度没有绝对零值。

比率数据包括物理学和工程中的常见测量变量。质量、长度、时间、平面角、能量和电荷等物理量都是比率数据。尺度类型得名于这样一个事实，即测量是连续量的大小与单位大小之比的估计。通俗地说，比率尺度的显著特征是包含非任意的零值。例如，开尔文温标包含绝对零点的非任意零值，即 −273.15℃。因为在这一温度下物质中所含粒子的动能为零，所以该零点是非任意的。

文本、多媒体（如图像、音频、视频）和 XML/HTML 等其他数据类型都需要先转换为某种形式的分类数据或数值数据，然后才能使用数据挖掘算法来处理（有关如何从非结构化数据和半结构化数据中挖掘知识的更多讨论请参见第 7 章）。数据也可以是以地理为导向的，这使数值数据和名义数据都包含了丰富的地理/位置信息。这类数据通常称为空间数据。此外，不论结构如何，数据都可以根据与时间的关系分为静态数据和动态数据（即时间序列数据）。

一些数据挖掘方法和算法只能处理特定类型的数据。将这些方法和算法应用于不兼容的数据类型可能会得到不正确的模型，在更多情况下可能会终止模型的开发过程。例如，一些数据挖掘方法（如神经网络、支持向量机和逻辑回归）要求所有变量（包括输入变量和输出变量）都是数值变量。名义变量或序数变量可以通过某种类型的 1-of-N 伪变量转换为数值变量。例如，包含 3 个唯一值的分类变量可以转换为 3 个二值（1 或 0）伪变量。因为这个转换过程可能会增加变量的数量，所以需要谨慎对待这类表示的影响，尤其是当分类变量包含大量值时。

类似地，ID3（一种经典的决策树算法）和粗糙集（一种相对较新的规则归纳算法）等数据挖掘方法要求所有变量都是分类变量。这些方法的早期版本要求用户在使用算法处理数值变量之前将其离散化为分类变量。好消息是，这些算法在很多广泛使用的软件工具中的实现都同时接受数值变量和名义变量作为输入，它们会在处理数据之前进行必要的内部转换。

4.2　分析中的数据预处理

使用数据挖掘方法构建的模型的质量和有用性在很大程度上取决于构建模型的数据的质量。从这个意义上说，或许数据挖掘是比任何应用领域都适用 GIGO（Garbage-In, Garbage-Out，即垃圾输入、垃圾输出）准则的领域。因此，数据准备（通常称为数据预处理）的目的是系统性地清洗数据并将其转换为标准形式，以便使用合适的数据挖掘方法进行恰当的分析，从而消除 GIGO 错误出现的可能性。与数据挖掘过程中的其他活动相比，数据预处理需要消耗的时间（通常占项目总时间的 80% 以上）和精力最多。因为现实世界的数据通常是不完整的（缺少属性值、缺少某些感兴趣的属性或者仅包含聚合数据）、包含噪声的（包含错误值或异常值）和不一致的（代码或名称之间存在差异），所以预处理数据需要花费非常大的力气。因此，需要在确保预处理不会使数据产生偏差的同时，尽量清洗数据并将其转换为可供挖掘的形式。保留数据的固有模式和关系非常重要。图 4.2 所示

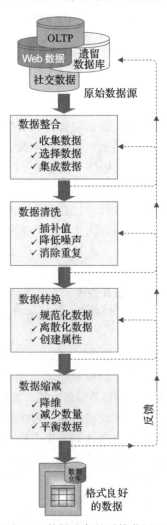

图 4.2　数据准备的系统化过程

的是将原始的现实世界数据转换为可供挖掘的、格式良好的数据集的系统化过程中的四个步骤。

在数据预处理的第一阶段，需要从确定的数据源收集相关数据，从中选择所需记录和变量（在深入了解数据的基础上过滤掉不需要的数据），并集成来自多个数据源的记录。在这个阶段，需要基于对领域特定的数据的理解正确处理数据中的同义词和同音词。

在数据预处理的第二阶段（即数据清理阶段），需要对数据进行清洗。在这个阶段，需要识别和处理数据集中的值。在某些情况下，缺失值是数据集中的异常值，此时，需要对缺失值进行插补（即填充最可能的值）或者忽略缺失值。在另一些情况下，缺失值是数据集的自然组成部分（如对于收入最高的人来说，家庭收入字段的值通常是缺失的）。在这个阶段，分析师还应当识别数据中的噪声值（即异常值）并对其进行平滑处理。此外，还需要根据领域知识或专家意见处理不一致的数据（即变量的异常值）。

在数据预处理的第三阶段，数据被转换成更利于处理的形式。例如，在很多情况下，数据被归一化至所有变量某个最大值和某个最小值之间，以减少由一个变量的值支配其他取值较小的变量而产生的潜在偏差。例如，因为被抚养人的数量或服务年限可能更加重要，所以分析师不希望取值较大的数据——如家庭收入——支配被抚养人的数量或服务年限。此时，需要进行的另一种转换是离散化或聚合。在某些情况下，需要将数值变量转换为分类变量（值为低、中、高）。在另一些情况下，需要使用概念层次结构（如不使用包含 50 个不同值的单个状态，而使用多个区域作为表示位置的变量）将名义变量唯一值的范围缩小到较小的集合，以便得到更适于计算机处理的数据集。然而，在其他情况下，可能更需要基于现有变量创建新变量，以放大数据集中变量集合所包含的信息。例如，在器官移植数据集中，分析师可能会选择使用单个表示血型匹配的变量（1 表示匹配，0 表示不匹配），而不使用分别表示供体血型和受体血型的多值变量。这种简化不仅可以增加信息内容，而且能够降低数据中关系的复杂度。

数据预处理的最后一个阶段是数据缩减。数据挖掘者喜欢拥有大型数据集。但是，拥有过多数据可能会成为一个问题。在最简单的意义上，我们可以将数据挖掘项目中常用的数据可视化为包含变量（列）和案例 / 记录（行）两个维度的平面文件。在某些情况（如图像处理、基于复杂微阵列数据的基因组项目）下，变量可能非常多，分析师必须将变量的数量减少到可管理的范围内。由于变量可被看作从不同角度描述现象的不同维度，因此在数据挖掘中这个过程通常被称为降维。虽然不存在完成这项任务的最佳方法，但是分析师可以使用已发表文献中的探索结果，咨询领域专家，进行适当的统计测试（如主成分分析、独立成分分析），在理想情况下也可同时使用这些技术来将数据维度成功地减少到更易于管理的程度，形成更相关的子集。

除与多维度相关的复杂性外，现实世界的数据还可能存在样本量非常大的问题。也就是说，一些数据集可能包含数百万甚至数十亿条记录（又称样本或案例）。尽管计算能力正在稳步提升，为数据分析提供了更强的能力，但是处理如此大量的记录可能依然是不可行或者不切实际的，即使单项分析也可能需要非常长的时间才能完成。在这种情况下，分析师可能需要仅分析数据的一个子集。抽样的基本假设是数据的子集包含完整数据集的所有相关模式。在同质数据集中，这一假设可能成立，但是，现实世界的数据很少是同质的。在选择反映完整数据集的本质而非特定于某一子群或子类别的数据子集时，分析师应当非常小心。数据通常是按某个变量排序的，从顶部或底部取一段数据可能会得到在索引变量的特定值时有偏的数据集。因此，分析师必须始终从样本集中随机选择记录。对于偏斜数据，直接随机抽样可能是不够的，此时需要进行分层抽样——在样本数据集中按照一定比例从不同子群中抽取代表。此外，一种很好的做法是通过对代表性较低的类别进行过采样或者对代表性较高的类别进行欠采样来平衡高度偏斜的数据。研究表明，使用平衡数据集往往比使用非平衡数据集更利于得到更好的预测模型。

图 4.2 所示的过程并非简单的从上到下的一次完成的单向过程。相反，它是一个迭代的过程，通常需要向后（按照反馈循环）更正和调整。结果的质量（即数据最终形态的良好程度）取决于后期阶段与早期阶段之间这种高度重复过程的细致执行。表 4.1 总结了数据预处理中的核心活动，其中将主要任务（及其问题描述）映射到了具有代表性的方法和算法列表。

表 4.1 数据预处理任务及可能的方法的汇总

主要任务	子任务	流行方法
数据整合	访问和收集数据	SQL 查询、软件代理、网络爬虫、数据访问 API
	选择和过滤数据	领域专业知识、SQL 查询、统计测试
	集成和统一数据	SQL 查询、领域专业知识、本体驱动的数据映射
数据清洗	处理数据中的缺失值	用最合适的值（均值、中位数、最小值、最大值、众数等）填充缺失值（插补），使用极大似然估计等常量重新编码缺失值，删除包含缺失值的记录，不处理
	识别和减少数据中的噪声	使用简单统计技术（如均值、标准差）或聚类分析识别数据中的异常值，使用分箱、回归或简单求平均值消除或平滑异常值
	查找和消除错误数据	识别数据中的错误值（除异常值外）——如怪异的值、不一致的类别标签和怪异的分布，使用领域专业知识修正错误值或者删除包含错误值的记录
数据转换	归一化数据	使用各种归一化技术或缩放技术将每个数值变量的值范围缩小到标准范围（如 0～1 或 –1～+1）
	离散化或聚合数据	在需要时使用基于范围或频率的分箱技术将数值变量转换为离散表示；对于分类变量，应用恰当的概念层次结构减少值的数量
	构建新的属性	使用各种数学函数（如简单的加法和乘法运算以及复杂的对数变换的混合组合）从现有变量中衍生新的、信息量更大的变量
数据缩减	减少属性数量	使用主成分分析、独立成分分析、卡方检验、相关分析或者决策树归纳
	减少记录数量	使用随机抽样、分层抽样或专家知识驱动的专项抽样
	平衡偏斜数据	对代表性较低的类别记录过采样，对代表性较高的类别记录欠采样

4.3　数据挖掘方法

　　企业和科学组织正在开发和使用各种数据挖掘方法和算法来探究一系列复杂问题。这些问题可以映射为一些高级数据挖掘任务。根据需求和问题的性质，数据挖掘任务可以分为预测（分类或回归）、关联或聚类。每项数据挖掘任务都可以使用多种数据挖掘方法和算法。图 4.3 所示的是这些数据挖掘任务、方法和算法。下面的部分描述了这些数据挖掘任务（即预测、关联和聚类）以及其中最常用的算法（如用于预测的决策树、用于关联的 Apriori 算法、用于聚类的 k 均值聚类）。第 5 章将介绍 k 最近邻、人工神经网络、支持向量机、线性回归、逻辑回归和时间序列预测等其他数据挖掘算法。对于上述数据挖掘任务，大部分数据挖掘软件工具都使用了多种算法。

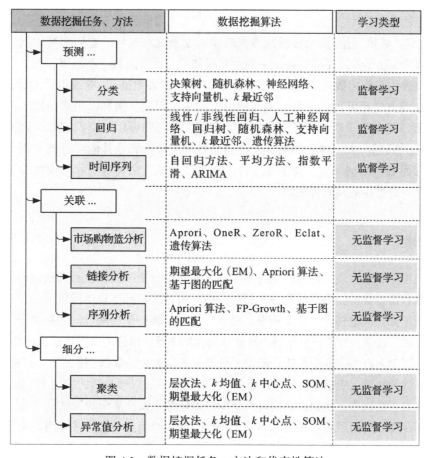

数据挖掘任务、方法	数据挖掘算法	学习类型
预测…		
分类	决策树、随机森林、神经网络、支持向量机、k 最近邻	监督学习
回归	线性/非线性回归、人工神经网络、回归树、随机森林、支持向量机、k 最近邻、遗传算法	监督学习
时间序列	自回归方法、平均方法、指数平滑、ARIMA	监督学习
关联…		
市场购物篮分析	Aprori、OneR、ZeroR、Eclat、遗传算法	无监督学习
链接分析	期望最大化（EM）、Apriori 算法、基于图的匹配	无监督学习
序列分析	Apriori 算法、FP-Growth、基于图的匹配	无监督学习
细分…		
聚类	层次法、k 均值、k 中心点、SOM、期望最大化（EM）	无监督学习
异常值分析	层次法、k 均值、k 中心点、SOM、期望最大化（EM）	无监督学习

图 4.3　数据挖掘任务、方法和代表性算法

4.4　预测

　　如第 1 章所述，预测旨在预见未来并回答"会发生什么？"或者更恰当地说是"最有可

能发生什么？"的问题。业务规划和问题解决在很大程度上依赖于对未来的事件和要发生的事情的估计。预测性分析（以及底层的预测建模技术）使这些估计成为可能。无论使用什么建模技术，预测性建模的基础假设都是我们已知的过去（以历史数据的形式记录的交易和事件）是我们用来预测未来的主要输入。我们假设过去会以某种方式在未来重演，而且现实通常如此。如果过去不会以某种方式在未来重演，那么就无法预测未来。

根据所预测的变量，预测方法可以分为分类（预测离散变量）、回归（预测数值变量）和时间序列预测（预测时间相关值序列的未来投影）。例如，预测股票在交易日结束时是上涨还是下跌被认为是分类，预测股票在交易日结束时的价值差异被认为是回归，而基于最近的收盘价预测股票明天的收盘价则被认为是时间序列预测。尽管这些预测都在估计我们感兴趣的变量的未来值，但是值的类型和变量的性质决定了预测的类型。

分类与回归的区别在于目标变量的性质：分类预测标签（离散／名义变量），而回归预测数值（连续／数值变量）。两种预测方法的输入变量没有差异。它们都可以同时处理名义变量和数值变量（尽管需要根据特定预测性建模技术的要求进行一些数据转换，以便将输入数据从离散数据转换为数值数据或从数值数据转换为离散数据）。本章和第 5 章介绍的大多数预测性建模方法都可以处理分类型和回归型的预测问题。例如，决策树用于分类，而结构类似的回归树则用于回归问题。类似地，多重线性回归可用于回归问题，而多重逻辑回归则用于分类问题。人工神经网络、支持向量机和 k 最近邻等其他流行技术都可以同时用于分类型和回归型预测问题。为了使流行的预测性建模方法和算法保持简洁，下一节将只关注分类这一最常用的预测方法。

4.5 分类

分类很可能是解决现实世界问题时最常用的预测性分析和数据挖掘方法。即使是对目标变量为连续数值变量的回归型预测性分析任务，也可以将目标变量离散化为二值或多值离散表示，从而将回归问题转化为分类问题。通常，这种转换会使预测性问题更易于理解，与领域更相关、更为稳健，对用户更友好。这就如同在第 3 章中讨论的电影票房预测的案例一样。

作为机器学习技术家族中的流行成员，分类任务从过去的数据（即关于先前标记的物品、对象或者事件的特质、变量和特征的信息集）中学习模式，以便将新的实例（标签未知）置于各自的分组或者类别中。例如，我们可以使用分类任务来预测某天的天气是"晴""雨"还是"多云"。信用审批（信用风险好或坏）、商店选址（好、尚可或坏）、目标营销（可能成为客户或不可能成为客户）、欺诈检测（是或否）以及电信（可能或不可能更换为另一家电话公司）等都是流行的分类任务。如前所述，如果要预测的是类别标签（如"晴""雨"或"多云"），那么预测问题被称为分类；如果要预测的是数值（如 20℃这样的温度），那么预测问题被称为回归。

尽管聚类（另一种受欢迎的数据挖掘方法）也能用于确定事物的分组（或类别），但是分类和聚类之间却存在着明显的差异。分类通过监督学习过程［两种类型的变量（输入和输出）都提供给算法］学习事物的特征（即自变量）与其所属类别（即因变量）之间的函数。在聚类中，对象的类别是通过无监督学习过程（只有输入变量提供给算法）学习的。不同于分类，聚类中没有强制学习过程的监督（或控制）机制。相反，聚类算法使用一个或多个启发信息（如多维距离度量）来寻找对象的自然分组。

最常见的两步法分类型预测包括模型开发 / 训练 / 学习和模型测试 / 验证两个阶段。在模型开发阶段，使用的输入数据集合中包含实际类别标签。在得到经过训练的模型之后，将使用留出样本来测试其准确度，并最终将其部署到实际应用中来预测新数据实例（其标签未知）的标签。

从所有可用模型中找出最佳预测模型并非易事。尽管预测的准确度被认为是最重要的，但是根据预测问题的具体情况以及决策者和应用领域的需求或需要，从所有可用模型中寻找最佳预测模型还需要考虑其他准则。在这个阶段，数据科学家需要处理通常被称为多准则决策的情况。各个准则的重要性将作为客观地确定"总体最佳"的预测模型的依据。在评估预测模型时，可以考虑很多因素或准则。以下是最常用的一些因素或准则：

❑ **预测准确度**。在分类型预测问题中，预测准确度是指模型准确预测新的数据或者以前未曾出现过的数据的类别标签的能力。预测准确度是评估分类模型时最常用的因素。下一小节将详细阐述这一评估指标。

❑ **可解释性**。可解释性是指模型提供的理解和洞见水平（如模型如何得到关于特定预测的结论或者模型对特定预测会得出哪些结论）。

❑ **速度**。速度是指生成（即训练模型）和使用（即测试或部署）预测模型所需要的计算成本。速度越快越好。

❑ **稳健性**。稳健性是指模型基于给定包含噪声的数据或者包含缺失值或错误值的数据做出合理预测的能力。

❑ **可扩展性**。可扩展性是指在训练数据集的大小（就行数或样本数以及列数或变量数而言）增加时有效地构建预测模型的能力，虽然生成模型所需的时间随训练数据集的大小线性增加。

随着人们对预测性分析和机器学习看法的不断变化，上述五项评估指标中最常用的指标是预测准确度和可解释性。由于近年来硬件和软件的发展，其他三个指标变得不再重要。随着模型日益成为商业决策支持系统的关键部分，预测准确度和可解释性变得越来越重要。

4.5.1　如何估计分类模型的真实准确度

在分类问题中，所有准确度估计指标主要来源于混淆矩阵。混淆矩阵又称分类矩阵或列联表。图 4.4 所示的是一个二分类问题的混淆矩阵。沿对角线从左上方到右下方的实例数表示正确的预测，对角线之外的实例数表示错误的预测（即不正确的预测）。

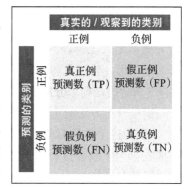

图 4.4　二分类的混淆矩阵

当分类问题不是二分类问题时，混淆矩阵会变大。它会变成输出变量的 $n \times n$ 方阵，其中 n 是类的数量。此外，准确度指标包括每个类别的准确度和总体分类器的准确度。表 4.2 所示的是最常用的分类模型准确度指标。

表 4.2　分类模型的常用准确度指标

指　标	描　述
准确度 $= \dfrac{TP + TN}{TP + TN + FP + FN}$	正确分类的实例数（含正例数和负例数）在总实例数中所占的比例
真正例率 $= \dfrac{TP}{TP + FN}$	正确分类的正例数在总正例数中所占的比例（即召回率或灵敏度）
真负例率 $= \dfrac{TN}{TN + FP}$	正确分类的负例数在总负例数中所占的比例（即误报率或特异度）
精度 $= \dfrac{TP}{TP + FP}$	正确分类的正例数在正确分类的正例数与错误分类的正例数之和中所占的比例
$F_1 = 2 \times \dfrac{\text{精度} \times \text{召回率}}{\text{精度} \times \text{召回率}}$	精度和召回率的调和均值，取值范围为 $0 \sim 1$
总体准确度 $= \dfrac{\sum \text{正确分类数}_i}{\text{案例数}}$	多类别分类问题的总体分类准确度
正确分类率$_i = \dfrac{\text{正确分类数}_i}{\sum \text{错误分类数}_i}$	多类别分类问题中第 i 类的分类准确度

评估使用监督学习算法实现的分类模型（或分类器）的准确度很重要，原因有两个。首先，评估结果可以用来评估未来预测的准确度，这一准确度可能是分类器输出在实际预测系统中的置信度。其次，评估结果可用于从给定分类器集合中选择分类器（在很多训练得到的分类模型中识别"最佳"分类模型）。

下面介绍最受欢迎的用于评估分类预测模型的交叉验证方法。

1. 简单分割

简单分割方法（或留出方法、测试样本估计）将数据划分为训练集和测试集（或留出集）这两个互斥的子集。通常，将三分之二的数据设定为训练集，将其余三分之一数据设定为测试集。训练集供归纳器（即模型构建器）使用。所构建的分类器则使用测试集进行测试。当分类器是人工神经网络（详见第 5 章）时，上述规则不适用。在这种情况下，数据被划分为训练集、验证集和测试集这三个互斥的子集。验证集在模型构建期间用于防止过拟合。图 4.5 所示的是简单分割方法。

简单分割方法的主要问题在于它假设两个子集中的数据类型相同（即包含完全相同的属性）。因为这个方法简单随机划分数据，所以在分类变量偏斜的真实数据集中这个假设可能不成立。为了改善这种情况，建议采用分层抽样，将层作为输出变量。尽管引入分层抽样改进了简单分割方法，但是仍然存在与简单随机划分相关的偏差。

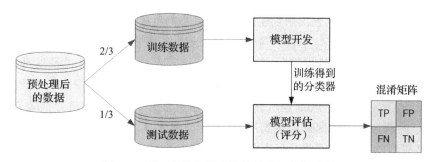

图 4.5　用于训练和测试的简单随机数据分割

2. k 折交叉验证

为了在比较两个或多个方法的预测准确度时最小化与训练和留出数据样本相关的偏差，分析师可以使用 k 折交叉验证。k 折交叉验证又称旋转估计，它将完整的数据集随机分割成 k 个大小大致相同的互斥子集。分类模型需要经过 k 次训练和 k 次测试。在每一次训练和测试中，分类模型都会在 $k-1$ 个子集上训练，然后在留出的一个子集上进行测试。模型交叉验证的总体准确度是 k 个准确度的均值，如下面的公式所示：

$$交叉验证准确度 = \frac{1}{k}\sum_{i=1}^{k}准确度_i(k=折数)$$

图 4.6 所示的是 k 折交叉验证的示意图，其中 k 为 10（即 10 折交叉验证）。

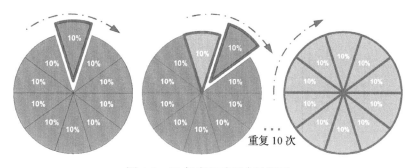

重复 10 次

图 4.6　10 折交叉验证方法图示

3. ROC 曲线下面积

ROC（Receiver Operating Characters，受试者操作特征——从雷达检测中借用的术语）曲线下面积是二分类问题的一种图形化评估技术，其中，y 轴表示真正例率（即灵敏度），x 轴表示假正例率（即 1- 特异度）。因为 AUC（ROC 曲线下面积）是尺度不可知的（不变的），所以可以用于对多种预测方法进行客观排名。虽然 AUC 是非常好的判断预测模型性能并有助于对模型进行排序的指标，但是它并未提供模型预测准确度的绝对值。也就是说，AUC 的值不会与模型整体预测准确度的值相混淆。（然而，正如你可以从实验中推断的，AUC 的值与模型整体预测准确度的值是高度相关的。）AUC 将是营销活动中一个非常好的指标，因为可以使用按照概率排序的预测来创建发送促销信息的有序用户列表。

使用 AUC 的另一个好处是它不随分类阈值的变化而变化。也就是说，AUC 测量的是模型预测能力，与分类阈值的选择无关。相比之下，F_1 分数或者总体准确度都容易受阈值选择的影响。具体来说，AUC 决定了分类器的总体无偏预测能力，其中，AUC 值为 1 表示分类器是完美的，AUC 值为 0.5 表示分类器没有预测能力（即不比随机分类结果好）。在实际中，AUC 的值会介于这两种极端情况，即介于 0.5 和 1 之间。例如，在图 4.7 中，ROC 曲线 A 拥有更好的 AUC，因此其分类性能优于 ROC 曲线 B，ROC 曲线 C 是基线，表示其不比随机分类结果好。尽管为了方便说明，图 4.7 中的三条曲线都显得非常平滑，但是实际应用中的 ROC 曲线看起来都是相当粗糙和离散的。

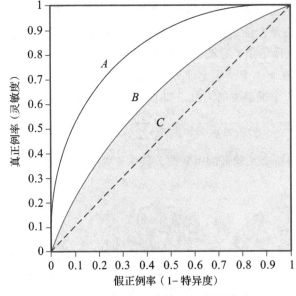

图 4.7　三条 ROC 曲线下面积的图示

4. 其他交叉验证方法

虽然其他评估技术不如本章前面部分介绍的评估技术常见，但是它们也能够用于分类型预测问题。以下是这类评估技术的一些示例：

❑ **留一法**。留一法类似 k 折交叉验证，其中 k 等于数据集中的实例数。也就是说，每个数据点都被用于一次测试。有多少个数据点，就有多少个模型。虽然这个方法非常耗时，但是对于小数据集来说可能是可行的选择。

❑ **自助抽样法**。自助抽样法从原始数据中有放回地采样固定数量的样本用作训练数据，剩余的其他数据则用于测试。这一过程可以根据需要重复任意多次。

❑ **折刀法**。折刀法（Jackknifing）与留一法类似。它在估计过程的每次迭代中留出一个样本来计算准确度。

4.5.2　分类方法

很多方法和算法都可以用于分类建模，例如下面这些方法：

- ❏ **决策树分析**。决策树分析（一种机器学习技术）可以说是数据挖掘领域最流行的分类技术。4.6 节将详细介绍这项技术。
- ❏ **统计分析**。在机器学习技术出现之前，统计技术一直是主要的分类算法。统计分类技术包括逻辑回归和判别分析，它们都假设输入变量和输出变量之间的关系在本质上是线性的，数据呈正态分布，变量之间不相关且相互独立。对这些假设本质的质疑推动了向机器学习技术的转变。
- ❏ **神经网络**。神经网络是最受欢迎的处理分类型问题的机器学习技术之一。第 5 章将详细介绍这项技术。
- ❏ **支持向量机**。支持向量机和神经网络一样，都是越来越受欢迎的强大的分类算法。第 5 章将详细介绍这一算法。
- ❏ **集成模型**。同质集成模型和异质集成模型都可以用于获得更好的预测能力和更稳健的预测性能。第 5 章将详细介绍模型集成。
- ❏ **k 最近邻算法**。k 最近邻算法是看似简单但实际上却很高效的算法。它以相似度作为分类模型的基础。第 5 章将详细介绍这一算法。
- ❏ **基于案例的推理**。该方法在概念上与最近邻算法相似。它使用历史案例来找出共性，以便为新的案例分配最可能的类别。
- ❏ **贝叶斯分类器**。该方法基于过去发生的事件，使用概率论来构建分类模型，以便将新的案例分配最可能的类别。
- ❏ **遗传算法**。遗传算法通过类比自然进化来构建定向搜索机制，以便对数据样本进行分类。
- ❏ **粗糙集**。该方法在构建分类问题的模型（规则集合）时考虑了类别标签与预定义类别之间的部分隶属关系。

虽然本书无法对上述分类技术进行完整的介绍，但是下一节将介绍最受欢迎的决策树。第 5 章将介绍其中的几种技术。

4.6　决策树

在详细介绍决策树之前，我们需要先介绍一些简单的术语。首先，决策树包含很多可能对不同模式的分类产生影响的输入变量。这些输入变量通常称为属性（Attribute）。例如，如果要构建根据收入和信用评级这两个变量对贷款风险进行分类的模型，那么输出结果将是类别标签（如低风险、中风险或高风险）。其次，树由分支和节点组成。分支表示使用一个属性（在测试的基础上）对模式进行分类的测试结果。末端的叶节点表示为模式选择的最终类别（从根节点到叶节点的分支链可以用复杂的 if-then 语句表示）。

决策树的基本思想是递归地分割训练集，直到分割结果完全或者主要由一个类的样本组成。树中的每个非叶节点都包含一个分割点，即对一个或多个属性进行测试以确定如何进一步分割数据。通常，决策树算法根据训练数据构建一棵原始树，其中每个叶节点都是纯的。然后，修剪决策树中的树枝以增加其通用性，提高测试数据的预测准确度。

在生长阶段，树是通过递归分割数据来构建的，直到每个分割结果都是纯的（即包含同一类别的成员）或者相对较小。这里的基本思想就如同 *Twenty Questions* 游戏中的那样，提出问题并找到信息最丰富的答案。

数据的分割取决于使用的属性类型。对于连续属性 A，分割的形式如下：

$$value(A)\ x$$

其中，x 是 A 的某个"最优"分割值。例如，基于收入的分割条件可以是收入 $>50\ 000$。对于类别属性 A，分割的形式如下：

$$value(A)\ 属于\ x$$

其中，x 是 A 的子集。例如，可以基于教育水平（是否拥有大学学位）进行分割。

构建决策树的一般算法如下：

1）创建一个根节点并将所有训练数据分配给这个节点。

2）选择最佳分割属性。

3）对于每个分割值，为根节点增加一个分支。将数据分割成互斥（即不重叠）的子集。

4）对于每个叶节点，重复步骤 2 和步骤 3，直到达到停止标准（如大部分节点的标签相同）。

创建决策树的算法有很多。这些算法的主要区别在于确定分割属性（及其分割值）的方式、分割属性的顺序（对同一属性分割一次或多次）、每个节点的分割次数（两次或三次）停止标准以及树的修剪时间（前修剪与后修剪）。机器学习中的 ID3（以及 ID3 的改进版 C4.5 和 C5）、统计学中的分类和回归树（Classification And Regression Trees，CART）以及模式识别中的卡方自动交互检测器（Chi-squared Automatic Interaction Detector，CHAID）等都是很有名的决策树创建算法。

在构建决策树时，每个节点的目标是确定属性及其用于分割训练记录以纯化节点的类表示的最佳分割点。人们已经提出了一些评价分割效果的分割指数。基尼系数（Gini index）和信息增益是两种常见的分割指数。基尼系数常用于 CART 和 SPRINT（Scalable Parallelizable Induction of Decision Trees，决策树的可扩展并行化归纳）算法。信息增益的各种版本则用于 ID3（以及 C4.5 和 C5 等新的版本）。

在经济学中，基尼系数常用于测量人口的多样性。同样，这个概念也可用于确定特定类的纯度，即按照特定属性或变量分类的结果的纯度。最佳分割是能够增加所得集合纯度的分割。

信息增益是 ID3 使用的分割机制。ID3 或许是最广为人知的决策树算法。1986 年，Ross Quinlan 开发出了 ID3 算法。此后，Quinlan 又将该算法演化为 C4.5 算法和 C5 算法。

ID3 及其变种的基本思想是使用熵来代替基尼系数。熵测量数据集中的不确定性或随机化程度。如果子集中的所有数据都属于一个类，那么由于该数据集中没有不确定性或随机性，因此熵为零。该方法的目标是构建子树，使每个最终子集的熵为零或接近于零。

4.7　数据挖掘中的聚类分析

聚类分析是一种基础的数据挖掘方法。它用于将物品、事件或者概念分成各个组（称为簇）。该方法常用于生物学、医学、遗传学、社会网络分析、人类学、考古学、天文学、字符识别以及管理信息系统开发。随着数据挖掘的日益普及，这项基础技术已被广泛应用于商业，特别是营销活动。在现代客户关系管理（Customer Relationship Management，CRM）系统中，聚类分析已被大量应用于欺诈检测（包括信用卡和电子商务欺诈）和客户市场细分。随着聚类分析作用被认可和被利用，它将持续地被应用于商业中。

聚类分析是一种解决分类问题的探索性数据分析工具，其目标是将案例（如人、事物和事件）分为组或者簇，使得同一簇中成员之间关联度强，不同簇中成员之间关联度弱。每个簇描述了其成员所属的类别。一维聚类分析的典型例子是构建成绩范围并将大学班级的班级成绩分配到所构建的成绩范围中。这类似于美国财政部在 19 世纪 80 年代建立新税级时所面临的聚类分析问题。J. K. 罗琳的《哈利波特》丛书中就有一个虚构的聚类例子。分院帽决定将霍格沃茨学校的一年级学生分配到哪个学院（如宿舍）。另一个聚类例子是如何在婚礼上安排客人座位。对于数据挖掘而言，聚类分析非常重要，因为可以揭示数据中先前并不明显但一旦发现就很有意义且很有用的自然相似度模式。

聚类分析的结果可用于：

❑ 确定分类方案（如客户类型）。
❑ 提出描述总体的统计模型。
❑ 指明以识别、定位和诊断为目的，为新的案例分配类的规则。
❑ 为先前宽泛概念的定义、规模和变化提供度量。
❑ 找到标记和表示类的典型案例。
❑ 减小其他数据挖掘方法问题空间的大小和复杂度。
❑ 识别特定域中的异常值（如罕见事件检测）。

4.7.1　如何确定簇数

聚类算法通常需要指定要找的簇数。如果根据已有知识不能确定簇数，那么就需要通过某种方式来确定。不幸的是，目前还没有计算簇数的最佳方法。但是，人们已经提出了一些确定簇数的启发式方法。以下是最常用的一些方法：

❑ 考虑方差百分比。方差百分比是簇数的函数。选择一个簇数，使得增加新的簇时不再给出更好的数据建模结果。具体来说，在绘制由簇说明的方差百分比图时，存在一个边际增益下降的点（表示为图中的角），该点即对应于应当选择的簇数。

- ❑ 将簇数设置为 $(n/2)^{1/2}$，其中 n 是数据点的数量。
- ❑ 使用赤池信息量准则（Akaike Information Criterion，AIC）。赤池信息量准则是一种（基于熵的）拟合优度度量，用于确定簇数。
- ❑ 使用贝叶斯信息准则（Bayesian Information Criterion，BIC）。贝叶斯信息准则是一种（基于最大似然估计的）模型选择准则，用于确定簇数。

4.7.2 聚类方法

聚类分析对一组记录（即样本或对象）进行分组，使得同一组（称为簇）中对象之间的相似度大于与其他组（或簇）中对象之间的相似度。大部分聚类方法使用距离度量来计算两个物品之间的相似度。欧几里得距离（使用尺子测量的两点之间的普通距离）和曼哈顿距离（又称两点之间的直线距离或出租车距离）是常用的距离度量。聚类分析方法有很多，各方法确定对象或记录的自然分组方式略有不同。图 4.8 所示的是聚类方法的简单分类。

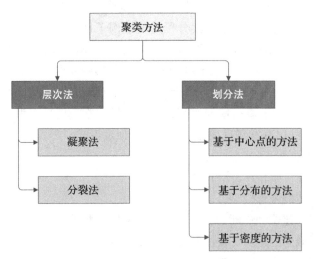

图 4.8　聚类方法的简单分类

如图 4.8 所示，聚类方法可以分为层次聚类和划分聚类。层次聚类方法的基本思想是距离相近的对象比距离较远的对象更相关。因此，可以通过连接所有相关对象的最大距离来定义簇。使用不同的距离可以形成不同的簇，这些簇可以使用树状图来表示，这也解释了层次聚类名称的由来。在层次聚类中，可以通过自底向上（即凝聚——从底层开始，其中每个对象都是一个簇，然后通过合并相似的对象来构建更通用的簇）或者自顶向下（即分裂——首先从顶层的簇开始，然后将对象分割为更小的簇）的方式识别簇。

划分聚类方法基于多维空间中存在自然对象分组这一思想。这类方法的处理首先从任意数量的簇开始，然后将对象分配到最可能的簇，接着更新簇的数量。重复上述过程，将对象分配到簇中，直到簇空间稳定。不同划分聚类算法使用不同方式来确定簇。由于不存在最佳聚类方法或算法，因此处理聚类任务的分析师应当尝试多种算法，通过评估各个算法的拟合优度来确定最佳算法。

4.7.3 聚类方法的评估

如何测量聚类方法所创建模型的拟合优度？如何判断模型是否有效？如何知道它们在多大程度上代表了数据的自然分组？我们需要能比较不同聚类算法在给定数据集上的表现的指标，以便寻找适用于某一类数据挖掘问题的"最佳"聚类算法。估计聚类方法拟合优度的方法通常包括内部评估和外部评估两类。

1. 内部评估

内部评估方法通常将最佳评估分数分配给生成簇内相似度高、簇间相似度低的簇的方法（或算法）。内部评价指标适用于一种算法的性能优于另一种算法的情况。但是，这并不意味着一种算法能够产生比另一种算法更"有效"的结果。效度不同于比较性评估，因为它表明数据集中确实存在所识别的簇。这种评估方法使用多维特征空间中某种类型的距离指标测量类内和类间的相似度。

使用内部准则进行簇评估的缺点之一是内部指标的分数高不一定就会得到有效的信息检索应用。此外，这种评估偏向于使用相同簇模型的算法。例如，k 均值聚类会自然地优化对象距离，而基于距离的内部准则很可能会高估该算法所产生的簇。

2. 外部评估

内部评估基于相似度指标来评价聚类结果，而外部评估则使用尚未用于聚类的数据（标签已知）来测量。外部评估包含一组预先分类的记录，其中包含由领域专家确定的已知类或类别标签。因此，可以将比较集作为评估的黄金准则。这类评估方法测量聚类与标签已预先标记的类之间的接近程度。虽然听起来合理，但是这种方法的大范围实用性却值得怀疑。为现实世界的数据集寻找预先标记的类是困难的，甚至是不可能的。此外，因为真实的类包含某种类型的自然结构，所以为聚类算法提供的属性 / 变量可能不够完整，从而无法区分真正的簇。

4.8 k 均值聚类算法

k 均值算法（k 是预先设定的簇数）是最受欢迎的聚类算法。它源于传统的统计分析。作为基于质心的划分聚类方法，顾名思义，k 均值算法将每个数据点（如客户、事件和对象）分配给中心（又称质心）距离它最近的簇。簇中心是通过对簇内所有点取平均来计算的，也就是说，簇中心的坐标是簇内所有点在各个轴上坐标的算术平均值。图 4.9 所示的是 k 均值聚类算法步骤的图形化表示，各步骤如下：

❑ **初始化步骤**。选择簇的数量（即 k 的值）。

第 1 步：随机生成 k 个点并将其作为初始的簇中心。

第 2 步：将每个点分配到距离最近的簇中心。

第 3 步：重新计算新的簇中心。

❑ **重复步骤**。重复第 2 步和第 3 步，直到满足某个收敛标准（如点到簇的分配变得稳定）。

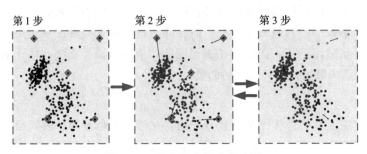

图 4.9 k 均值聚类算法的步骤

4.9 关联

关联——又称关联规则挖掘、亲和度分析或市场购物篮分析——是一种广受欢迎的数据挖掘方法。它常用于说明什么是数据挖掘以及数据挖掘可以做什么。你可能听说过百货商店啤酒和尿布销量之间广为人知的关系。正如故事中所说的那样，一家大型连锁超市通过分析顾客的购买习惯发现，啤酒购买和尿布购买之间存在统计学上显著的相关性。从理论上讲，出现这种情况的原因是在超市为婴儿购买尿布的爸爸们同样也会购买啤酒，因为他们不能再经常去运动酒吧了。据说由于这一发现，该连锁超市将尿布放在啤酒旁边，从而使二者的销量都增加了。

在本质上，关联规则挖掘旨在发现大型数据库中变量（物品）之间的有趣关系（亲和度）。由于关联规则挖掘在零售业务问题中得到了成功的应用，因此又称市场购物篮分析。市场购物篮分析的主要思想是识别通常会一起购买的产品或服务（即同时出现在一个购物篮中的产品，购物篮可能是百货商店的真实购物篮，也可能是电子商务网站的虚拟购物篮）之间的强联系。例如，购买综合汽车保险的人中有 65% 也会购买健康保险，在线购买书籍的人中有 80% 也购买在线音乐，患高血压且超重的人中有 60% 也有高胆固醇症，购买笔记本电脑和防病毒软件的客户中有 70% 也会购买扩展服务计划。

市场购物篮分析的输入是简单的销售点交易数据，其中同时购买的产品或服务被列在一个交易实例中（就如同购物收据上的内容一样）。分析的结果是非常有价值的信息。这些信息可以让我们更好地了解客户的购买行为，从而最大限度地从业务交易中获利。企业可以通过以下方式利用这些知识：（1）将产品放在一起，让顾客可以更方便地同时拿到它们，并且在购买其他产品时不会忘记购买其中的一件（增加销量）；（2）将产品打包促销（如果其中一件打折，那么另一件不打折）；（3）将产品分开放置，这样一来，顾客只能跨越过道去寻找它们，因此可能在寻找的过程中购买其他产品。

市场购物篮分析的应用包括交叉营销、交叉销售、商店设计、目录设计、电子商务网站设计、在线广告优化、产品竞价和销售/促销配置。从本质上说，市场购物篮分析能够帮助企业从顾客的购买模式中推断其需求和偏好。在商业领域之外，关联规则可用于发现症状与疾病之间，诊断、患者特征和治疗方案之间（可用于医疗决策支持系统），以及基因与它们的功能之间（可用于基因组学项目）等的关系。以下是关联规则挖掘的常见应用领域和用途：

- **销售。**了解人们同时购买的零售产品可改进销售场所的产品摆放（如将同一组合的产品放置得距离很近）和产品的促销定价（如将人们不经常同时购买的两种产品进行促销）。
- **信用卡交易。**掌握有关使用信用卡购买的产品的知识能够提供有关顾客可能会购买的其他产品或者信用卡号的欺诈性使用的洞见。
- **银行服务。**客户使用服务的顺序模式（如先使用支票账户，再使用储蓄账户）可用于识别他们可能感兴趣的其他服务（如投资账户）。
- **保险服务产品。**客户购买的捆绑产品服务（如汽车保险捆绑房屋保险）可用于推荐其他保险产品（如人寿保险）。另外，保险索赔的不寻常组合可能预示着欺诈。
- **电信服务。**购买最多的选项组合（如互联网服务、电视和电话）有助于更好地构建产品组合和关联促销优惠，以便最大限度地提高收入。
- **医疗记录。**某些情况的组合可能表明各种并发症风险的增加，某些医疗机构的某些治疗程序可能与某类感染相关。

关于关联规则挖掘能够发现的模式或关系，需要考虑的一个好问题是"所有关联规则都有趣且有用么？"关联规则挖掘使用支持度、置信度和提升度三个指标来回答这个问题。在定义这些指标之前，我们先来看看关联规则是什么。例如，在下面的规则中，X（产品或服务，称为左侧项或前项）与 Y（产品或服务，称为右侧项或后项）相关：

$$X \Rightarrow Y[S(\%), C(\%)]$$

S 表示支持度，C 表示这一特定规则的置信度。

下面是支持度、置信度和提升度的简单公式：

$$支持度 = 支持度(X \Rightarrow Y) = \frac{同时包含X和Y的购物篮数量}{购物篮总数}$$

$$置信度 = 置信度(X \Rightarrow Y) = \frac{支持度(X \Rightarrow Y)}{支持度(X)}$$

$$提升度(X \Rightarrow Y)\frac{置信度(X \Rightarrow Y)}{期望置信度(X \Rightarrow Y)} = \frac{\dfrac{S(X \Rightarrow Y)}{S(X)}}{\dfrac{S(X)S(Y)}{S(X)}} = \frac{S(X \Rightarrow Y)}{S(X)S(Y)}$$

产品或服务的集合的支持度（S）是衡量这些产品或服务（如前项＋后项＝笔记本电脑、防病毒软件和扩展服务计划）在同一交易中出现的频率的指标。也就是说，产品或服务的集合的支持度是指特定规则指定产品或服务交易在数据集中所占的比例。在这个例子中，假设商店数据库中 30% 交易的单张销售票据上都同时包含三种商品。规则的置信度是衡量后项的产品或服务与前项的产品或服务同时出现的频率（即同时包含前项和后项的交易所占的比例）的指标。换言之，规则的置信度是在规则的前项已经存在的交易中找到规则的后项的条件概率。关联规则提升度的值是规则的置信度与期望置信度的比值。规则的期望置信度等于前项的支持度值与后项的支持度值的乘积除以前项的支持度。

有很多算法可用于发现关联规则。Apriori、Eclat 和 FP-Growth 是其中最著名的算法。这些算法只完成了一半的工作，即识别数据库中的频繁项集。在确定了频繁项集之后，需要将它们转换成包含前项部分和后项部分的规则。根据频繁项集确定规则是一个简单的匹配过程。但是，对于大型交易数据库来说，这个过程可能非常耗时。尽管规则的每个部分都可能包含很多事物，但是，实际上后项部分通常只包含一个事物。下一节将介绍一种最受欢迎的频繁项集识别算法。

4.10 Apriori 算法

Apriori 算法是最常用的关联规则发现算法。给定一组产品集合（如零售交易集合，其中每个集合包含了所购买的单件产品），该算法试图找到至少包含一个最小公共项集（即满足最小支持度）的子集。Apriori 算法使用自底向上的方法，其中频繁项子集每次增加一个产品（一种称为候选生成法的方法，其中频繁项子集从包含一个产品的子集增长为包含两个产品的子集和包含三个产品的子集等），每一级的候选组都会使用数据来测试是否满足最小支持度。当无法进一步扩展时，算法终止。

考虑下面这个说明性的示例。由于杂货店使用 SKU（Stock-Keeping Unit，库存单位）跟踪销售交易，因此它了解哪些商品通常会被一起购买。图 4.10 所示的是交易数据库以及识别频繁项集的后续步骤。交易数据库中的每个 SKU 都对应一个产品，例如，"1 ＝ 黄油" "2 ＝ 面包" "3 ＝ 水"等。Apriori 算法的第一步是计算每个产品（单产品项集）的频率（即支持度）。在这个非常简单的示例中，我们将最小支持度设为 3（或 50%，即如果项集出现在数据库中 6 条交易中的至少 3 条交易中，则该项集被视为频繁项集）。因为所有单产品项集都至少在 3 个支持列中，所以它们都被认为是频繁项集。但是，如果单产品项集是不频繁的，那么它就不可能成为任意双产品项集的成员。通过这种方式，Apriori 对由所有可能的项集组成的树进行了修剪。如图 4.10 所示，使用单产品项集生成所有可能的双产品项集，并使用交易数据库计算其支持度值。由于双产品项集 {1, 3} 的支持度值小于 3，因此不再将其作为将用于生成下一级项集（三产品项集）的频繁项集。这个算法看似简单，但仅适用于小数据集。在更大的数据集（特别是那些产品多但是每个产品出现次数少和产品数少但是每个产品出现次数多的数据集）中，搜索和计算都将更密集。

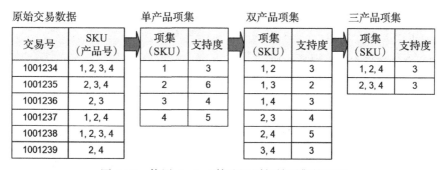

图 4.10 使用 Apriori 算法识别频繁项集的过程

4.11 数据挖掘和预测性分析的误解与现实

数据挖掘是一种强大的分析工具。它使业务主管从能够描述过去的本质发展到可以预测未来。数据挖掘能够帮助营销人员找到揭开客户行为之谜的模式。数据挖掘的结果可以帮助增加收入、减少支出、识别欺诈和找到商机，从而发现拥有竞争优势的全新领域。

作为一个不断发展、逐渐成熟的领域，数据挖掘通常伴随着很多误解。表 4.3 列出了其中的一些误解。

表 4.3 关于数据挖掘的一些误解和现实

误 解	现 实
数据挖掘可以提供水晶球般的即时预测	数据挖掘包含很多步骤，需要主动进行深思熟虑的设计和使用
数据挖掘对于业务应用来说尚不可行	当前的技术已经可以用于几乎所有业务
数据挖掘需要单独的专用数据库	数据库技术的进步使得数据挖掘虽然可以使用专用数据库，但是不再要求必须使用专用数据库
只有拥有高学历的人才可以进行数据挖掘	基于 Web 的工具使得各种教育水平的管理人员都可以进行数据挖掘
数据挖掘仅适用于拥有大量客户数据的大公司	只要数据准确地反映了业务或客户的情况，那么公司就可以使用数据挖掘

在数据挖掘方面拥有远见的人通过认识到这些误解实际上就是误解而获得了巨大的竞争优势。

以下是实践中经常会犯的 10 个数据挖掘错误，大家应当尽量避免出现这些错误：

1）选择了错误的数据挖掘问题。

2）忽视了资方对数据挖掘的认识以及资方认为数据挖掘能做什么、不能做什么。

3）数据准备时间不足。数据准备阶段所需的精力比人们通常理解的更多。

4）只看汇总结果，而不看单条记录。IBM 的 DB2 IMS 可以突出显示感兴趣的单条记录。

5）不认真跟踪数据挖掘的过程和结果。

6）忽视可疑的发现并快速推进。

7）重复、盲目地运行挖掘算法。认真思考数据分析的下一阶段很重要。数据挖掘是非常实际的活动。

8）相信自己知道有关数据的一切。

9）相信自己知道关于数据挖掘分析的一切。

10）使用不同于资方的方式来评估结果。

应用示例：预测美国全国大学体育协会碗赛结果

预测大学橄榄球赛（或任何体育比赛，就此而言）的结果是一个有趣且富有挑战性的问题。学术界和工业界中寻求挑战的研究人员在预测体育赛事的结果方面付出了大量努力。不同媒体（通常是公开的）中有大量关于体育赛事的结构和结果的历史数据。这些数据以数字或符号表示的要素的形式存在，它们被认为能够影响体育赛事的结果。然而，虽然体育方面有大量研究（数字文献数据库中的点击量超过 43 000 次），但是只有很小一部分论文聚焦于体育预测的特征。相反，很多论文都是关于体育市场效率的。由于大部分已有的关于博彩市场的研究所关注的都是经济效率（Van Bruggen et al., 2010），因此它们没有评价与这些赛事关联的实际（或隐含）预测。事实证明，可以从有关市场经济效率测试的研究中得到相当多有关预测和预测过程的信息（Stekler et al., 2010）。

季末碗赛在经济（可以带来数百万美元的额外收入）和声誉（为运动项目招收优质学生和备受推崇的高中运动员）方面对大学来说都非常重要。入选某项碗赛的球队可以平分奖金，奖金数量取决于具体碗赛。在声望更高的碗赛中，两队的奖金也会更多。因此，获得碗赛邀请是所有 I-A 级大学橄榄球计划的一个重要目标。碗赛的决策者有权选择和邀请符合碗赛资格（在赛季中对阵 I-A 组对手并取得六场胜利）的成功（依据收视率和排名）球队。受邀球队将参加竞争激烈的精彩比赛，以吸引两校球迷并通过各种媒体渠道吸引其他球迷观看广告。

在一项数据挖掘研究中，德伦等人使用 8 年的碗赛数据和三种常用的数据挖掘方法（即决策树、神经网络和支持向量机）来预测比赛结果的分类结果（赢和输）和回归结果（即对阵双方的预计比分差异），见文献（Delen et al., 2012）。下面是有关这项研究的简要介绍。

研究方法

在这项研究中，德伦和他的同事使用了跨行业数据挖掘标准流程（Cross-Industry Standard Process for Data Mining, CRISP-DM）这一流行的数据挖掘方法。该方法包括六个步骤：（1）业务理解，即了解领域并制定研究目标；（2）数据理解，即识别、获取和理解相关数据源；（3）数据准备，即对相关数据进行预处理、清理和转换；（4）模型构建，即使用可比较的分析技术开发模型；（5）测试和评估，即评估模型相对研究目标的有效性和实用性；（6）部署，即部署用于决策过程的模型。第 3 章详细介绍了这一常用方法。该方法由德伦等人提出。它以系统化和结构化的方式对基础数据进行挖掘研究，以增加获得准确、可靠结果的可能性。

德伦等人使用交叉验证方法来客观地评估不同类型模型的预测能力。交叉验证方法是数据挖掘中常用的统计方法，常用于比较多个模型的预测准确度。传统的交叉验证方法将数据分成训练集和测试集（或者分成训练集、测试集和验证集，如在神经网络中），这两个子集互斥。这样的单一随机分割可能导致子集中样本不均匀，特别是在小数据集中。为了最小化与训练数据样本和测试数据样本的随机抽样相关的偏差，德伦等人使用了 k 折交叉验证方法。图 4.11 所示的是研究人员所使用的研究方法的图示。

数据

本研究的样本数据是从 ESPN.com、Covers.com、ncaa.org 和 rauzulusstreet.com 等在线体育数据库中收集的。数据集中包含 2002 年至 2009 年间 8 个完整赛季的 244 场大学橄榄球碗赛的数据。研究中还使用一个样本外数据集（2010 年至 2011 年碗赛数据）来进行额外的验证。作者遵循了在模型中包含尽可能多相关信息这一常用的数据挖掘经验准则。因此，经过深度的变量识别和收集过程，他们最终得到了一个包含 36 个变量的数据集。前 6 个变量是识别变量：碗赛名称和年份、主客队名称及其运动联盟（见表 4.4 中的变量 1～变量 6）。接下来的 28 个变量是输入变量，其中包括描述球队在进攻和防守、比赛结果、球队的组成特征、运动联盟特征以及如何应对困难提高胜算等方面赛季统计数据的变量（见表 4.4 中的变量 7～变量 34）。最后两个变量是输出变量：ScoreDiff（即表示主客队比分差值的整数）和 WinLoss（即用名义标签表示的主队的输赢情况）。

在数据集中，每行（又称元组、案例、样本或者示例）表示一场碗赛，每列表示一个变量（标识符、输出或输入类型）。为了表示对阵双方与比赛相关的比较性特征，在输入变量中，作者计算和使用了主客队度量的差值。所有变量值都是从主队的角度计算的。例如，变量 PPG（球队的场均得分）表示主队 PPG 和客队 PPG 的差值。输出变量表示主队预期能否赢得碗赛。也就是说，如果 ScoreDiff 变量的值为正整数，那么主队有望以这一优势赢得比赛。如果 ScoreDiff 变量是负整数，那么预计主队将输掉比赛。输出变量 WinLoss 表示主队的比赛结果。该变量是取值为输（Loss）或赢（Win）的二值标签。

表 4.4　研究中所使用的变量

序　号	类　别	变量名	描　述
1	ID	YEAR	碗赛年份
2	ID	BOWL GAME	碗赛名称
3	ID	HOMETEAM	主队（碗赛组织者提供）
4	ID	AWAYTEAM	客队（碗赛组织者提供）

（续）

序 号	类 别	变量名	描 述
5	ID	HOMECONFERENCE	主队联盟
6	ID	AWAYCONFERENCE	客队联盟
7	I1	DEFPTPGM	场均防守得分
8	I1	DEFRYDPGM	场均防守冲刺码数
9	I1	DEFYDPGM	场均防守码数
10	I1	PPG	给定球队的场均得分
11	I1	PYDPGM	场均总传球码数
12	I1	RYDPGM	球队的场均冲刺码数
13	I1	YRDPGM	场均总进攻码数
14	I2	HMWIN%	主场胜率
15	I2	LAST7	球队在过去 7 场比赛中的获胜次数
16	I2	MARGOVIC	平均胜差
17	I2	NCTW	非联盟球队的获胜率
18	I2	PREVAPP	球队是否参加了上一年的碗赛
19	I2	RDWIN%	客场胜率
20	I2	SEASTW	年度胜率
21	I2	TOP25	对阵 AP 前 25 名球队的年度胜率
22	I3	TSOS	年度赛程强度
23	I3	FR%	年度大学一年级球员参加的比赛比例
24	I3	SO%	年度大学二年级球员参加的比赛比例
25	I3	JR%	年度大学三年级球员参加的比赛比例
26	I3	SR%	年度大学四年级球员参加的比赛比例
27	I4	SEASOvUn%	本赛季球队处于超出 / 低于[1]的次数比例
28	I4	ATSCOV%	球队在先前碗赛中的防点差覆盖率
29	I4	UNDER%	球队在先前碗赛中的失败率
30	I4	OVER%	球队在先前碗赛中的总胜率
31	I4	SEASATS%	当前赛季的防点差覆盖率
32	I5	CONCH	球队是否在所在联盟的冠军赛中获胜
33	I5	CONFSOS	联盟的赛程强度
34	I5	CONFWIN%	联盟的胜率
35	O1	ScoreDiff[2]	比分差（主队得分 – 客队得分）
36	O2	WinLoss[2]	主队是否在比赛中获胜

注 1. I1 表示进攻 / 防守；I2 表示比赛结果；I3 表示球队配置；I4 表示逆势而上；I5 表示联盟统计。

2. ID 表示标识符变量；O1 表示回归模型的输出变量；O2 表示分类模型的输出变量。

[1] 超出 / 低于：球队是否会超过或低于预期的比分差。

[2] 输出变量：回归模型为 ScoreDiff，二元分类模型为 WinLoss。

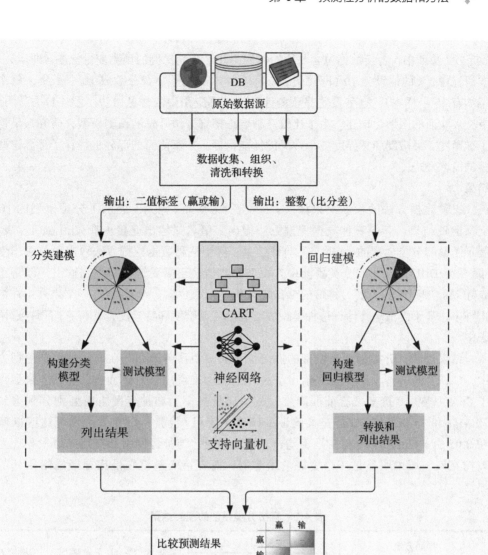

图 4.11　研究方法图示

方法

　　这项研究使用人工神经网络、决策树和支持向量机三种常见的预测方法来构建模型（并对它们进行了比较）。对这些预测方法的选择是基于它们对分类型和回归型预测问题的建模能力以及它们在近期发表的数据挖掘文献中的流行程度而做出的。有关这些常用数据挖掘方法的详细信息，请参见第 5 章。

评估

　　为了比较所有预测模型的准确度，研究人员使用了分层 k 折交叉验证方法。在分层

k 折交叉验证中，各折数据包含与原始数据集几乎相同比例的预测变量标签（即类）。在本研究中，k 的值设为 10（即将包含 244 个样本的完整集合分割成 10 个子集，每个子集约有 25 个样本）。这种设置是预测性数据挖掘应用中的常见做法。图 4.11 展示了 10 折交叉验证的图形化描述。为了比较三种数据挖掘方法开发的预测模型，研究人员使用了准确度、灵敏度和特异度三个常见的性能指标。本章前面的部分也解释了计算这些指标的简单公式。

结果

三种建模方法的预测结果如表 4.5 和表 4.6 所示。表 4.5 展示了分类模型的 10 折交叉验证结果，其中三种数据挖掘方法输出二值名义输出变量（即 WinLoss）。表 4.6 展示了回归分类模型的 10 折交叉验证结果，其中三种数据挖掘方法输出数值输出变量（即 ScoreDiff）。在回归分类预测中，模型的数值输出需要转换为类别输出，即将正的 WinLoss 值标记为"赢"，将负的 WinLoss 值标记为"输"，然后将这一结果列示在混淆矩阵中。基于混淆矩阵计算每种模型的准确度、灵敏度和特异度，并将它们列在这两个表中。

结果表明，分类型预测模型的性能优于回归型预测模型。在这三种数据挖掘方法中，CART 的两种预测模型都给出了更好的预测准确度。总体而言，CART 模型得到了 86.48% 的 10 折交叉验证准确度，支持向量机模型和神经网络模型则分别得到了 79.51% 和 75.00% 的 10 折交叉验证准确度。使用 t 检验，研究人员发现这些准确度在 0.05 的 alpha 水平上存在显著差异。也就是说，与神经网络和支持向量机相比，决策树在该领域中明显是一个更好的预测器，而支持向量机则是比神经网络更好的预测器。

表 4.5 直接分类模型的预测结果

预测方法 （分类[1]）		混淆矩阵		准确度[2]/%	灵敏度 /%	特异度 /%
		输	赢			
人工神经网络 （多层感知机）	赢	92	42	75.00	68.66	82.73
	输	19	91			
支持向量机 （径向基函数）	赢	105	29	79.51	78.36	80.91
	输	21	89			
决策树 （CART）	赢	113	21	86.48	84.33	89.09
	输	12	98			

① 输出变量是二分类变量（值为"赢"或"输"）。
② 差异是统计显著的（$p < 0.01$）。

表 4.6　回归分类模型的预测结果

预测方法 (基于回归的[①])		混淆矩阵		准确度[②]/%	灵敏度/%	特异度/%
		赢	输			
人工神经网络 (多层感知机)	赢	94	40	72.54	70.15	75.45
	输	27	83			
支持向量机 (径向基函数)	赢	100	34	74.59	74.63	74.55
	输	28	82			
决策树 (CART)	赢	106	28	77.87	76.36	79.10
	输	26	84			

①输出变量是数值/整型变量(ScoreDiff)。
②差异是统计显著的($p<0.01$)。

研究结果表明，分类模型比回归分类模型能更好地预测比赛结果。尽管特定于研究的应用领域和研究中所使用的数据——因此无法推广到研究范围之外——但是这些结果还是令人兴奋的。这是因为，与本研究中使用的其他两种机器学习方法相比，决策树不仅是更好的预测器，而且更易于理解和部署。如欲详细了解这项研究，请参阅文献（Delen et al.，2012）。

小结

通常来说，分析（特别是预测性分析）依赖于数据。数据是通过数据挖掘过程发现知识宝库操作可操作洞见的原始材料。本章对数据进行了全面的介绍，给出了各种数据类型的分类和定义，并解释了数据预处理过程的典型步骤。预处理步骤的输出是可供分析的数据集。

除数据及数据准备过程外，本章还对数据挖掘过程中使用的方法进行了全面的概述。本章采用分类法解释了数据挖掘中预测、关联和聚类这三类主要模式，还介绍了分类型预测模型中最常用的评估方法和交叉验证方法。

参考文献

Bhandari, I., E. Colet, J. Parker, Z. Pines, et al. (1997). "Advanced Scout: Data Mining and Knowledge Discovery in NBA Data," *Data Mining and Knowledge Discovery*, 1(1): 121–125.

Buck, N. (2000/2001, December/January). "Eureka! Knowledge Discovery, *Software Magazine*.

Chan, P. K., W. Phan, A. Prodromidis, & S. Stolfo. (1999). "Distributed Data Mining in Credit Card Fraud Detection," *IEEE Intelligent*

Systems, 14(6): 67–74.

Chapman, P., J. Clinton, R. Kerber, T. Khabaza, et al. (2013). *CRISP-DM 1.0*. www.the-modeling-agency.com/crisp-dm.pdf (accessed July 2020).

Davenport, T. H. (2006, January). "Competing on Analytics," *Harvard Business Review*. https://hbr.org/2006/01/competing-on-analytics (accessed September 2020).

Delen, D., D. Cogdell, & N. Kasap. (2012). "A Comparative Analysis of Data Mining Methods in Predicting NCAA Bowl Outcomes," *International Journal of Forecasting*, 28: 543–552.

Delen, D., R. Sharda, & P. Kumar. (2007). "Movie Forecast Guru: A Web-Based DSS for Hollywood Managers," *Decision Support Systems*, 43(4): 1151–1170.

Nemati, H. R., & C. D. Barko. (2001). "Issues in Organizational Data Mining: A Survey of Current Practices," *Journal of Data Warehousing*, 6(1): 25–36.

Quinlan, J. R. (1986). "Induction of Decision Trees," *Machine Learning*, 1: 81–106.

Sharda, R., & D. Delen. (2006). "Predicting Box-Office Success of Motion Pictures with Neural Networks," *Expert Systems with Applications*, 30: 243–254.

Stekler, H. O., D. Sendor, & R. Verlander. (2010). "Issues in Sports Forecasting," *International Journal of Forecasting*, 26: 606–621.

Van Bruggen, G. H., M. Spann, G. L. Lilien, & B. Skiera. (2010). "Prediction Markets as Institutional Forecasting Support Systems," *Decision Support Systems*, 49: 404–416.

Wald, M. L. (2004, February 21). "U.S. Calls Release of JetBlue Data Improper," *The New York Times*.

Wilson, R., & R. Sharda. (1994). "Bankruptcy Prediction Using Neural Networks," *Decision Support Systems*, 11: 545–557.

Wright, C. (2012). *Statistical Predictors of March Madness: An Examination of the NCAA Men's Basketball Championship*. http://economics-files. pomona.edu/GarySmith/Econ190/Wright March Madness Final Paper. pdf (accessed July 2020).

Zaima, A. (2003). "The Five Myths of Data Mining," *What Works: Best Practices in Business Intelligence and Data Warehousing*, 15: 42–43.

第 5 章 *Chapter 5*

预测性分析算法

预测性分析算法大多源自传统统计方法或者现代机器学习方法。文献中的大量研究表明，虽然统计方法已经很完善，而且在理论上也很齐备，但是机器学习方法更准确、信息量更大、可操作性更强、更实用。判别分析、线性回归和逻辑回归是对预测性分析和数据挖掘的发展影响最大的统计方法。在很多成功的预测性分析项目中，决策树、k 最近邻、人工神经网络和支持向量机都是最常用的机器学习方法。这些机器学习方法都可以处理分类型预测问题和回归型预测问题。通常，它们被用于处理使用其他传统方法无法获得满意结果的复杂预测问题。

由于机器学习方法在预测性分析相关文献中很常见，因此本章将详细介绍一些最常见的技术，但不会过于技术化或者算法化。本章还将简要介绍线性回归、逻辑回归和时间序列分析等其他统计方法，以便覆盖预测性分析算法的各个方面。

5.1 朴素贝叶斯

朴素贝叶斯源于著名的贝叶斯定理，是一种简单的基于概率的分类方法。这种方法要求输出变量具有名义值或分类值。虽然输入变量既可以是数值类型，也可以是名义类型，但是数值输出变量需要通过某种类型的分箱方法离散化之后才能用于朴素贝叶斯分类器。朴素贝叶斯中的"朴素"源于对输入变量之间独立性的强而有些不切实际的假设。简单来说，朴素贝叶斯分类器假设输入变量不相互依赖，预测变量组合中特定变量的存在与否与其他变量的存在与否无关。

在监督机器学习中，朴素贝叶斯分类模型的开发是非常高效（即工作量很小且非常快）

和有效（即非常准确）的。也就是说，使用一组训练数据（可能不是很多），就可以应用最大似然法得到朴素贝叶斯分类模型的参数。换言之，由于存在独立性假设，因此我们可以在不严格遵守贝叶斯定理的所有规则和要求的情况下开发朴素贝叶斯模型。首先，我们来回顾一下贝叶斯定理。

5.1.1 贝叶斯定理

为了更好地理解朴素贝叶斯分类方法，了解贝叶斯定理的基本思想和精确贝叶斯分类器（没有强朴素独立性假设的分类器）是很重要的。贝叶斯定理（又称为贝叶斯规则）以英国数学家托马斯·贝叶斯（Thomas Bayes）（1701—1761）的名字命名，是确定条件概率的数学公式。在这个公式（稍后会介绍）中，Y 表示假设，X 表示数据或证据。这个广受欢迎的定理提供了一种通过额外证据来修改和提高预测概率的方式。

下面的公式展示了 Y 和 X 这两个事件的概率之间的关系。$P(Y)$ 是 Y 的先验概率。"先验"意味着不考虑有关 X 的任何信息。$P(Y \mid X)$ 是在给定 X 的情况下 Y 的条件概率。因为这一概率取决于 X 的特定值，所以又称为后验概率。$P(X \mid Y)$ 是在给定 Y 的情况下 X 的条件概率，又称为似然。$P(X)$ 是 X 的先验概率，又称为证据并且被用作归一化常数。

$$P(Y \mid X) = \frac{P(X \mid Y)P(Y)}{P(X)} \rightarrow 后验概率 = \frac{似然值 \times 先验概率}{证据}$$

$$P(Y \mid X)：给定 X 的情况下 Y 的条件概率$$

$$P(X \mid Y)：给定 Y 的情况下 X 的条件概率（似然）$$

$$P(Y)：Y 的后验概率$$

$$P(X)：X 的先验概率（X 的证据或无条件概率）$$

为了用数字说明这些公式，我们来看一个简单的例子。假设根据天气预报，我们知道周六有 40% 的概率会下雨。根据历史数据，我们知道如果周六下雨，那么周日有 10% 的概率也会下雨；如果周六不下雨，那么周日有 80% 的概率会下雨。假设"周日下雨"是事件 Y，"周一下雨"是事件 X。根据描述，我们可以写出：

$$P(Y) = 周日下雨的概率 = 0.40$$

$$P(X \mid Y) = 在周六下雨的情况下周日下雨的概率 = 0.10$$

$$P(X) = 周一下雨的概率 = 周六和周日都下雨的概率与周六不下雨$$

$$周日下雨的概率之和 = 0.40 \times 0.10 + 0.60 \times 0.80 = 0.52$$

现在，如果要计算在周日下雨的情况下周六下雨的概率，那么我们可以使用贝叶斯定理。贝叶斯定理让我们可以在给定较晚事件结果的情况下计算较早事件的概率：

$$P(Y \mid X) = \frac{P(X \mid Y)P(Y)}{P(X)} = \frac{0.10 \times 0.40}{0.52} = 0.0769$$

因此，在该示例中，如果周日下雨，那么周六下雨的概率为 7.69%。

5.1.2　朴素贝叶斯分类器

贝叶斯分类器使用贝叶斯定理且没有简化强独立性假设。在分类型预测问题中，贝叶斯分类器的工作原理如下：给定一个待分类的新样本，贝叶斯分类器会找到与它相同的所有其他样本（即样本中所有预测变量的值与被分类样本中所有预测变量的值相同），确定它们同属的类别标签，并将新样本分配到最具代表性的类中。如果没有一个样本的值能够与新类完全匹配，那么分类器将无法为新样本分配类别标签（因为找不到任何这样做的强有力证据）。这里有一个非常简单的例子。假设我们要使用贝叶斯分类器确定是否要在晴天、高温、高湿和有风的情况下打高尔夫球。

朴素贝叶斯分类器的开发过程

与其他机器学习方法类似，朴素贝叶斯采用两阶段模型开发和评分 / 部署过程。第一个阶段是训练阶段，其中要估计模型参数；第二个阶段是测试阶段，其中要对新案例进行分类或预测。下面将描述这一过程。

训练阶段

训练阶段包含以下步骤：

第 1 步　获取和清理数据，并将其组织为平面文件格式（即以列为变量，以行为案例）。

第 2 步　确保变量都是名义变量。如果变量是数值变量或连续变量，那么需要对数值变量进行数据转换。也就是说，需要通过离散化（如分箱）将数值变量转换为名义变量。

第 3 步　计算因变量所有类别标签的先验概率。

第 4 步　计算所有预测变量及其可能的取值相对于因变量的似然值。在混合变量类型（分类变量和连续变量）的情况下，每个变量的似然值（条件概率）都需要通过针对特定变量类型的适当方法进行估计。名义预测变量和数值预测变量似然值的计算方法如下：

- ❑ 对于分类变量，使用变量值相对因变量训练样本的简单分数来估计似然值（即条件概率）。

- ❑ 对于数值变量，对每个因变量值（即类）计算每个预测变量的均值和方差，然后使用下面的公式计算似然值：

$$P(x = v \mid c) = \frac{1}{\sqrt{2\pi\sigma_c^2}} e^{\frac{(v-\mu_c)^2}{2\sigma_c^2}}$$

通常，连续或数值类型的自变量（或输入变量）需要首先使用合适的分箱方法进行离散化，然后使用分类变量估计方法来计算条件概率（似然参数）。如果使用得当，该方法往往能够给出预测效果更好的朴素贝叶斯模型。

测试阶段

利用在训练阶段的第 3 步和第 4 步得到的两组参数使用下列公式将所有新样本都分类到一个类别标签：

$$后验概率 = \frac{先验概率 \times 似然值}{证据}$$

$$P(C \mid F_1, \cdots, F_n) = \frac{P(C)P(F_1, \cdots, F_n \mid C)}{P(F_1, \cdots, F_n)}$$

因为分母是常数（即对所有类别标签来说都相同），所以可以将其从公式中删除，从而得到下面这个更简单的公式。这个公式本质上是联合概率：

$$\text{classify}(f_1, \cdots, f_n) = \underset{c}{\text{argmax}} \; p(C = c) \prod_{i=1}^{n} p(F_i = f_i \mid C = c)$$

因为朴素贝叶斯在很多应用领域中的预测效果都很差，所以在现在的预测性分析项目中并不常用。然而，作为它的一种扩展，贝叶斯网络正以惊人的速度在分析界的数据科学家中流行起来。

5.2 最近邻算法

预测性分析算法通常是高度数学化和计算密集型的。人工神经网络和支持向量机这两种流行的预测性分析算法都涉及非常耗时的、计算密集的迭代数学推导。相比之下，k 最近邻（k-Nearest Neighbor，k-NN）算法似乎是一种过于简单的有竞争力的预测方法。我们很容易理解（并向其他人解释）该算法做了什么以及如何做。k-NN 算法是一种可用于分类型和回归型预测问题的预测方法。k-NN 算法是一种基于实例的学习（或懒惰学习）方法，其中函数仅是局部近似的且所有计算都被推迟到了实际预测的时候。

k-NN 算法是最简单的机器学习算法之一。例如，在分类型预测中，一个案例的分类由其大多数邻居的投票来决定，对象被分配到其前 k 个邻居所属的最常见的类（其中 k 是正整数）。如果 $k = 1$，那么将该案例简单地分配给其最近的邻居所属的类。为了举例说明这个概念，图 5.1 展示了一个简单的二维空间。该空间表示 x 和 y 这两个变量的值，其中，星形代表新案例（或对象），圆形和正方形代表已知案例（或样本）。现在的任务是基于新案例与圆形或者正方形的接近程度（相似度）将其分配给其中的某个类。如果将 k 的值设为 1（$k = 1$），那么应将其分配给正方形类，因为与星形最接近的案例是正方形。如果将 k 的值设为 3（$k = 3$），那么应将其分配给圆形类，因为离它最近的案例有两个圆形和一个正方形，根据简单的多数投票规则，新案例应当分配给圆形类。类似地，如果将 k 的值设为 5（$k = 5$），那么应将新案例分配给正方形类。这个非常简单的例子说明了 k 值设置的重要性。

要将同样的方法应用于回归型预测任务，只需要对 k 个邻居求均值，并将结果分配给待预测的案例。对邻居的贡献进行加权可能很有用，这样可以使较近邻居比较远邻居对均值的贡献更大。一种常见的加权方案是对每个邻居赋予 $1/d$ 的权重，其中 d 是与邻居的距离。该方案本质上是线性插值的推广。

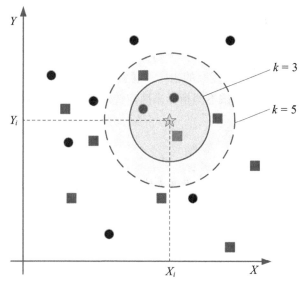

图 5.1　k 最近邻算法中 k 值的重要性

　　邻居取自已知正确分类（在回归中是输出值的数值）的一组案例。即使不需要明确的训练步骤，邻居也可被视为算法的训练集。k 最近邻算法对数据的局部结构很敏感。

5.3　相似度度量：距离

　　分析师在使用 k-NN 算法时必须做出的两个关键决策之一是确定相似度度量。另一个关键决策是确定 k 的值，这一点在后面解释。在 k-NN 算法中，相似度度量是一个数学上可计算的距离指标。给定一个新案例，k-NN 算法根据距离该点最近的 k 个邻居的结果进行预测。因此，要使用 k-NN 算法进行预测，分析师需要定义测量新案例与样本案例之间距离的指标。欧几里得距离（即维度空间中两点之间的线性距离）是测量这一距离最常用的方法，见公式（5.3）。直线距离（又称为城市街区距离或者曼哈顿距离）是另一个测量这一距离的常用方法，见公式（5.2）。这两个距离度量都是闵可夫斯基（Minkowski）距离的特例，见公式（5.1）。

　　下面是闵可夫斯基距离的计算公式：

$$d(i, j) = \sqrt[q]{(\mid x_{i1} - x_{j1} \mid^q + \mid x_{i2} - x_{j2} \mid^q + \cdots + \mid x_{ip} - x_{jp} \mid^q)} \tag{5.1}$$

其中，$i = (x_{i1}, x_{i2}, \cdots, x_{ip})$ 和 $j = (x_{j1}, x_{j2}, \cdots, x_{jp})$ 是两个 p 维数据对象（如一个新案例和数据集中的一个样本），q 是正整数。

　　如果 $q = 1$，那么称 d 为曼哈顿距离并使用下面的公式来计算：

$$d(i, j) = \mid x_{i1} - x_{j1} \mid + \mid x_{i2} - x_{j2} \mid + \cdots + \mid x_{ip} - x_{jp} \mid \tag{5.2}$$

　　如果 $q = 2$，那么称 d 为欧几里得距离并使用下面的公式来计算：

$$d(i, j) = \sqrt{(\mid x_{i1} - x_{j1} \mid^2 + \mid x_{i2} - x_{j2} \mid^2 + \cdots + \mid x_{ip} - x_{jp} \mid^2)} \tag{5.3}$$

显然，这些指标仅适用于数值数据。那么，对于名义数据会怎么样呢？有一些方法可以测量非数值数据的距离。在最简单的情况下，对于多值名义变量，如果新案例和样本案例的变量值相同，那么二者的距离为 0；否则，二者的距离为 1。在文本分类等情况下，存在重叠指标（或汉明距离）等更为复杂的指标。通常，如果是通过实验设计来确定距离指标的且在实验设计中通过尝试和测试不同指标来确定针对给定问题的最佳指标，那么 k-NN 的分类准确度能够得到显著提高。

5.3.1 参数选择

k 的最佳值依赖于数据。通常，较大的 k 值能够降低噪声对分类（或回归）的影响，但是也会使类之间的界限不那么明显。我们可以使用交叉验证等启发式方法来找到 k 的"最佳"值。将类预测为最接近训练样本的类这一特殊情况（即 $k=1$ 时）称为最近邻算法。

5.3.2 交叉验证

交叉验证是一种成熟的实验方法，可用于确定一组未知模型参数的最佳值。它是适用于大多数有很多模型参数需要确定的机器学习方法。这种实验方法的总体思路是将数据样本划分为多个随机抽取的、不相交的子样本（即 v 次折叠）。对于 k 的每个可能值，k-NN 模型用于以 $v-1$ 折为样本对第 v 折进行预测并评估误差。该误差的常见选择是回归型预测的均方根误差（Root Mean Squared Error，RMSE）和分类型预测的正确分类实例百分比（即命中率）。对其余样本重复测试每次折叠的过程，共 v 次。在 v 次循环结束时，通过累加计算所得误差得到模型的优度度量（即使用 k 的当前值时模型预测的好坏程度）。最后，选择得到最小总体误差的 k 值作为该问题的最佳值。在图 5.2 所示的简单过程中，训练数据用于确定距离指标和 k 的最佳值，这一 k 值随后被用于预测新得到的案例。

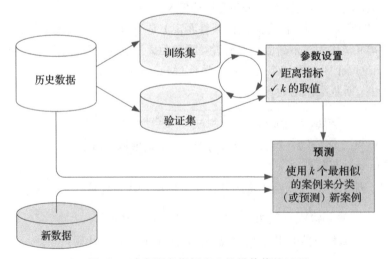

图 5.2　确定距离指标和 k 的最佳值的过程

正如刚才提供的简单示例所示，k-NN 算法的准确度可能会因 k 值不同而显著不同。此外，当存在噪声、不准确或不相关的特征时，k-NN 算法的预测能力会下降。在通过特征选择和归一化／缩放来保证预测结果的可靠性方面已经有了大量研究。一种非常流行的方法是使用进化算法（如遗传算法）来优化 k-NN 预测系统中包含的特征集合。在二分类问题中，选择 k 为奇数有助于避免出现票数相同的情况。

在 k-NN 中，基本的多数投票分类的缺点之一是包含更频繁样本的类往往会主导新向量的预测，这是因为当邻居因其数量很大而被计算时，包含更频繁样本的类通常会出现在 k 个最近的邻居中。克服这个问题的一种方法是考虑从测试点到其 k 个最近的邻居的距离对分类进行加权。另一种方法是在数据表示中使用一层抽象。

k-NN 算法的朴素版很容易通过计算从测试样本到所有存储向量的距离来实现。但是，它的计算量很大，尤其是当训练集的规模变大时。多年来，人们提出了很多最近邻搜索算法。这些算法通常致力于减少实际执行的距离评估次数。即便对于大型数据集，使用合适的最近邻搜索算法也能够使得 k-NN 在计算上可处理。

5.4　人工神经网络

神经网络代表了信息处理的"大脑"。这些模型虽然是受生物学启发的，但却不是大脑实际运作方式的精确复制品。由于神经网络具有从数据中"学习"的能力，本质上是非参数化的（即没有刚性假设）且具备泛化能力，因此在很多预测应用和商业分类应用中都被证明是极具前景的系统。神经计算是指用于机器学习的模式识别方法。神经计算得到的模型通常称为人工神经网络（Artificial Neural Network，ANN）或神经网络。神经网络已在许多商业应用中用于模式识别、预测和分类。神经网络计算是各种数据科学和商业分析工具的关键组成部分。神经网络在金融、营销、制造、运营和信息系统等领域都有着广泛的应用。

本节只简要介绍各种神经网络模型、方法和应用，我们将在第 6 章中更详细地介绍神经网络，特别是针对前馈多层感知器型预测建模的神经网络架构，并以此作为理解深度学习和深度神经网络的入门知识。

人脑具有人们无法理解的信息处理和问题解决能力。现代计算机在很多方面都无法与之比拟。有人假设，受大脑研究结果的启发和支持，如果模型或系统具有类似于生物神经网络的结构，那么就能够表现出类似的智能功能。基于这种自下而上的方法，人工神经网络（又称为连接模型、并行分布式处理模型、神经形态系统或简单神经网络）已经发展为针对各种任务的生物启发式可信模型。

生物神经网络由很多大规模互连的神经元组成。每个神经元都拥有轴突和树突，这些指状突起使神经元能够传输和接收电信号与化学信号，从而与其相邻的神经元进行交流。人工神经网络或多或少地类似于生物神经网络，由相互连接的简单处理单元（称为人工神经元）组成。类似于生物神经元，在处理信息时，人工神经网络中的处理单元共同并行运行。人工神经网络具有学习能力、自组织能力和容错能力等与生物神经网络相似的特征。

半个多世纪以来，研究人员一直在经历研究人工神经网络的曲折历程。人工神经网络的正式研究始于 1943 年麦卡洛克（McCulloch）和皮茨（Pitts）的开创性工作。受生物实验和观察结果的启发，麦卡洛克和皮茨引入了一个简单的二元人工神经元模型，该模型具备生物神经元的一些功能（McCulloch & Pitts，1943）。使用信息处理机器对人类大脑进行建模，麦卡洛克和皮茨使用大量相互连接的二元人工神经元构建了神经网络模型。自此，神经网络研究在 20 世纪 50 年代末和 60 年代初变得非常流行。1969 年，在对早期神经网络模型（称为感知器，其中没有使用隐藏层）进行彻底分析以及明斯基（Minsky）和派珀特（Papert）对研究潜力的悲观评估之后，人们对神经网络的兴趣减弱了。

在过去的 20 年中，由于新的网络拓扑结构、新的激活函数和新的学习算法的引入以及神经科学和认知科学的进步，人工神经网络研究有了令人兴奋的复苏。理论和方法论的进步克服了几十年前阻碍神经网络研究的很多障碍。得益于大量研究得到的引人注目的结果，神经网络正在逐渐普及。此外，神经信息处理中的理想特征使神经网络在解决复杂问题方面很有吸引力。人工神经网络已被用于解决各种应用中的众多复杂问题。神经网络应用的成功使用激发了工业界和商界人们的新兴趣。随着深度神经网络的出现（作为近期深度学习现象的一部分），神经网络（具有更深层次的架构表示和大大增强的分析能力）的普及程度达到了前所未有的高度，人们对新一代神经网络的期望也很高。第 6 章将详细介绍深度神经网络。

生物神经网络和人工神经网络

人脑由称为神经元的特殊细胞组成。当人受伤时，这些细胞不会死亡，也不会得到补充（所有其他细胞都会繁殖和自我替换，然后死亡）。这种现象可以解释为什么人类会长时间保留信息，而且，人会随着年龄的增长（脑细胞逐渐开始死亡）而开始丢失信息。信息的存储会跨越神经元的集合。大脑有 500 亿～1500 亿个神经元，超过 100 种。神经元被分成组（称为网络）。每个网络包含数千个高度互连的神经元。因此，大脑可以被看作神经网络的集合。

学习和应对环境变化的能力需要智慧。大脑和中枢神经系统控制着思维和智能行为。大脑受到损伤的人难以学习和应对不断变化的环境。即便如此，大脑中未受损的部分也可以通过新的学习来弥补这种学习能力缺失。

图 5.3 所示的是由两个细胞组成的网络的一部分。每个细胞都包含一个细胞核（神经元的中央处理部分）。在细胞 1 的左侧，树突向细胞提供输入信号。在右侧，轴突通过轴突终末向细胞 2 发送输出信号。这些轴突终末与细胞 2 的树突合并。信号既能够被不加改变地传输，也可以被突触改变。突触能够提高或者减弱神经元之间的连接强度，并激活或抑制后续神经元。这就是信息在神经网络中的存储方式。

人工神经网络模拟了生物神经网络。实际上，神经计算使用了一组非常有限的来自生物神经系统的概念。表 5.1 所示的是生物神经网络和人工神经网络之间简单的术语映射。它更像是人脑的类比产物，而不是人脑的准确模型。神经的概念经常通过大规模并行过程的软件模拟来实现，这些过程要处理网络架构中的互连元素（又称为人工神经元或神经元）。

人工神经元接收的输入类似于生物神经元的树突从其他神经元接收的电化学脉冲，人工神经元的输出对应于生物神经元通过其轴突发送的信号。这些人工信号可以根据权重以类似突触中发生的物理变化的方式改变，如图 5.4 所示。

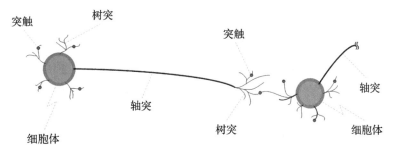

图 5.3　生物神经网络：两个相互连接的细胞或神经元

表 5.1　生物神经网络与人工神经网络之间的术语映射

生物神经网络	人工神经网络
细胞体	节点
树突	输入
轴突	输出
突触	权重
慢	快
很多神经元（约 10^9）	少量神经元（几万至几十万）

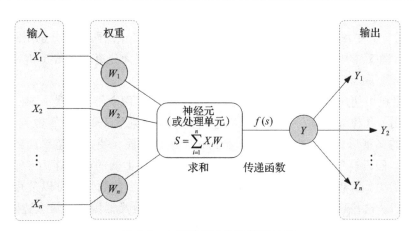

图 5.4　人工神经元中的信息处理

　　人们提出了几种人工神经网络的范式，它们可以用于处理各种领域的问题。区分各种神经模型的最简单方法或许是基于它们如何在结构上模拟人脑、它们处理信息的方式以及它们如何学习执行指定任务。

因为受生物学的启发，所以神经网络的主要处理元素是类似于人脑神经元的人工神经元。这些人工神经元接收来自其他神经元或外部输入刺激的信息，对输入进行转换，然后将转换后的信息传递给其他神经元或外部输出。这类似于目前人们所认识的人脑的工作方式。神经元之间的信息传递可以被认为是一种根据接收到的信息或刺激来激活或触发某些神经元的反应的方式。

神经网络的信息处理方式本质上取决于其结构。神经网络可以包含一层或多层神经元。这些神经元可以是高度互连或完全互连的，也可以只连接某些层。神经元之间的连接具有相关的权重。在本质上，网络所拥有的"知识"被封装在这些互连权重中。每个神经元计算传入神经元值的加权和，对其进行转换，并将其神经值作为输入传递给后续神经元。通常这种单个神经元级的输入/输出转换过程是以非线性方式执行的，尽管并非总是如此。

5.5 支持向量机

支持向量机（Support Vector Machine，SVM）是近年来最受欢迎的机器学习方法之一。这在很大程度上是因为它拥有优越的预测性能和理论基础。支持向量机是一种监督学习方法。它根据一组标记的训练数据生成输入/输出函数。输入向量和输出向量之间的函数既可以是分类函数（用于将案例分配给预定义的类），也可以是回归函数（用于估计所需输出变量的连续值）。在分类时，通常使用非线性核函数将输入数据（自然地表示高度复杂的非线性关系）转换到高维特征空间。在这样的空间中，输入数据变得线性可分。然后，构造最大间隔超平面来实现对训练数据中输出类的最优分离。

对于给定的分类型预测问题，通常来说，很多线性分类器（超平面）都可以把数据分隔成多个子部分，其中每个子部分表示一个类。例如，图 5.5 中的两个类分别用圆形和正方形表示。然而，图 5.5a 中只有一个超平面实现了类之间的最大分离。在图 5.5b 中，超平面和两个最大间隔超平面都可以将两个类分隔开来。

支持向量机中使用的数据可能有两个以上的维度（即两个不同的类）。在这种情况下，我们会对使用 $n-1$ 维超平面分离数据感兴趣，其中 n 是维数（即类标签数）。这可以看作线性分类器的典型形式，其中我们想要找到 $n-1$ 个超平面，使得从超平面到最近数据点的距离最大。假设这些平行超平面之间的距离越大，分类器的泛化能力（即支持向量机模型的预测能力）就越好。如果存在这样的超平面，那么在数学上可以使用二次优化建模来表示它们。这些超平面称为最大边际超平面，线性分类器则称为最大边际分类器。

除了在统计学习理论方面具有坚实的数学基础之外，支持向量机在医学诊断、生物信息学、人脸/语音识别、需求预测、图像处理和文本挖掘等很多现实预测问题中也表现出了极具竞争力的性能。在这些预测问题中，支持向量机已经成为最流行的知识发现和数据挖掘工具。与人工神经网络类似，支持向量机可以用于使各种多元函数逼近任何所需的精度。因此，支持向量机特别适用于高度非线性的复杂问题、系统和过程。

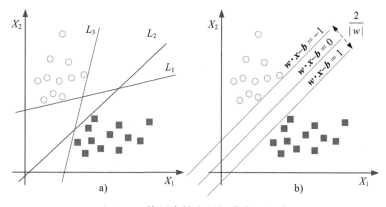

图 5.5 使用支持向量机分离两个类

5.5.1 构建支持向量机模型的流程

近年来，支持向量机因其预测准确度和自扩展性而经常用于解决分类型问题。尽管人们认为支持向量机比人工神经网络更易于使用，但是不熟悉支持向量机模型的用户常常无法得到令人满意的结果。在本节中，我们使用支持向量机构建一个基于流程的简单模型。该模型很可能会产生令人惊讶的好结果。图 5.6 所示的是三步流程的图示。

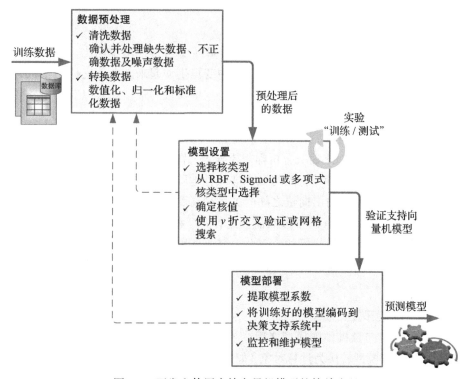

图 5.6 开发和使用支持向量机模型的简单流程

下面简要说明了这个流程中的各个步骤。

1. 第 1 步：数据预处理

因为现实世界的数据并不完美，所以数据挖掘分析师需要尽职尽责地清洗和转换用于支持向量机的数据。与其他所有数据挖掘方法和算法的情况一样，这个步骤可能是使用支持向量机模型时最耗时、最不愉快但是也最重要的部分。这一步中的任务包括处理缺失的、不完整的、有噪声的值以及对数据进行数值化、归一化和标准化。

❑ **数值化数据**。对于支持向量机，每个数据实例都需要使用一个实数向量来表示。因此，如果存在类别属性，那么分析师必须首先将其转换为数值数据。通常建议使用 m 个伪二进制变量来表示一个 m（$m \geqslant 3$）类属性。实际上，根据案例的实际类，m 个变量中只有一个变量的值为 1，其他变量的值为 0。这种表示方法又称为 1-of-m 表示。例如，{red, green, blue} 这个三类别属性可以表示为 [0, 0, 1]、[0, 1, 0] 和 [1, 0, 0]。

❑ **归一化数据**。与人工神经网络的情况一样，支持向量机也需要对数值进行归一化或缩放。归一化的主要优点是避免取值范围较大的属性支配取值范围较小的属性。它的另一个优点是有助于在模型构建的迭代过程中执行数值计算。因为核值通常取决于特征向量的内积（如线性核、多项式核），所以大的属性值可能会使训练速度变慢。通常建议将每个属性归一化到 [−1, +1] 或 [0, 1] 的范围内。当然，分析师必须在测试前使用相同的归一化方法来缩放测试数据。

2. 第 2 步：模型设置

数据预处理之后，就需要执行模型构建的步骤了。与其他两步相比，模型构建是整个流程中最令人愉快的部分。预测模型在这一步中变得生动起来。由于支持向量机有很多参数选项，因此这一步需要一个漫长的过程来确定这些参数的最佳组合以获得最佳效果。这些参数中最重要的是核类型和核相关的子参数。

常见的核有四种，分析师需要确定使用哪一种（或者使用简单的实验设计方法一次尝试所有的核）。在选择了核类型之后，分析师需要确定惩罚参数 C 的取值以及核参数。一般来说，RBF 核是首选。RBF 核的目标是将数据非线性地映射到更高维的空间中。与线性核不同，它可以处理输入向量和输出向量之间的关系是高度非线性的情况。此外，线性核只是 RBF 核的一个特例。RBF 核有两个参数需要选择：C 和 γ。对于给定的预测问题，我们事先并不知道什么样的 C 和 γ 是最好的。因此，需要使用某种参数搜索方法来确定 C 和 γ 的最佳值，以使分类器可以准确预测未知数据（即测试数据）。交叉验证和网格搜索是两种最常用的搜索方法。

3. 第 3 步：模型部署

开发出最佳支持向量机预测模型之后，下一步是将其集成到决策支持系统中。为此，有两种选择：（1）将模型转换为计算对象（如 Web 服务、JavaBean 对象或 COM 对象），这些对象获取输入参数值并提供输出预测；（2）提取模型系数并将其直接集成到决策支持系统中。仅当底层域的行为保持不变时，支持向量机模型才是有用的（即准确且可操作）。如果行为有变化，那么模型的准确度也会发生变化。因此，持续评估模型的效果，以确定它们何时不再准确并因此需要重新训练是非常重要的。

5.5.2　支持向量机与人工神经网络

虽然有人认为支持向量机是人工神经网络的特例，但是大多数人认为这是两种性质不同且相互竞争的机器学习方法。我们来看看能够让支持向量机在人工神经网络中脱颖而出的几个要点。在历史上，人工神经网络的发展遵循启发式的路径，其中应用和大量实验先于理论。相比之下，支持向量机的发展遵循首先是完善的统计学习理论，然后才是应用和实验的路径。支持向量机的一个显著优势是，虽然人工神经网络可能会受多个局部最小值的影响，但是支持向量机的解是全局唯一的。支持向量机的另外两个优点是，它有简单的几何解释和稀疏解。支持向量机在实践中经常优于人工神经网络的原因是，它成功地解决了"过拟合"这个人工神经网络中的大问题。

除上述优点（从实践的角度来看）外，支持向量机也存在一些局限性。一个尚未完全解决的重要问题是核类型和核函数参数的选择。另一个可能更重要的问题是支持向量机在训练和测试周期方面的速度限制和规模限制。使用支持向量机构建模型涉及复杂而耗时的计算。从实践的角度来看，支持向量机最严重的问题可能是在大规模任务中二次规划所需的高算法复杂度和大内存需求。尽管存在这些局限性，但因为支持向量机建立在良好的理论基础上，而且产生的解在本质上是全局唯一的（而不会像局部最小值那样陷入次优选择），所以当前支持向量机在数据挖掘领域的预测建模中非常受欢迎。随着流行的商业数据挖掘工具开始将支持向量机纳入建模库，其使用率和流行程度只会增加。

5.6　线性回归

回归——特别是线性回归——可能是统计学中使用最广泛的分析方法。从历史上看，回归方法的起源可以追溯到 20 世纪 20 年代和 30 年代弗朗西斯·高尔顿（Francis Galton）爵士和卡尔·皮尔逊（Karl Pearson）爵士对甜豌豆遗传特性的早期研究。从那时候开始，回归就已经成为表征解释（输入）变量和响应（输出）变量之间关系的统计方法。

尽管回归方法很流行，但是它本质上是一种相对简单的关于一个变量（响应变量或输出变量）对一个或多个解释（输入）变量的依赖性建模的统计方法。一旦确定，变量之间的关系就可以正式表示为线性/可加性函数或方程。与很多其他建模方法一样，回归方法旨在获取现实世界特征之间的函数关系，并用数学模型描述这种关系。之后，这些模型就可以用于发现和理解现实的复杂性——探索和解释关系或预测未来发生的事情。

回归方法可用于两种不同的目的：假设检验——研究不同变量之间的潜在关系；预测——基于一个或多个解释变量估计响应变量的值。这两种用途并不互斥。回归分析的解释能力也是其预测能力的基础。在假设检验（理论构建）中，回归分析可以揭示解释变量（通常用 x_i 表示）和响应变量（通常用 y 表示）之间关系的存在性、强度和方向。在预测中，回归方法使用方程来确定一个或多个解释变量与响应变量之间的可加性数学关系。只要确定了这个方程，就可以用它来预测一组给定解释变量值对应的响应变量值。

5.6.1 相关与回归

因为回归分析源于相关性研究，而且这两种方法都试图描述两个（或多个）变量之间的关联程度，所以回归和相关这两个术语经常会被混淆，即使对科学家来说也是如此。相关分析对一个变量是否依赖另一个变量不做先验假设，也不关心变量之间的关系，相反，它估计的是变量之间的关联程度。另外，回归分析试图描述响应变量对一个或多个解释变量的依赖性，其中隐含地假设从解释变量到响应变量存在单向因果效应，而不管这种效应的路径是直接的还是间接的。此外，相关分析关注两个变量之间的低层次关系，而回归分析则关注所有解释变量和响应变量之间的关系。

5.6.2 简单回归与多重回归

如果回归方程是构建在一个响应变量和一个解释变量之间的，那么称这个回归方程为简单回归。预测或解释人的身高（解释变量）和体重（响应变量）之间关系的回归方程就是一个很好的简单回归的例子。多重回归是简单回归的扩展，它涉及多个解释变量。例如，在前面的例子中，如果在预测某人体重时不仅要考虑人的身高，还要考虑其他个人特征（如 BMI、性别、种族），那么就需要进行多重回归分析。在这两种情况下，响应变量和解释变量之间的关系在本质上都是线性和可加的。如果这种关系不是线性的，那么我们可能希望使用其他非线性回归方法来更好地获得输入变量和输出变量之间的关系。

5.6.3 如何构建线性回归模型

绘制散点图是了解两个变量之间关系最简单的方法。在散点图中，y 轴表示响应变量的值，x 轴表示解释变量的值，如图 5.7 所示。这样的散点图能够将响应变量的变化表示为解释变量变化的函数。在图 5.7 所示的示例中，响应变量和解释变量之间似乎存在正相关关系：随着解释变量值的增加，响应变量值也会增加。

简单回归分析旨在寻找这种关系的数学表示。实际上，简单回归分析试图以最小化点与线（理论回归线上的预测值）之间距离的方式寻找穿过绘制点（表示观测 / 历史数据）的直线的特征。有多种方法 / 算法可以确定回归线，其中最常用的是普通最小二乘（Ordinary Least Squares，OLS）法。普通最小二乘法通过最小化残差平方和（即观测值与回归点之间垂直距离的平方）来得到回归线估计值（称为 β 参数）的数学表达式。对于简单线性回归，上述响应变量（y）和解释变量（x）之间的关系可以用下面的简单方程来表示：

$$y = \beta_0 + \beta_1 x$$

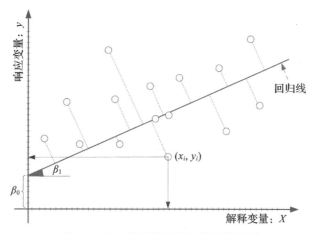

图 5.7　包含简单线性回归线的散点图

在这个方程中，β_0 称为截距，β_1 称为斜率。只要用普通最小二乘法确定了这两个系数的值，就可以使用这个简单方程来对给定的 x 值预测 y 值。β_1 的符号和值表示两个变量之间关系的方向和强度。

如果模型是多重线性回归模型，那么需要确定更多系数——每增加一个解释变量多一个系数。如下面的公式所示，将增加的解释变量与新的 β_i 系数相乘并将所有乘积相加，可以得到响应变量的线性可加表示：

$$y = \beta_0 + \beta_1 x_1 + \beta_2 x_2 + \cdots + \beta_n x_n$$

5.6.4　如何判断模型是否足够好

出于各种原因，模型有时不能很好地表示真实情况。无论包含多少解释变量，都有可能得不到好的模型。因此需要评估线性回归模型的拟合度（即它代表响应变量的程度）。从最简单的意义上讲，拟合良好的回归模型会使预测值接近观测值。对于数值评估，通常使用三个统计指标——R^2、整体 F 检验和均方根误差（Root Mean Squared Error，RMSE）——来评估回归模型的拟合度。这三个指标都是基于误差（即数据与均值的距离以及数据与模型的预测值的距离）的平方和的。这两个值的不同组合提供了关于回归模型如何不同于均值模型的信息。

在这三个指标中，R^2 因大小直观而最有用且最易理解。R^2 的取值范围为 0～1（对应变异量，用百分比表示），其中 0 表示所提模型的关系和预测能力不好，1 表示所提模型完美拟合数据，能够给出准确的预测值（这种情况几乎从未出现）。好的 R^2 值通常接近 1，接近程度取决于所建模的现象。例如，虽然在社会科学中 R^2 为 0.3 的线性回归模型可能会被认为足够好，但是在工程中，即使 R^2 为 0.7 的模型都可能会被认为拟合的不是很好。我们可以通过增加更多解释变量，从模型中删除一些变量，或者使用不同的数据转换方法来改进回归模型，从而相对增加 R^2 的值。

图 5.8 所示的是回归模型的开发流程。如图所示，模型开发任务之后是模型评估。模型评估包括模型拟合度的评估。此外，由于线性模型必须遵守限制性假设，因此模型评估需要检查模型的有效性。

5.6.5 线性回归中最重要的假设

尽管线性回归仍是很多数据分析师的首选（无论是出于解释性建模的目的，还是出于预测性建模的目的），但是该方法受限于多个高度限制性假设。线性模型的有效性取决于符合这些假设的能力。下面是最常见的假设：

❑ **线性**。该假设表明响应变量和解释变量之间的关系是线性的。也就是说，当所有其他解释变量的值不变时，响应变量的期望值是各个解释变量的线性函数。同时，直线的斜率不依赖其他变量的值。这意味着不同解释变量对响应变量期望值的影响在本质上是可加的。

❑ **（误差的）独立性**。该假设表明响应变量的误差彼此不相关。这种误差独立性要弱于实际的统计独立性。统计独立性是一个更强的条件，线性回归分析通常不需要这样的假设。

❑ **（误差的）正态性**。该假设表明响应变量的误差呈正态分布。也就是说，响应变量的误差应当是完全随机的，不表示任何非随机模式。

❑ **（误差的）方差恒定**。该假设又称为同方差性（homoscedasticity）假设，它表示不论解释变量的取值如何，响应变量的误差必须具有相同的方差。实际上，如果响应变量取值范围足够大，那么该假设无效。

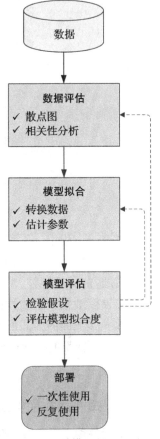

图 5.8　回归模型的开发流程

❑ **多重共线性**。该假设表明解释变量不相关（即不重复相同的变量，但是提供模型所需信息的不同视角）。模型中存在两个或多个完全相关的解释变量即可触发多重共线性（例如，如果同一个解释变量被错误地包含在模型中两次，其中一个解释变量是使另一个解释变量略加变化得到的）。基于相关性的数据评估通常会发现这一错误。

人们已经开发了能够识别违反上述假设的统计方法，而且也构建了多种可以缓解这些问题的方法。数据建模者需要知道这些假设的存在，并采用某种方式来评估模型，以确保其满足所建立的假设。

5.7 逻辑回归

逻辑回归是非常流行的、统计上可靠的、基于概率的监督学习分类算法。20 世纪 40 年代，它作为线性回归和线性判别分析方法的补充发展起来。逻辑回归已经被广泛地应用于医学和社会科学等很多学科。逻辑回归类似于线性回归，因为其目标也是回归到一个数学函数，以便使用过去的观测样本（训练数据）解释响应变量和解释变量之间的关系。逻辑回归与线性回归最大的不同之处在于它的输出（响应变量）是一个类别变量，而不是连续的数值变量。也就是说，线性回归用于估计连续数值变量，而逻辑回归则用于对类别变量进行分类。尽管逻辑回归的原始形式是针对二元输出变量（如 1/0、是 / 否、通过 / 失败、接受 / 拒绝）开发的，但是现在的改进版本（即多项逻辑回归）能够预测多类别的输出变量。如果只有一个预测变量和一个被预测变量，那么该方法称为简单逻辑回归。类似地，简单线性回归是指只有一个解释变量的线性回归模型。

在预测性分析中，逻辑回归模型用于开发一个或多个解释变量（可能是连续变量和类别变量的混合）与一类或多类响应变量（可能是二项 / 二元变量或多项 / 多类变量）之间的概率模型。与普通线性回归不同，逻辑回归用于预测响应变量的分类（通常是二元的）结果，即将响应变量视为伯努利试验的结果。因此，逻辑回归使用响应变量优势（odds）的自然对数来创建一个连续的准则，并将其作为响应变量的变换版本。因此，分对数（logit）变换被称为逻辑回归的链接函数。即使逻辑回归中的响应变量是类别变量或者二项变量，分对数仍然符合线性回归的连续性准则。

图 5.9 所示的是逻辑回归函数，其中 x 轴表示优势（即解释变量的线性函数），y 轴表示概率结果（即响应变量的取值在 0 和 1 之间）。

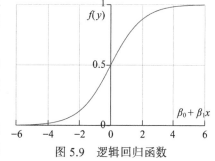

图 5.9　逻辑回归函数

逻辑回归函数，即图 5.9 中的 $f(y)$，是逻辑回归的核心。它的取值在 0 和 1 之间。下面的等式是该函数的简单数学表示：

$$f(y) = \frac{1}{1 + e^{-(\beta_0 + \beta_1 x)}}$$

逻辑回归系数（β）通常使用最大似然估计方法来估计。与具有正态分布残差的线性回归不同，在逻辑回归中我们不可能找到最大化似然函数的系数值的闭式表达式，而必须使用迭代过程。迭代过程从一个试探性的起始解开始，然后略微修改参数并查看解是否有改进。重复这样的迭代修订，直到无法改进或者改进非常小，此时，称迭代过程已完成或已收敛。

5.8　时间序列预测

有时，感兴趣的变量（即响应变量）可能没有明显可识别的解释变量，或者在高度复杂的关系中有太多解释变量。在这种情况下，如果数据以所期望的格式可用，那么可以开发称为时间序列预测的预测模型。时间序列是感兴趣的变量的一系列数据点。这些数据点在连续的时间点测量和表示，并以均匀的时间间隔分隔。某个地域的月降雨量、股票市场指数的日收盘价以及杂货店的日销售额等都是时间序列的例子。通常，使用折线图对时间序列进行可视化。图 5.10 所示的是 2015 年到 2019 年季度销量的时间序列示例。

图 5.10　季度销量的时间序列数据示例

　　时间序列预测使用数学模型根据先前的观测值预测感兴趣变量的未来值。时间序列图看起来与简单线性回归散点图非常相似，因为它也包含响应变量和时间变量两个变量。除这种相似性外，二者之间几乎没有任何其他共同点。回归分析通常用于检验理论，以查看一个或多个解释变量的当前值是否可以解释（从而预测）响应变量；而时间序列模型则侧重通过外推时变行为来估计未来值。

　　时间序列预测假设所有解释变量在响应变量的时变行为中被聚合和消耗。因此，获取时变行为是一种预测响应变量未来值的方法。为此，该模式被分析并分解为随机变化、时间趋势和季节性周期等主要组成部分。图 5.10 所示的时间序列示例说明了所有这些不同的模式。

　　用于开发时间序列预测的方法从非常简单的方法（如朴素预测，它认为今天的预测值与昨天的实际值相同）的技术到非常复杂的方法（如 ARIMA，它结合了数据中的自回归和移动平均模式）都有，其中，最流行的方法可能是简单平均、移动平均、加权移动平均和指数平滑等平均方法。这些方法中的很多方法还有高级版本，它们考虑了季节性和趋势以更好、更准确地进行预测。方法的准确度通常通过计算平均绝对误差（Mean Absolute Error，MAE）、均方误差（Mean Squared Error，MSE）或者平均绝对百分比误差（Mean Absolute Percent Error，MAPE）来评估。尽管这三种评估方法都使用相同的核心误差度量，但是它们强调误差的不同方面，有些方法比其他方法更能区分更大的误差。

应用示例：复杂医疗程序的数据挖掘

　　在美国，医疗已经成为与生活质量相关的最重要问题之一。虽然人口老龄化使得社会对医疗服务的需求不断增加，但是服务供给方的服务水平和质量却不尽如人意。为了缩小这种差距，医疗系统需要显著提高其运营的有效性和效率。有效性（即做正确的事情，如准确诊断和治疗）和效率（即以正确的方式做事情，如使用最少的资源和时间）是医疗系统得以复兴的两个基本支柱。一种有可能改进医疗服务的方法是利用预测性建模方法和包含丰富特征的大型数据源（能够反映医学和医疗的真实情况）来支持准确、及时的决策。

据美国心脏协会称，美国有超过 20% 的人死于心血管疾病（Cardio Vascular Disease，CVD）。自 1900 年以来，除了 1918 年流感盛行夺去了更多人的生命之外，心血管疾病每年都是头号"杀手"。心血管疾病导致的死亡人数超过了癌症、慢性下呼吸道疾病、意外事故和糖尿病这四种紧随其后的死因所导致的死亡人数之和。超过一半的心血管疾病死亡可以归因于冠状动脉疾病。心血管疾病不仅给人们的健康和福祉带来了巨大损失，而且也对美国的医疗资源造成了巨大消耗。据估计，每年与心血管疾病相关的直接和间接消耗将超过 5000 亿美元。

冠状动脉搭桥（Coronary Artery Bypass Grafting，CABG）是一种治疗严重心血管疾病的常见手术方法。虽然冠状动脉搭桥手术的费用取决于患者以及与服务提供者相关的因素，但是在美国该手术的平均费用在 50 000 美元到 100 000 美元之间。例如，德伦等人进行了一项分析研究（Delen et al., 2012），他们使用各种预测性建模方法来预测冠状动脉搭桥手术的结果，并对训练得到的模型应用基于信息融合的灵敏度分析，以便更好地理解预后因素的重要性。这项研究的主要目的是说明对包含丰富特征的大型数据集进行预测性分析和解释性分析能够为在医疗中做出更高效、更有效的决策提供宝贵信息。

研究方法

图 5.11 所示的是德伦等人所使用模型的开发和测试过程。他们使用了四种不同类型的预测模型（人工神经网络、支持向量机以及 C5 和 CART 这两类决策树），并通过大量实验来校准每类模型的建模参数。模型开发出来之后，德伦等人就将其应用于文本数据集。最后，他们对训练得到的模型进行了灵敏度分析，从而测量了各个变量的贡献。表 5.2 所示的是四种不同类型的预测模型的测试结果。

结果

在这项研究中，德伦等人展示了数据挖掘在预测结果和分析诸如冠状动脉搭桥手术的复杂医疗程序的预后因素方面的作用。他们的研究表明，在竞争性实验环境中使用多种预测方法（而不是仅使用一种）有可能得到更好的预测性结果和解释性结果。在他们使用的四种方法中，支持向量机给出的结果最好，对测试数据样本的预测准确度为 88%。基于信息融合的灵敏度分析表明，解释变量的排序非常重要。分析所确定的最重要的一些变量与先前进行的临床和生物学研究所确定的最重要的变量是有重合的。这种部分重合证实了所提出的数据挖掘方法的有效性。

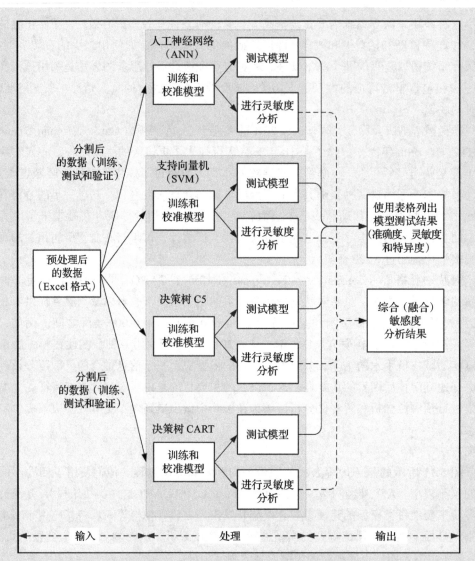

图 5.11　四种预测模型的训练和测试流程图

表 5.2　四种模型基于测试数据集的预测准确度结果

模型类型		混淆矩阵[①]		准确度	灵敏度	特异度
		正例（1）	负例（0）			
ANN	正例（1）	749	230	74.72%	76.51%	72.93%
	负例（0）	265	714			
SVM	正例（1）	876	103	87.74%	89.48%	86.01%
	负例（0）	137	842			

(续)

模型类型		混淆矩阵[①]		准确度	灵敏度	特异度
		正例（1）	负例（0）			
C5	正例（1）	876	103	79.62%	80.29%	78.96%
	负例（0）	137	842			
CART	正例（1）	660	319	71.15%	67.42%	74.87%
	负例（0）	246	733			

①混淆矩阵展示测试数据样本的预测结果，其中行表示实际的案例，列表示预测的案例。

　　从管理角度来看，使用数据挖掘研究结果的临床决策支持系统（如本示例研究中所介绍的）并不会取代医疗经理和医疗专业人员。相反，决策支持系统会支持医疗经理和医疗专业人员做出准确、及时的决策，以便优化资源分配，从而增加医疗服务的数量，提高医疗服务的质量。在这些决策辅助工具广泛应用于医疗实践之前，我们还有很长的路要走。此外，人们拒绝采纳这些工具的原因还涉及行为、道德和政治方面。或许需求和政府对更好的医疗系统的激励将加速这些工具的采纳。

小结

　　预测性分析可以使用多种算法，其中，有些看起来很简单，有些则更为复杂；有些算法起源于传统的统计学，有些算法则源于人工智能和机器学习的新兴趋势。本章介绍的算法包括朴素贝叶斯、k 最近邻、人工神经网络（ANN）、支持向量机（SVM）、线性回归、逻辑回归和时间序列预测。

　　本章的目标是提供足够多有关这些算法的信息（而非深入探讨理论和数学上的复杂性），以便读者能够理解和领会这些算法的实际工作原理，至少在概念层面了解这些算法的内部工作原理，帮助分析专业人员和数据科学家在数据预处理、问题建构和解决方案创建方面做出更明智的决策。这就如同对赛车手而言，理解发动机的工作原理可以成为更好的车手。尽管不期望赛车手会制造或者修理发动机，但是了解发动机的内部工作原理能够帮助他们最大限度地提高车辆的动力和效率，从而优化性能。

参考文献

Aizerman, M., E. Braverman, & L. Rozonoer. (1964). "Theoretical Foundations of the Potential Function Method in Pattern Recognition Learning," *Automation and Remote Control*, 25: 821–837.

Collins, E., S. Ghosh, & C. L. Scofield. (1988). "An Application of a Multiple Neural Network Learning System to Emulation of Mortgage

Underwriting Judgments," *IEEE International Conference on Neural Networks*, 2: 459–466.

Das, R., I. Turkoglu, & A. Sengur. (2009). "Effective Diagnosis of Heart Disease Through Neural Networks Ensembles," *Expert Systems with Applications*, 36: 7675–7680.

Delen, D., A. Oztekin, & L. Tomak. (2012). "An Analytic Approach to Better Understanding and Management of Coronary Surgeries," *Decision Support Systems*, 52(3): 698–705.

Delen, D., R. Sharda, & M. Bessonov. (2006). "Identifying Significant Predictors of Injury Severity in Traffic Accidents Using a Series of Artificial Neural Networks," *Accident Analysis and Prevention*, 38(3): 434–444.

Delen, D., & E. Sirakaya. (2006). "Determining the Efficacy of Data-Mining Methods in Predicting Gaming Ballot Outcomes," *Journal of Hospitality & Tourism Research*, 30(3): 313–332.

Fadlalla, A., & C. Lin. (2001). "An Analysis of the Applications of Neural Networks in Finance," *Interfaces*, 31(4): 112–122.

Haykin, S. S. (2009). *Neural Networks and Learning Machines*, 3rd ed. Prentice Hall.

Hill, T., T. Marquez, M. O'Connor, & M. Remus. (1994). "Artificial Neural Network Models for Forecasting and Decision Making," *International Journal of Forecasting*, 10: 5–15.

Hopfield, J. (1982). "Neural Networks and Physical Systems with Emergent Collective Computational Abilities," *Proceedings of the National Academy of Science*, 79(8): 2554–2558.

Liang, T. P. (1992). "A Composite Approach to Automated Knowledge Acquisition," *Management Science*, 38(1).

Loeffelholz, B., E. Bednar, & K. W. Bauer. (2009). "Predicting NBA Games Using Neural Networks," *Journal of Quantitative Analysis in Sports*, 5(1): 1–17.

McCulloch, W. S., & W. H. Pitts. (1943). "A Logical Calculus of the Ideas Imminent in Nervous Activity," *Bulletin of Mathematical Biophysics*, 5: 115–133.

Minsky, M., & S. Papert. (1969). *Perceptrons*. MIT Press.

Piatesky-Shapiro, G. (2013). *ISR: Microsoft Success Using Neural Network for Direct Marketing*. http://kdnuggets.com/news/94/n9.txt (accessed May 2020).

Principe, J. C., N. R. Euliano, & W. C. Lefebvre. (2000). *Neural and Adaptive Systems: Fundamentals Through Simulations*. Wiley.

Sirakaya, E., D. Delen, & H.-S. Choi. (2005). "Forecasting Gaming Referenda," *Annals of Tourism Research*, 32(1): 127–149.

Tang, Z., C. de Almeida, & P. Fishwick. (1991). "Time-Series Forecasting Using Neural Networks vs. Box-Jenkins Methodology," *Simulation*, 57(5): 303–310.

Walczak, S., W. E. Pofahi, & R. J. Scorpio. (2002). "A Decision Support Tool for Allocating Hospital Bed Resources and Determining Required Acuity of Care," *Decision Support Systems*, 34(4): 445–456.

Wallace, M. P. (2008, July). "Neural Networks and Their Applications in Finance," *Business Intelligence Journal*, pp. 67–76.

Wen, U.-P., K.-M. Lan, & H.-S. Shih. (2009). "A Review of Hopfield Neural Networks for Solving Mathematical Programming Problems," *European Journal of Operational Research*, 198: 675–687.

Wilson, C. I., & L. Threapleton. (2003, May 17–22). "Application of Artificial Intelligence for Predicting Beer Flavours from Chemical Analysis," *Proceedings of the 2th European Brewery Congress*, Dublin. http://neurosolutions.com/resources/apps/beer.html (accessed May 2020).

Wilson, R., & R. Sharda. (1994). "Bankruptcy Prediction Using Neural Networks," *Decision Support Systems*, 11(5): 545–557.

Zahedi, F. (1993). *Intelligent Systems for Business: Expert Systems with Neural Networks*. Wadsworth.

第 6 章

预测性建模中的高阶主题

预测性分析既是科学又是艺术。对于给定的问题和现实世界的数据集，开发能够被人解释的、计算效率高的、易于部署的且高度准确和无偏预测的预测性分析与机器学习模型，对任何数据科学家来说都是一项富有挑战性的任务。尽管近年来我们在方法的标准化和自动化（如第 3 章中介绍的 CRISP 方法）以及模型建构的最佳实践方面取得了显著的进步，但是对完整的数据科学 / 商业分析过程进行真正的优化仍然是一个"乌托邦"。包括本书作者在内的很多人都认为，我们最多只能实现这个目标的一半。本章将介绍一些较为新颖的概念和方法，以便为实现乌托邦铺平道路。具体来说，本章涵盖了模型集成、偏差 - 方差权衡、非平衡数据的处理和机器学习模型的可解释性等内容。

6.1 模型集成

集成（更准确地说是模型集成或集成建模）是数据科学和预测性建模中相对较新的工具。集成建模将两个或多个分析模型产生的结果组合为一个复合输出。

集成主要用于预测性建模，它通过组合两个或多个模型来做出更好的预测。预测可以是分类型预测（预测类别标签），也可以是回归型预测（估计数值输出变量）。

尽管集成的应用主要集中在预测型建模方面，但是它也可以用于其他分析任务，如聚类和关联规则挖掘。也就是说，模型集成既能够用于监督机器学习任务，也可以用于无监督机器学习任务。传统上，这些机器学习过程聚焦于从大量可选模型中找到或构建最佳模型（通常是对留出数据最准确的预测器）。分析师和科学家使用精心设计的实验流程，主要依靠试错来尽可能提高每个模型的性能（由预测准确度等预先定义的指标定义），以便将最好的模型部署于手头的任务。集成方法改变了这种想法。集成方法不是构建模型并选择要部署的单个最佳模型，而是构建很多模型并将它们全部用于要执行的任务（如预测任务）。

6.1.1　动机：我们为什么需要模型集成

通常，研究人员和实践者主要出于两个目的构建集成模型，即为了获得更高的准确度和更稳定／稳健／一致／可靠的结果。过去 20 年的大量研究和出版物表明，集成模型几乎总是能够提高给定问题的预测准确度，而且很少比单一模型预测得差（Abbott，2014）。

在 20 世纪 90 年代，受组合预测方面早期工作取得的有限成功的启发，模型集成开始出现在数据挖掘／分析的文献中。在 21 世纪的前十年中，模型集成不仅变得流行起来，而且对于在数据挖掘和预测性建模竞赛中获胜来说几乎是不可或缺的。有关模型集成在比赛中获胜的最著名的例子或许是著名的 Netflix 公开赛。Netflix 公开赛邀请研究人员和实践者基于历史评分预测电影的用户评分。Netflix 为能够最大限度地降低当时其内部预测算法的均方根误差且降幅不低于 10% 的团队提供 100 万美元的奖金。获胜团队、亚军团队和几乎所有在排行榜上名列前茅的团队都在提交的作品中使用了模型集成。获胜作品集成了数百个预测模型。

在谈到使用模型集成的合理性时，沃里斯说得最好：如果想在预测性分析竞赛中获胜或至少在排行榜上获得一个受人尊敬的位置，那么就必须接受并明智地使用模型集成（Vorhies，2016）。Kaggle 已经成为数据科学家展示才华的首选平台。据沃里斯所说，Kaggle 比赛就如同数据科学领域的一级方程式比赛。获胜者在小数点后第四位击败竞争对手。获胜者的解决方案与竞争对手的解决方案之间的差异就如同 F1 赛车与我们大部分人驾驶的汽车之间的差异一样大。投入大量时间并使用顶尖技术并不总是适合一般的数据科学生产项目，但是就像变速器和奇特的悬架一样，其中一些改进和高级特性会进入日常生活和分析专业人士的实践中。

除 Kaggle 比赛外，美国计算机协会（Association for Computing Machinery，ACM）的知识发现和数据挖掘特别兴趣小组（Special Interest Group on Knowledge Discovery and Data Mining，SIGKDD）以及亚太知识发现和数据挖掘会议（Pacific-Asia Conference in Knowledge Discovery and Data Mining，PAKDD）等知名组织都会定期组织比赛（通常称为"杯赛"），以供数据科学家社区的科学家展示他们的能力——有时是为了金钱奖励，但大多数情况下只是为了展示技能。SAS 研究院和 Teradata 等知名分析公司针对世界各地大学的研究生和本科生组织了类似的竞赛（并提供各种相对适中的奖项）。这些竞赛通常与公司定期的分析会议一同举办。

使模型集成受欢迎和不可或缺的原因不仅仅是其准确度高。模型集成不仅可以一次又一次地提高模型的准确度，而且能够提高模型的稳健性、稳定性和可靠性。在可靠性至关重要的情况下，模型集成的这些优势可能比准确度更为重要。由于模型集成将多个模型（使用某种形式的平均处理）组合成单个预测模型，因此没有一个模型能够主导模型的最终预测值。这降低了预测结果偏离目标的可能性。图 6.1 所示的是分类型预测问题的模型集成。

虽然存在一些变体，但是大多数集成建模方法都遵循这一通用流程。如图 6.1 所示，从左往右，依次是数据采集和数据准备的一般任务，然后是交叉验证以及模型构建和测试任务，最后是组装单个模型的结果并评估得到的预测结果的任务。

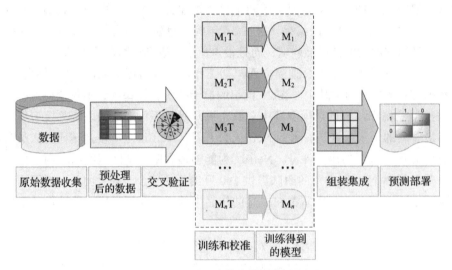

图 6.1　预测性建模的模型集成图示

另一种看待模型集成的方式是从群体智慧或众包的角度。在畅销书 *The Wisdom of Crowds*（《群体智慧》）（Surowiecki，2006）中，作者提出通过众包可以做出更好的决策。众包可以将很多（甚至是不知情的）意见汇总成一个优于最佳专家意见的决策。在书中，Surowiecki 描述了群体意见发挥良好作用所必需的四个特征：多样性、独立性、去中心化以及聚合。如果不具备这些特征，那么群体意见有时将退化为相反的基于"群体疯狂"而做出的糟糕决策。前三个特征与个人的决策方式有关：群体成员必须拥有与群体中其他人不同的信息且不能受到群体中其他人的影响。最后一个特征只是说决策必须结合在一起。这四个特征也为构建更好的模型集成奠定了基础。每个预测模型在最终决策中都有发言权。意见的多样性可以通过预测值本身的相关性来衡量。如果所有预测都是高度相关的——也就是说所有模型几乎都是一致的——那么将它们组合起来就没有任何可预见的优势。去中心化特征可以通过对数据重新采样或者对案例赋予权重来实现，其中每个模型要么使用公共数据集中的不同记录，要么至少使用权重不同于其他模型的记录（Abbott，2014）。

在统计学和预测性建模中，偏差﹣方差权衡是与模型集成高度相关的流行概念。在深入研究不同类型的模型集成之前，有必要回顾并理解偏差﹣方差权衡原则（因为它适用于统计学或机器学习领域）。在预测性分析中，偏差是指误差，方差是指应用于其他数据集的模型在预测准确度方面的一致性（更准确地说是不一致性）。好的模型应该是低偏差（即低误差、高准确度）和低方差（即数据集间的准确度一致的）。不幸的是，在构建预测模型时，需要在这两个指标之间进行权衡取舍，因为改善一个指标会使另一个指标恶化。你可以在训练数据上实现低偏差，但是模型可能会在留出 / 验证数据上出现高方差，因为模型可能是过度训练或过拟合的。例如，$k = 1$ 时 k-NN 算法是一个低偏差模型。虽然它在训练数据集上是完美的，但是却容易在测试 / 验证数据集上出现高方差。使用交叉验证和适当的模型集成似乎是当前处理预测性建模中偏差和方差之间权衡的最佳实践。

6.1.2　模型集成的类型

使用模型集成或者让一组预测性模型协同工作一直是开发准确和稳健的分析模型的基本策略。尽管模型集成已经存在了很长一段时间，但是其受欢迎程度和有效性仅在过去十年中才明显地显现出来。这是模型集成随着软硬件能力的迅速提升而持续改进的结果。模型集成让很多人想到了诸如随机森林和提升树的决策树集成。然而，如图 6.2 所示，模型集成通常可以在两个维度上分成四组。第一个维度是方法类型（图 6.2 中的 x 轴），其中模型集成可以分为套袋法（bagging）和提升法（boosting）两类。第二个维度是模型类型（图 6.2 中的 y 轴），其中模型集成可以分为同质和异质两类（Abbott，2014）。

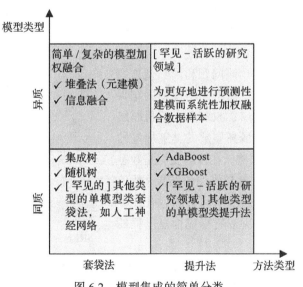

图 6.2　模型集成的简单分类

顾名思义，同质集成是指将两个或多个决策树等相同类型模型的结果组合在一起。事实上，绝大多数同质集成是使用决策树结构的组合开发的。两类最常见的使用决策树的同质集成是套袋法和提升法（本章后面将详细介绍）。正如你所猜测的那样，异质集成结合了两种或者两种以上不同类型模型（如决策树、人工神经网络、逻辑回归和支持向量机）的结果。集成建模中的关键成功因素之一是使用本质上不同的模型，这些模型从不同的角度看待数据。这个想法与众包类似。由于结合不同模型类型结果的方式，异质集成又被称为信息融合模型（Delen & Sharda，2010）或堆叠模型（二者都将在本章后面讨论）。

6.1.3 套袋法

套袋法是最简单也最常见的集成方法。里奥·布莱曼（Leo Breiman）是统计学和分析领域备受尊敬的学者，1996 年他在伯克利首次发表了套袋法（bagging，bootstrap aggregating 的缩写）算法的描述（Breiman，1996）。套袋法背后的理念非常简单也非常强大：基于重采样数据构建多个决策树，并通过平均或者投票将预测值组合起来。布莱曼使用的重采样方法是自助抽样（bootstrap sampling）——有放回抽样。该方法会在训练数据中创建一些记录副本。使用这种选择方法，平均约有 37% 的记录根本不会被包含在训练数据集中（Abbott，2014）。

尽管套袋法最初是为决策树开发的，但是这个理念也可以应用于任何预测性建模算法，所产生结果中的预测值具有足够的差异性。尽管在实践中很少见，但是神经网络、朴素贝叶斯、k 最近邻（k 值较小）以及在较小程度上的逻辑回归等其他预测性建模算法也可能成为套袋法类型的模型集成的潜在候选者。当 k 值很大时，则 k 最近邻不太适合用于套袋法。该算法对预测结果进行投票或者取平均，当 k 值很大时，预测结果已经非常稳定且方差很小。

套袋法可以用于分类型预测问题和回归型预测问题。在分类型预测问题中，所有参与模型的结果（类别分配）通过简单或复杂 / 加权多数投票机制组合在一起。获得最多投票 / 最高票数的类别标签即该样本 / 记录的聚合 / 集成预测。在输出变量是数字的回归型预测问题中，所有参与模型的结果（数值估计值）通过简单或复杂 / 加权平均机制组合在一起。图 6.3 所示的是套袋法决策树集成构建过程的图形化描述。

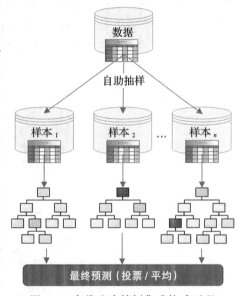

图 6.3 套袋法决策树集成构建过程

套袋法中的关键问题之一是"应该创建多少自助样本或副本？"。布莱曼说，"我感觉当 y（因变量）是数值变量时，所需的样本较少；类别越多（对于分类型预测问题），所需的样本越多"。布莱曼通常使用 10～24 个自助副本。他发现，只需使用 10 个副本即可显著改善模型。过拟合模型是构建良好套袋法集成的重要要求。虽然过拟合每个模型会使偏差减小，但是决策树通常会在留出数据上得到更差的准确度。然而，套袋法是一种减小方差的技术，对预测结果取平均会使方差变平滑，从而在新数据上有更稳定（即变化更小）的表现。

如前所述，模型预测的多样性是创建有效集成的关键因素。测量模型多样性的一种方法是检查预测值的相关性。如果模型预测之间的相关性总是非常高（即大于 0.95），那么每个模型给集成带来的增量预测信息就很少，因而几乎无法提高准确度。通常来说，相关性最好小于 0.9。相关性应当根据模型倾向或预测概率来计算，而不是根据 {0,1} 分类值来计算。套袋法中的自助抽样是在模型中引入多样性的关键。我们可以将自助抽样方法看成为每条记录创建案例权重。有些记录会在训练数据中多次出现（即它们的权重为 1、2、3 或更多），有些记录则根本不出现（即它们的权重为 0）（Abbott，2014）。

6.1.4　提升法

提升法是另一种集成方法。它或许是套袋法之外最常用的方法。约夫·弗雷德（Yoav Freund）和罗伯特·E.夏皮雷（Robert E. Schapire）于 20 世纪 90 年代初首次在不同出版物中分别介绍了提升算法。然后，在 1996 年联合发表的论文（Yoav & Schapire，1996）中，他们介绍了著名的自适应提升算法 AdaBoost。提升法背后的理念非常简单。首先，构建一个非常简单的分类模型。这个模型只需略好于随机概率。因此，对于二分类问题，它只需要比 50% 的正确分类略好。在第一个模型中，算法中使用的记录具有相同的案例权重，这在预测性模型中很寻常。其次，记录每个案例预测值的误差。正确分类的记录 / 案例 / 样本的案例权重不变或者可能减少，错误分类记录的案例权重增加。最后，在这些加权案例（即加权的训练数据集）上构建第二个简单模型。换言之，对于第二个模型，通过"提升"案例权重，错误分类的记录在构建新的预测模型时将被更多或者更认真地考虑。在每次迭代中，错误预测记录（即难以分类的记录）的案例权重增加，从而使算法更加关注这些记录，直到它们最终有希望被正确分类。

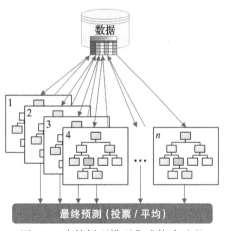

这样的提升过程通常需要重复数十次甚至上百次。在经过数十次或者上百次迭代之后，最终预测结果是基于所有模型预测的加权平均值做出的。图 6.4 说明了构建决策树型模型集成的简单过程。如图所示，每棵树都采用最新的数据集（即具有最新提升的案例权重的数据集）来构建另一棵树。来自错误预测案例的反馈被用作一个指标来确定需要提升哪些案例以及训练案例（在方向和幅度方面）的提升程度。

图 6.4　决策树型模型集成构建过程

虽然套袋法和提升法的结构和目的看起来非常相似，但是它们使用了略有不同的策略来利用训练数据集和实现构建可能的最佳预测集成模型的目标。套袋法和提升法有两个主要区别。首先，套袋法使用案例的自助抽样样本来构建决策树，而提升法则使用完整的训练数据集来构建决策树。其次，套袋法为模型集成构建了独立的简单树，而提升法则创建了共同构成最终模型集成的依赖树（每棵树都从前一棵树"学习"，以更多地关注错误预测的案例）。

提升法是为弱学习器（即简单模型）设计的。增强的模型集成中的组件模型是高偏差、低方差的简单模型。当使用的算法是不稳定预测器时，提升法的改进效果会更好，这和套袋法是相同的。决策树最常使用提升法。朴素贝叶斯也会使用提升法，但是对单个模型的改进非常小。从经验上讲，提升法通常能够比单一的决策树和套袋类集成得到更好的模型准确度。

6.1.5 套袋法和提升法的变体

套袋法和提升法是首先出现在预测性分析软件（主要是决策树算法）中的集成方法。自它们推出以来，人们已经开发了很多其他构建模型集成的方法，特别是在开源软件中（作为 KNIME 和 Orange 等开源分析平台的一部分以及 R 和 Python 的类库）。随机森林（Random Forest，RF）和随机梯度提升分别是最流行和最成功的套袋法和提升法变体。

1. 随机森林

布赖曼首次提出了用随机森林改进简单套袋算法（Breiman，2000）。与套袋法一样，随机森林算法从自助抽样数据开始，并利用每个自助抽样样本构建一棵决策树。然而，与简单套袋法相比，随机森林算法有一个重要的变化：从第一次分裂开始，在树的每一次分裂时都只考虑变量的随机子集，而不是把所有输入变量都视为候选变量。因此，在随机森林中，自助抽样技术既适用于案例的随机选择，也适用于特征（即输入变量）的随机选择。

在构建随机森林模型时，需要考虑的参数包括案例的数量、变量的数量以及要构建的树的数量。通常，在每个分割点考虑作为候选变量的默认变量数是候选输入总数的平方根。例如，如果模型有 100 个候选输入，那么取 10 个随机输入作为每个分割点的候选。这意味着在给定树中，父节点和子节点的分割中不太可能使用相同的输入，因此树将不得不寻找替代方法来最大化后续分割的准确性。因此，我们在树的构建过程中有意设置了双重多样化机制。随机森林模型产生的预测结果通常比简单套袋法更准确，往往也比简单提升法（如 AdaBoost）更准确。

2. 随机梯度提升

AdaBoost 只是目前文献中记录的众多提升算法之一。在商业软件中，AdaBoost 仍然是最常用的提升方法。但是，在开源软件包中可以找到数十种提升算法的变体。最近，斯坦福大学的杰瑞·弗里德曼（Jerry Friedman）创造的随机梯度提升（Stochastic Gradient Boosting，SGB）算法因其优越的性能而广受欢迎。弗里德曼还开发了 AdaBoost 算法的高级版本，即多重累加决策树（Multiple Additive Regression Trees，MART）。后来，索尔福德系统（Salford Systems）公司在其软件工具中将 MART 称为 TreeNet。像其他提升算法一样，MART 算法构建连续的简单树并将它们组合相加。通常，简单树不仅仅是"树桩"，每棵树最多包含 6 个终端节点。

在构建第一棵树之后，需要计算误差（又称残差）。然后，第二棵树和所有后续的树都将残差作为目标变量。随后的树会识别关联输入与各种大小误差的模式。对误差的较差预测会导致下一棵树的预测出现大的误差，对误差的较好预测则会使下一棵树的预测有小的误差。通常会构建数百棵树，最终预测结果是这些预测结果的加和。有趣的是，因为每棵树本身都是分段常数模型，所以最终的树也是一个分段常数模型。然而，集成模型中通常包含上百棵树（Abbott，2014）。自推出以来，TreeNet 算法已经多次在数据建模竞赛中获胜，并被证明是一个准确的预测器。此外，建模前只需要对树进行很少的数据清洗工作。

3. 堆叠法

堆叠（又称堆叠泛化或超级学习器）是一种异质集成方法。一些分析专家认为，堆叠法是最好的集成方法。但是，它也是最难理解的（也是最难解释的）。由于其训练过程采用两步模型，因此堆叠似乎是一种过于复杂的集成建模形式。基本上，堆叠法创建了一个由多样化的强大学习器群体组成的集成。在这个过程中，它插入了称为"超级学习器"或者"元学习器"的元建模步骤。中间的元分类器预测了作为调整和校正基础的主要分类器的准确度（Vorhies，2016）。堆叠的过程如图 6.5 所示。

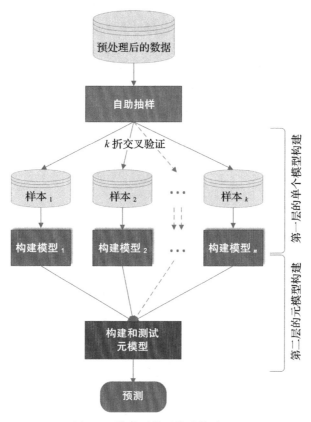

图 6.5　堆叠型模型集成构建过程

如图 6.5 所示，在构建堆叠型模型集成时，首先使用训练数据的自助抽样样本训练多个不同的强分类器，以创建第一层的分类器（其中每个分类器都进行了充分的优化，以实现可能的最佳预测结果）。然后，使用第一层分类器的输出来训练第二层分类器，即元分类器（Wolpert，1992）。其中的想法是确定训练数据是否已经被正确地学习了。例如，如果某个分类器错误地学习了特征空间中的某个区域，而且它对该区域中实例的分类一直是错误的，那么第二层分类器可能会学习这种行为。同时，结合其他分类器学到的行为，第二层的分类器可以纠正这种不正确的训练。交叉验证选择通常用于训练第一层的分类器：整个训练数据集被分为 k 个互斥的子集，第一层的每个分类器在训练数据的 $k-1$ 个子集（不同的集合）上训练。然后，在第 k 个子集（训练期间没有使用）上评估每个分类器。这些分类器在其伪训练块上的输出和这些块真正的标签构成了第二层分类器的训练数据集。

4. 信息融合

作为异质模型集成的一部分，信息融合融合了不同类型模型（如决策树、人工神经网络、逻辑回归、支持向量机、朴素贝叶斯、k 最近邻以及它们的变体等）的输出（即预测结果）。堆叠与信息融合的区别在于信息融合没有"元建模"或"超级学习器"。信息融合只是通过简单投票或加权投票（用于分类）以及简单平均或加权平均（用于回归）组合异质强分类器的结果。因此，与堆叠相比，信息融合更简单，计算量也更少。在组合多个模型结果的过程中，可以使用简单投票（每个模型贡献一票）或加权投票组合（每个模型的贡献由其预测准确度决定，准确度越高的模型权重值越高）。无论采用哪种组合方法。异质模型集成都已经被证明是数据挖掘和预测性建模项目的宝贵补充。图 6.6 以图形化的方式描述了构建信息融合模型集成的过程。

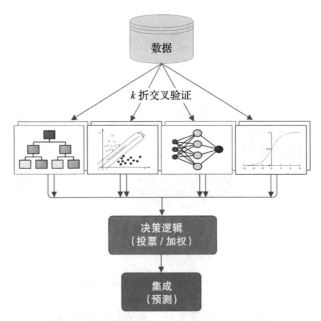

图 6.6　信息融合模型集成构建过程示意图

6.1.6　集成并不完美

在被要求构建预测性模型（或者任何其他相关的分析模型）时，你需要开发一些流行的集成模型以及标准的单个模型。与单个模型相比，集成模型通常更准确，而且几乎总是更稳健、更可靠。尽管集成模型看起来很像"银弹",但是它并非没有缺点。集成模型最常见且最重要的缺点是复杂度高、透明度差。

1. 复杂度

集成模型比单个模型更复杂。核心数据科学原则奥卡姆剃刀指出,越简单的模型适用性更广,因此最好降低模型的复杂度。换言之,应当简化模型,使得包含的每一项、系数或每一次拆分都能够充分减小误差。一种量化准确度和复杂度之间关系的方法是从信息论中借鉴的信息论准则,如赤池信息量准则(AIC)、贝叶斯信息准则(BIC)和最小描述长度(Minimum Description Length,MDL)准则。数据科学家从统计学家那里借用了这些准则,并将其用于预测性建模中的变量选择。信息论准则要求减小模型误差,以证明增加的模型复杂度是合理的。集成模型是否违反了奥卡姆剃刀原则呢?毕竟,集成模型要比单个模型复杂得多。根据文献(Abbott,2014),如果集成模型在留出数据上的准确度高于单个模型的准确度,那么答案就是否定的——只要我们在考虑模型复杂度时不仅考虑计算复杂度,而且考虑行为复杂度。因此,我们不需要担心计算复杂度的增加(更多的项、拆分或权重)必然会导致模型复杂度的增加,因为有时集成会显著降低行为复杂度。

2. 透明度

解释集成模型可能非常困难。如果构建一个包含 200 棵树的随机森林集成,那么要如何解释为什么能预测出某个值呢?你可以单独检查每棵树,虽然这样做显然不切实际。出于这个原因,集成模型通常被视为黑盒模型,即集成模型所做的事情对于模型构建者或领域专家来说是不透明的。但是,你可以通过查看分割统计数据(在这 200 棵树中,哪些变量经常被用于早期分割)来人工判断每个变量对训练所得集成模型的贡献度(伪变量的重要性)。与单一的决策树相比,这依然非常困难,而且不是一种非常直观的解释模型执行方式的方式。确定模型输入变量重要性的另一种方式是进行灵敏度分析。

除复杂度和透明度问题外,集成模型的构建和部署也可能很困难,且计算成本高昂。表 6.1 所示的是集成模型与单个模型的优缺点比较。

表 6.1　集成模型的优缺点

	指　标	描　述
优点	准确度高	集成模型的准确度通常比单个模型更高
	稳健性强	与单个模型相比,集成模型对数据中的异常值和噪声具有更强的稳健性
	可靠性(稳定性)强	由于方差的降低,集成模型通常能够产生比单个模型更稳定、更可靠且更加可信的结果
缺点	覆盖度广	与单个模型相比,集成模型通常会更好地覆盖数据集中隐藏的复杂模式
	复杂度高	集成模型比单个模型复杂得多
	计算量大	与构建单个模型相比,构建集成模型需要更多的时间和计算能力
	透明度(可解释性)差	由于其复杂度高,理解集成模型的内部结构(它们是如何去做它们所做的事情的)比理解单个模型的结构更加困难
	部署困难	在基于分析的管理决策系统中,集成模型比单个模型更难部署

总之，于对准确度感兴趣的预测性建模者而言，模型集成是新兴的前沿技术，因为它可以减小模型的误差，降低模型行为不稳定的风险。从模型集成在预测性分析和数据挖掘竞赛中占据的支配地位可以清楚地看出，模型集成总是胜出。

对于预测性建模者来说，好消息是很多构建集成模型的技术已经内置到软件中。几乎所有商业和开源软件工具都提供最流行的模型集成算法（如套袋法、提升法和堆叠法以及它们的变体）。很多软件产品也支持基于单个算法或者异质集成来构建定制的集成。

模型集成并不适用于所有解决方案。集成的适用性取决于在业务理解和问题定义期间所定义的建模目标。然而，集成应当成为每位预测性建模者和数据科学家的建模库中的一部分。

6.2 预测性分析中的偏差 – 方差权衡

在开发用于预测性分析的机器学习模型时，总是需要在简单性与复杂性、可推广性（信号的获得）与过拟合（包含噪声）、预测准确度与可解释性、过度训练与欠训练、训练误差与验证误差之间进行权衡。偏差 – 方差是统计学和机器学习中一个非常常见的概念，通常用于评估训练得到的预测模型的有用性和准确度。它被认为是预测性建模、数据挖掘、机器学习和监督学习中的一个关键问题。尽管偏差和方差都最小的模型是最佳模型，但是正如其名称中的"权衡"一词所指出的那样，它们之间需要平衡。偏差和方差是相互对立的概念，它们不会朝着同一个方向发展，改善其中一个会导致另一个恶化。找到偏差和方差的最佳组合以实现给定问题和数据组合的最佳预测模型绝非简单的过程。这通常需要考虑最佳实践以及广泛的实验和比较分析，即便如此，得到的模型也不能被认为是全局"最优"的。

6.2.1 什么是偏差和方差

偏差（Bias）是模型的预测输出与给定预测问题的真实值（即实际值）之间的差异。偏差是指训练误差。大偏差的模型在训练数据中所获得的期望信号（即模式和关系）非常少，因而是过度简化或欠拟合的模型。因此，这样的模型会同时在训练数据和测试数据上产生很大的误差。

方差（Variance）是测试误差。模型对给定数据集的预测可变性表示预测模型的稳健性。大方差的模型不仅可获得数据中的信号（即广义的模式和关系），而且还可获得噪声中的信号，因此是过于复杂或过拟合的模型。虽然这样的模型在训练数据上表现良好，但是在测试数据上却表现得很差。

为了直观地说明偏差和方差之间的权衡问题，我们经常使用图 6.7 所示的靶心图，其中 y 轴表示

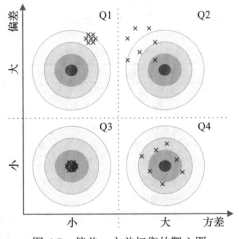

图 6.7 偏差 – 方差权衡的靶心图

偏差值，x 轴表示方差值。为简单起见，在二维笛卡儿坐标系中将图 6.7 沿 x 轴和 y 轴分为四个象限（Q1～Q4）。这些象限的简单解释如下：

- ❑ **Q1：大偏差、小方差**。预测结果是一致的，但是不够准确（表示一直表现不佳的预测模型）。
- ❑ **Q2：大偏差、大方差**。预测结果既不一致也不准确（表示表现不佳且不一致的预测模型）。
- ❑ **Q3：小偏差、小方差**。预测结果既一致又准确（表示理想的预测模型）。
- ❑ **Q4：小偏差、大方差**。预测结果不一致但比较准确（表示表现很好但不一致的预测模型）。

6.2.2 过拟合与欠拟合

训练预测模型的过程通常被称为"拟合"（如将模型拟合到给定的数据集）。图 6.8 所示的是二维特征空间中的三个拟合（又称训练或学习）级别——过拟合、欠拟合和平衡拟合。过拟合（又称过度训练）是指模型过于特定于训练数据。在过拟合的情况中，模型不仅获得了数据集中的信号，而且还获得了数据集中的噪声。最终，过度训练的模型（特别是神经网络等高度参数化的模型）在训练数据上表现非常好（甚至达到了"好得令人难以置信"的水平），但是在测试数据上却表现非常差。这种现象在偏差－方差权衡连续体上表现为小偏差、大方差结果。

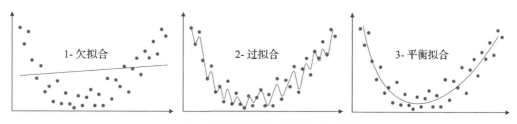

图 6.8 训练数据拟合模型的三个级别

欠拟合（又称欠训练）是指由于没有从训练数据中完成训练（即学习过程）而使模型过于通用（即未能获取训练数据中的固有信号），因此在训练数据（或测试数据）上的表现不及预期。虽然欠训练的模型可能会因其在训练数据上表现不佳而在测试数据上有同样的表现，但是这种表现可能不足以满足任何实际需求。欠拟合在偏差－方差权衡连续体上通常表现为大偏差、小方差结果。

预测性模型需要避免过度训练和欠训练，以便使模型在拟合可用训练数据时达到最佳平衡。

6.2.3 如何确定最佳训练程度

大多数机器学习工具都是以迭代的方式从数据中学习的。在每次迭代中，机器学习工具都会尝试结合越来越多从数据中推断出的细节，从而最大限度地减小误差。由于预测性模型是监督学习（机器学习方法系列中的一部分）的核心，因此它们在训练期间致力于最小化模型输出与实际输出之间的误差。每次迭代都聚焦于调整模型参数以减小这样的误差。例如，在人工神经网络中，训练过程旨在最小化模型输出（输出层的实际值）与数据的实际输出之间的差异。类似地，在决策树归纳法中，树在训练过程中不断长出新的分支，以净化叶节点处的输出（达到完美的准确度或匹配度）。

图6.9展示了预测误差（及其在偏差和方差曲线）随模型（以及训练过程）复杂度的变化情况。如图所示，在 x 轴的左端，最简单、最不复杂的模型——欠训练、欠拟合的模型——具有较大的误差值（即训练时的预测准确度低）、较大的偏差和较小的方差。在 x 轴的右端，最复杂的模型——过度训练、过拟合的模型——具有非常小的误差值（在训练数据上的预测准确度高）、较小的偏差和较大的方差。

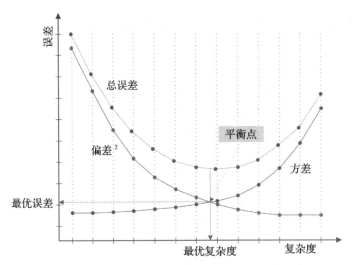

图 6.9　误差与复杂度和偏差与方差之间的非线性关系

构建一个好的预测模型需要在偏差和方差之间找到最佳平衡。偏差和方差之间的最佳平衡可以通过将代表两条曲线的误差值累加为一条总误差曲线（凹形），然后计算曲线的最低点来确定。通过这个最低点可找到"最优"复杂度和相应的可达到的最佳误差值。如图6.9所示，三条曲线对应的各误差和总误差可以用数学公式表示为：

$$误差(x) = 偏差^2 + 方差 + 噪声$$

$$误差(x) = (E[\hat{f}(x)] - f(x))^2 + E[(\hat{f}(x) - E[\hat{f}(x)])^2] + \sigma_\varepsilon^2$$

误差 (x) 是偏差²、方差和噪声（即不可约误差）这三个误差项的总和。顾名思义，不可约误差无法通过更多的训练和在模型中使用更复杂的方法来进一步减小。它被认为是必须忍受的模型噪声，通常是由变量空间中的缺失（未表示）信息引发的。在复杂和需要通过模型假设简化的实际问题中，总是会存在一定程度的信息（输入变量）缺失，因此模型永远不会完美或者完全不产生噪声。

6.3　预测性分析中的非平衡数据问题

使用非平衡数据集开发预测模型是数据挖掘和决策分析领域最关键的挑战之一。当目标变量中不同类别的分布显著不同时，数据集是非平衡的。例如，对于医学测试中的二分类问题，与另一类别（如正例）相比，数据中的样本有可能更多地属于一个类别（如正例）。通常，我们将样本较少的类称为少数类，将样本较多的类称为多数类。尽管大多数有关非平衡数据问题的讨论都是围绕二分类问题展开的，但是它们同样适用于多分类问题以及处理数值型目标变量的问题（即回归型预测问题）。基于非平衡数据集的决策建模在医疗诊断、欺诈检测、客户流失分析、垃圾邮件识别、异常值检测、破产预测和网络入侵检测等实际问题中非常常见。

与非平衡数据问题相关的问题在临床决策支持系统的开发中尤为明显，其中罕见病病例通常在所有患者中只占很小一部分。例如，皮尔（Piri）等人的一项研究（Piri et al.，2017）涉及开发用于诊断糖尿病视网膜病变患者的临床决策支持系统，该系统只使用了少量糖尿病检测结果和患者的人口统计信息（包含在 EHR 数据库中）。在这个有几十万糖尿病患者信息的数据集中，只有大约 5% 的患者患有糖尿病性视网膜病变，其余 95% 的患者没有患这种疾病。

在为教育机构开发的决策支持系统中出现了一个不太严重的非平衡数据问题（Thammasiri et al.，2014）。该教育决策支持系统的主要目标是识别、解释和减少高等教育机构的新生流失。这个学生流失预测问题涉及一个负例（没有辍学的大一新生）是正例（辍学的大一新生）四倍的数据集。图 6.10 展示了在开发该系统时要处理的数据不平衡情况。如图的右侧（"模型评估"框）所示，非平衡数据对多数类有很高的预测准确度，但是在少数类上表现非常差；平衡数据则对少数类和多数类都有明显更好的预测准确度。尽管使用非平衡数据集获得的总体准确度似乎更高，但这是一种非常具有欺骗性的感觉，在数据挖掘文献中通常被称为"傻瓜的金子"。请记住，平衡数据集会让机器学习方法为两个类都产生非常高的预测准确度。

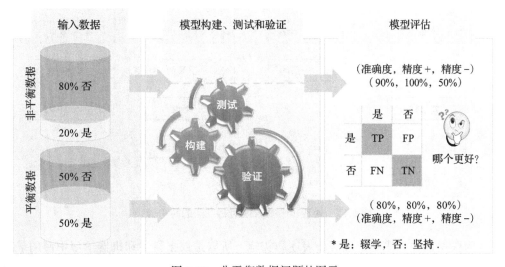

图 6.10　非平衡数据问题的图示

但是，为什么非平衡数据集会导致预测结果不佳呢？机器学习方法从训练数据中学习的方式有些类似于人类从经验中学习的方式。也就是说，对人类来说（也许对大部分动物来说都是如此），记忆和回忆在很大程度上取决于重复的事件和经历。经常观察到的经历会带来更加持久和生动的记忆，从而产生更容易记住且准确的记忆。相比之下，那些较少被观察到的经历往往被忽视或干脆被忽略，因此在需要时常常无法准确回忆起来。机器学习中也有类似的学习过程，其中会产生有偏的预测模型。这些模型专注于多数类的模式，而很容易忽略少数类的细节。

如何解决非平衡数据问题

有很多方法可以缓解非平衡数据问题，从而提升给定预测模型的性能。图 6.11 所示的是处理非平衡数据问题方法的简单分类。尽管这些方法可能在算法复杂度上有所不同，但是所有这些方法的目标都是确保预测方法（或底层算法）对所有类——多数类、少数类或介于二者之间的任何类别——呈现的模式都给予几乎同等、公平的关注。其中一些方法试图通过简单地操纵训练数据中类的分布来解决非平衡数据问题，而另一些方法则试图通过调整底层算法或者调整性能成本来操纵学习过程，以实现对少数类的准确预测。

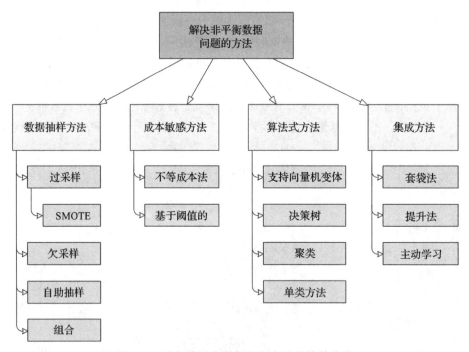

图 6.11　处理非平衡数据问题方法的简单分类

因为数据抽样方法易于理解、表述和实施，所以是数据科学和机器学习中使用最广泛的一类方法。数据抽样方法可以通过生成额外的样本来增加少数类的样本数量（统称为过采样方法），也可以通过删除多数类的样本来减少多数类的样本数量（通常称为欠采样方法）。

过采样方法通过以下两种方式增加少数类的样本量：（1）复制少数类中的样本，直至其数量等于多数类的样本数量（通过简单的复制粘贴操作或自助型随机抽样）；（2）综合创建与少数类中的样本不同但非常相似的新样本。SMOTE（Synthetic Minority Oversampling Technique）这一流行方法使用 k 最近邻算法综合生成相似的少数类样本，以增加少数类样本的数量。SMOTE 能够很好地处理以真正的数值输入变量为主的数据集。另外，它在处理以分类变量为主的数据集时表现很差。为了解决原始方法的缺点，人们已经创建了很多 SMOTE 算法的变体。

欠采样则保持少数类的样本不变，而从多数类中随机抽样相同数量的样本。也就是说，多数类的一些样本会被排除在训练数据集之外。随机选择可以是有放回的（即自助抽样），也可以是无放回的。

另一类处理非平衡数据问题的方法称为成本敏感方法，它重点关注错误分类成本。数据抽样方法侧重在训练过程前平衡数据，而成本敏感方法则侧重在模型构建（即训练）过程中调整分类性能的成本。具体来说，这类方法根据数据不平衡的严重程度将不同的误分类成本分配给不同的类。在实践中，这些方法旨在调整分类阈值或为类分配不成比例的成本，以增加对少数类的关注。

处理非平衡数据问题的另一类方法是对各种分类算法进行公式化调整。虽然调整后的分类算法都有相同的目标（即减少非平衡数据的影响），但是算法实现这一目标的具体方法却不尽相同。支持向量机及其变体从这类缓解中受益最多。例如，在最近的一个研究项目中，皮尔等人开发了 SIMO（Synthetic Informative Minority Oversampling）算法，它是一种新的过采样算法（Piri et al.，2018）。该算法使用支持向量机，通过在支持向量附近（即多维特征空间中难以分类的区域）创建少数类的合成样本来增强对非平衡数据集的学习。

单类方法也是机器学习社区使用的非平衡数据问题处理方法。单类方法背后的基本思想是一次只关注一个类别标签。也就是说，训练数据样本都来自一个类（如所有正样本或所有负样本），以便仅学习该类的特定特征。因为这个方法只关注识别和预测一个类，所以通常又称为基于识别的方法。相比之下，基于判别的方法通常用于普通分类，其中所开发的模型是用来辨识两个或多个类的。因为单类方法背后的主要思想是让底层模型特定于一个类的特征，并将所有其他样本都识别为不属于该类，所以它使用了三种同质化方法：（1）基于密度的表征；（2）边界确定；（3）基于重构/进化的规范。由于这些方法借用了 k 均值、k 中心点、k 中心和自组织映射等聚类算法中的概念描述和相关功能，因此可以将其视为聚类算法的扩展。

一些处理非平衡数据的最新方法来源于方法集成领域。与使用单一预测模型不同，这类模型使用多个同类型的预测方法（同质集成）或不同类型的预测方法（异质集成）来减少非平衡数据的负面影响。套袋集成方法和提升集成方法的变体已经被提出作为非平衡数据问题的解决方案。在套袋集成方法中，随机抽样调整为有利于少数类；在提升集成方法中，少数类样本的权重被不成比例地调整。主动学习——一种以分段方式进行迭代学习的方法——也被用于处理非平衡数据问题。

尽管机器学习社区中已经有很多解决非平衡数据问题的成果，但是目前的技术水平仅局限于启发式解决方案和特殊方法，仍然缺少人们普遍接受的理论、方法和最佳实践。虽然大部分研究声称已经开发出了可以提高少数类预测准确度的数据平衡方法，但大量研究证明，这些方法降低了多数类的预测准确度和总体分类准确度。正在进行的研究依然在回答诸如"是否有一种能够产生更好预测结果的通用方法？"或者"是否有一种方法能够为给定的机器学习方法和手头数据的具体情况指定最佳数据平衡方法？"等问题。

6.4　预测性分析中机器学习模型的可解释性

在预测性分析（和机器学习）中，模型复杂度与模型性能之间存在权衡取舍。机器学习模型越复杂（如深度神经网络、随机森林和梯度提升），其预测结果就越准确。当模型变得越来越简单（即朝着更简约的方向发展）时，观察到的预测效果就越差。但是与此同时，模型也变得更加可解释、更透明。里贝罗（Ribeiro）等人的开创性研究论文" Why Should I Trust You"恰当地强调了机器学习模型是黑盒模型的这一问题（Ribeiro et al., 2016）。随着人们对机器学习方法的新的和更强的兴趣——特别是随着模型集成和深度学习的提出——模型的可解释性已经成为一个快速发展的研究领域。如今，这一趋势被称为可解释性的人工智能和人类可解释的机器学习。

预测性分析方法及其底层的机器学习算法非常善于捕捉输入变量与输出变量之间的复杂关系（产生非常准确的预测模型），但是它们在解释它们是如何做这些事情的方面（即模型的透明度或模型的可解释性）却表现得不尽如人意。为了弥补这一缺陷（通常称为"黑盒综合征"），机器学习社区提出了多种方法，其中大部分是以灵敏度分析为特征的。有些方法是全局的（基于所有数据样本的平均分数给出解释），有些方法则是局部的（提供单个样本级的解释）。在预测性建模中，灵敏度分析通常是指为发现输入变量和输出变量之间的因果关系而设计和执行的特定实验过程。有些确定变量重要性的方法是特定于模型或算法的（如应用于决策树、神经网络和随机森林），有些则是模型或算法无关的（如应用于任意预测模型）。下面是机器学习和预测性建模中最常用的确定变量重要性的方法：

❏ **开发一个经过良好训练的决策树模型并观察，以了解输入变量的相对可分辨性。**用于拆分的变量离树的根节点越近，其重要性越大，或者说对预测模型的相对贡献就越大。

❏ **开发一个丰富的大型随机森林模型并评估变量的分割统计数据。**如果给定变量选择与候选者数量的比率（即变量被选中作为 0 层分割的次数除以它被随机选定为候选分割器的次数）越大，那么其重要性 / 相对贡献也越大。这个过程可以扩展到树的最上面三层，以生成分割统计量的加权平均值，它可被用作衡量随机森林模型中变量重要性的指标。

❑ **基于输入值扰动的灵敏度分析，逐步、系统性地改变/扰动输入变量，观察输出中的相对变化。**输出的变化越大，被扰动的变量就越重要。这种方法经常用于训练前馈神经网络建模，其中所有输入变量都是归一化的数值变量。

❑ **基于留一法的灵敏度分析。**该方法可以应用于各种类型的预测性分析方法。也就是说，它与预测模型无关。由于其普遍适用且易于实现，因此这种灵敏度分析方法常被一些商业和免费开源分析工具作为默认功能。本节稍后将对其进行进一步介绍。

❑ **基于开发代理模型的灵敏度分析使用 LIME 和 SHAP 方法评估单个样本的变量重要性。**前面列出的方法被认为是全局解释器，而 LIME 和 SHAP 则被称为局部解释器，因为它们在样本级别（而不是考虑所有样本的平均值）上解释了变量的重要性。由于人们对 LIME 和 SHAP 方法的兴趣有所增加，因此本节后续部分将对其进行说明。

6.4.1　基于留一法的灵敏度分析

基于留一法的灵敏度分析依赖一个实验过程，即系统地从输入变量集中逐个去除输入变量，然后开发、测试一个模型，并观察该变量的缺失对机器学习模型预测性能的影响。具体来说，首先使用所有输入变量进行模型训练和测试（通常使用 k 折交叉验证），记录最佳预测准确度并以此作为基线，然后，使用除一个输入变量外的所有输入变量训练和测试设置完全相同的模型，并记录最佳预测准确度。对每个变量重复一次该过程，每次排除一个不同的输入变量。然后，对去除每个变量的模型测量基于基线的退化程度，使用这些指标构建描述变量重要性的图表，如图 6.12 所示。

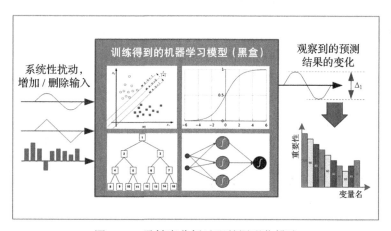

图 6.12　灵敏度分析过程的图形化描述

这种灵敏度分析方法可用于各种预测性分析和机器学习方法。在历史上，它经常被用于支持向量机、决策树、逻辑回归和人工神经网络。萨尔泰利（Saltelli）使用下面的公式表示该测量过程的代数形式（Saltelli，2002）：

$$S_i \frac{V_i}{V(F_t)} = \frac{V(E(F_t \mid X_i))}{V(F_t)}$$

式中，分母 $V(F_t)$ 表示输出变量的方差。在分子 $V(E(F_t \mid X_i))$ 中，E 表示对参数 X_i 积分的期望算子。也就是说，在包含除 X_i 外的所有输入变量时，方差算子 V 进一步对 X_i 求积分。S_i 表示变量的贡献（即重要性），是对第 i 个变量计算的归一化灵敏度指标。在后来的一项研究中，萨尔泰利等人证明了该方程是模型灵敏度最可能的度量方法（Saltelli et al., 2004）。它能够将输入变量按照包括输入变量之间的非正交关系在内的各种交互作用组合的重要性排序。

使用这种灵敏度分析方法，不同模型类型对同一数据集可能会有略微不同的重要性指标。我们可以选择并使用为预测表现最好的模型类型而测量的变量重要性指标，而忽略为其他模型类型生成的变量重要性指标，也可以使用所有模型类型产生的所有重要性指标的某种组合（即集成）。信息融合方法是一种组合所有预测模型类型的灵敏度分析结果的正确方法。该方法基于根据各种模型类型的预测能力确定的权重进行加权平均。特别地，可以对上述方程进行修正，将 m 个预测模型类型的信息进行组合（即融合），以得到输入变量 n 的灵敏度指标。下面的方程表示该加权求和函数：

$$S_{n(\text{融合})} = \sum_{i=1}^{m} \omega_i S_{in} = \omega_1 S_{1n} + \omega_2 S_{2n} + \ldots + \omega_m S_{mn}$$

式中，ω_i 表示每个预测模型的归一化贡献 / 权重，其中模型的贡献 / 权重水平使用其相对预测能力函数计算得到。预测能力（即准确度）越大，ω 的值就越大。

6.4.2　LIME 和 SHAP 的局部可解释性

在线性回归模型中，beta 系数说明了对所有数据点的预测。也就是说，如果一个变量值增加一个单位，那么每个数据点的预测值就增加一个 beta。这通常称为全局可解释性，在因果模型中则被称为平均因果分析（Nayak, 2019）。然而，全局可解释性并不能具体地解释个体差异。例如，拒绝一个申请人贷款申请的变量值效应可能与拒绝另一个申请人贷款申请的变量值效应不同。局部可解释性是对独立变量联合分布的单个数据点或局部分段的解释。LIME 和 SHAP 是两种最新的流行方法，它们通过构建黑盒代理模型来提供局部可解释性。它们对输入进行轻微调整（像灵敏度分析所做的那样），并通过代理模型表示来测试预测中的变化，如图 6.13 所示。因为这些代理模型依然将机器学习模型视为黑盒，所以这些方法被认为是模型不可知的。

局部可解释的模型不可知解释（Local Interpretable Model-Agnostic Explanation，LIME）是一种相对较新的变量评估方法。它致力于通过学习基于预测细节（即预测的案例 / 样本）的局部代理模型来以人类可解释的方式解释各种预测模型（即分类器）的预测方式。LIME 背后的主要思想是通过开发代理模型（与原始模型类似但更简单且更容易解释）来模拟复杂机器学习模型的输入与输出之间的关系，以解释单条记录（即特定客户）的预测结果。为此，代理模型利用与实际预测记录非常相似的综合生成记录样本。LIME 是一种流行的方法。它是模型无关的（也就是说，它适用于各种类型的预测模型），可以生成人类可解释的结果。它提供了局部（单条记录）级的解释。它是可加的（即一个数据点的最终预测是由所有变量重要性决定的），是计算效率很高的算法。更多有关 LIME 及其算法细节的内容，请参阅文献（Ribeiro et al.，2016）。

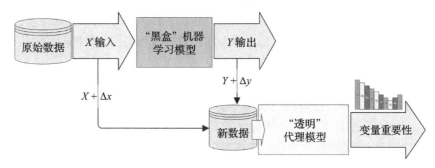

图 6.13　从全局黑盒模型到局部代理模型的变量重要性

Shapley 附加解释（Shapley Additive interpretation，SHAP）是近年来提出的另一种模型解释方法。它被广泛地认为是最好的局部模型解释方法。SHAP 在很多方面优于 LIME。尽管 SHAP 在概念上与 LIME 类似，但是它基于 Shapley 值这一博弈论概念提供了理论保证。SHAP 能够捕捉和表示局部层次上线性关系之外的复杂关系，并产生更准确、更稳健和更可靠的解释结果。SHAP 还能够有效地用于变量选择：如果要减少变量的数量，那么可以选择重要性较高的变量子集并删除其他变量。由于其一致性，变量重要性的顺序不会改变，因此可以忽略次要变量。有关 SHAP 的更多详细内容，请参阅文献（Lundberg & Lee，2017）。

6.4.3　哪种方法最好

对于这个问题，几乎没有适用于所有问题和数据集的万能答案或者解决方案。如果对模型无关的全局可解释性感兴趣，或许可以使用留一灵敏度分析。如果需要与模型相关的解释，那么可以使用恰当的特定于模型类型的灵敏度分析。如果需要局部解释，那么可以使用 LIME 或者 SHAP。在这两种方法中，虽然 SHAP 被认为是更好的，但是它的计算成本比 LIME 的更高。如果一个大规模复杂问题需要在单条记录层次上的快速解释，那么 LIME 可能是应当选择的方法。

应用示例：基于预测性分析的毒品法庭决策支持系统

很多企业、组织和政府机构都通过分析方法从过去的经验中学习，以便更有效地利用有限的资源来实现其目标和目的。然而，虽然分析方法有很好的前景，但是其多层面和多学科的性质有时会不利于其适当成熟的应用。在社会科学学科中使用预测性分析尤其如此，因为这些领域在传统上是由描述性分析（即因果解释统计建模）主导的，可能不容易获得构建预测性分析模型所需的技能。回顾现有文献，可以发现毒品法庭就是一个这样的领域。虽然很多研究人员已经从描述性分析的视角研究了这一项目及其需求和结果，但是目前仍然缺乏能够准确、恰当地预测谁将会（或者不会）在这些项目中完成治疗的预测性分析模型。为了填补这一空白并帮助管理者更好地管理资源和改善结果，这项研究（Zolbanin et al.，2020）旨在开发和比较多种预测性分析模型（包括单个模型和集成模型），以确定谁将这些项目中完成治疗。

在尼克松总统首次宣布"向毒品宣战"的十年后，里根总统签署了一项行政命令以实施更严格的毒品执法。他说："我们要降下飘扬在这么多毒品行动上的投降旗帜；我们正在升起战旗。"在接下来的二十年中，"毒品战争"的加强导致因毒品犯罪而被监禁的公民人数前所未有地增加了十倍。急剧增加的毒品案件淹没了法庭，使得刑事司法系统不堪重负，监狱人满为患。与大多数其他重罪案件相比，这些案件的处理时间较长。这加重了毒品相关案件的处理负担，给州和联邦司法部门带来了巨大的成本。

法院系统开始寻求创新的方式来加快对毒品相关案件的调查。为了确定分析驱动的决策支持系统是否能解决这个问题，目前的研究开始建立并比较多个预测模型。这些模型使用不同地点的大样本毒品法庭数据来预测谁最有可能成功完成治疗。研究人员认为，这一研究可以降低刑事司法系统和当地社区在这些行动过程中的成本。

方法

我们在这项研究中使用的方法包括一个旨在在社会科学背景下使用预测性分析方法的多步骤过程。前面已经介绍了这个过程的第一步，它聚焦于理解问题域和进行这项研究的需要。在接下来的步骤中，我们采用系统的结构化方法使用特征丰富的大型现实世界数据集来开发和评估一组预测模型。这些步骤包括数据理解、数据预处理、模型构建和模型评估。我们的方法还包括多次迭代实验和无数次修正，以改进单个任务并优化建模参数，从而实现最佳可能结果。图 6.14 展示了我们的方法。

结果

表 6.2 从准确度、灵敏度、特异度和 AUC 方面给出了模型的性能。结果表明，随机森林（RF）具有最好的分类准确度和最大的 AUC。在分类性能上，异质集成模型（Heterogeneous Ensemble，HE）紧随随机森林，之后依次是支持向量机、人工神经网络和逻辑回归。随机森林还具有最高的特异度和第二高的灵敏度。在本研究中，灵敏度是衡量模型正确预测成功完成治疗的参与者最终结果的指标。另外，特异度决定了模型在预测那些未完成治疗的参与者的最终结果时的表现。因此，我们可以得出结论：对于本研究中使用的毒品法庭数据集，随机森林的表现优于其他模型。

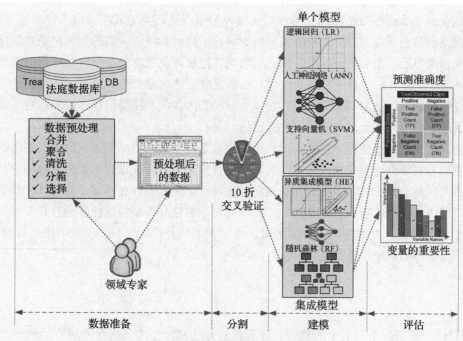

图 6.14　研究方法的工作流

表 6.2　在平衡数据集上使用 10 折交叉验证的预测模型的性能

模型类型		混淆矩阵[①]		准确度 /%	灵敏度 /%	特异度 /%	AUC
		G	T				
单个模型	ANN	G	6831	1072	86.63	86.76	86.49	0.909
		T	1042	6861				
	SVM	G	6911	992	88.67	89.63	87.75	0.917
		T	799	7104				
	LR	G	6321	1582	85.13	86.16	81.85	0.859
		T	768	7135				
集成模型	RF	G	6998	905	91.16	93.44	89.12	0.927
		T	491	7412				
	HE	G	6885	1018	90.61	93.66	87.96	0.916
		T	466	7437				

①G：成功完成治疗；T：终止治疗。

　　虽然随机森林的表现通常比其他模型更好，但是就假负例预测的数量而言，随机森林的表现不及异质集成模型。类似地，从真负例预测来看，异质集成模型的性能也略好。假正例表示那些被虽然终止治疗但是被模型错误地归类为成功完成治疗的参与者。假负例是指那些完成治疗但是被模型预测为终止治疗的参与者。假正例预测意味着增加成本和损失机会，而假负例则会带来社会影响。把资源花费在会在治疗过程中的某个时间点再犯（因此会在项目中被终止治疗）的罪犯身上意味着剥夺那些有可能成功的参与者接受治疗的机会。显而易见的是，剥夺可能成功的参与者接受治疗的权利违背了毒品法庭让非暴力罪犯重新融入社区的最初目标。

总之，传统的描述性分析使用统计推断和显著性水平来测试和评估所假设底层模型的解释力并回顾性地研究变量之间的关联。尽管描述性分析是理解用于构建模型的数据的内部关系的合法方法，但是它在预测前瞻性观察结果方面存在不足。换言之，具有部分解释能力并不意味着具有预测能力，我们需要预测性分析来构建能够进行良好预测的实证模型。因此，根据这个研究的结果，应用预测性分析（而不是仅使用描述性分析）来预测毒品法庭的结果是有充分依据的。

小结

预测性分析是一个发展中的领域，涉及新的方法和方法论。这些发展背后的理念是通过解决现有方法的缺点来创建更准确、可解释性更好的模型。本章涵盖了模型集成、偏差 - 方差权衡、非平衡数据问题以及可解释人工智能和机器学习等预测性分析中的多项最新进展。前三项进展的重点是建立更加准确的无偏预测模型，而可解释人工智能和机器学习的重点则是使黑盒模型更加透明，以便使其可用于可解释性是必需特征的领域。

参考文献

Abbott, D. (2014). *Applied Predictive Analytics: Principles and Techniques for the Professional Data Analyst.* John Wiley & Sons.

Breiman, L. (1996). "Bagging Predictors," *Machine Learning*, 24(2): 123–140.

Delen, D., & Sharda, R. (2010). "Predicting the Financial Success of Hollywood Movies Using an Information Fusion Approach." *Industrial Engineering Journal*, 21(1), 30-37.

Freund, Y., & Schapire, R. E. (1996). "Experiments with a New Boosting Algorithm," *Machine Learning: Proceedings of the Thirteenth International Conference*, pp. 148–156.

Friedman, J. H. (2001). "Greedy Function Approximation: A Gradient Boosting Machine," *Annals of Statistics*, pp. 1189–1232.

He, H., & Ma, Y. (Eds.). (2013). *Imbalanced Learning: Foundations, Algorithms, and Applications.* John Wiley & Sons.

Lundberg, S. M., & Lee, S. I. (2017). "A Unified Approach to Interpreting Model Predictions," *Advances in Neural Information Processing Systems,* pp. 4765–4774.

Nayak, A. (2019). *Idea Behind LIME and SHAP.* https://towardsdatascience.com/idea-behind-lime-and-shap-b603d35d34eb (accessed July 2020).

Piri, S., Delen, D., & Liu, T. (2018). "A Synthetic Informative Minority Over-Sampling (SIMO) Algorithm Leveraging Support Vector Machine to Enhance Learning from Imbalanced Datasets," *Decision Support Systems*, 106: 15–29.

Piri, S., Delen, D., Liu, T., & Zolbanin, H. M. (2017). "A Data Analytics Approach to Building a Clinical Decision Support System for Diabetic Retinopathy: Developing and Deploying a Model Ensemble," *Decision Support Systems*, 101: 12–27.

Ribeiro, M. T., Singh, S., & Guestrin, C. (2016, August). "Why Should I Trust You? Explaining the Predictions of Any Classifier," *Proceedings of the 22nd ACM SIGKDD International Conference on Knowledge Discovery and Data Mining,* 1135–1144.

Saltelli, A. (2002). "Sensitivity Analysis for Importance Assessment." *Risk analysis*, 22(3), 579-590.

Saltelli, A., Tarantola, S., Campolongo, F., & Ratto, M. (2004). *Sensitivity Analysis in practice: A Guide to Assessing Scientific Models* (Vol. 1). New York: Wiley.

Sarkar, D. (2018). *The Importance of Human Interpretable Machine Learning.* https://towardsdatascience.com/human-interpretable-machine-learning-part-1-the-need-and-importance-of-model-interpretation-2ed758f5f476 (accessed July 2020).

Seni, G., & Elder, J. F. (2010). "Ensemble Methods in Data Mining: Improving Accuracy Through Combining Predictions," *Synthesis Lectures on Data Mining and Knowledge Discovery,* 2(1): 1–126.

Surowiecki, J. (2006). *The Wisdom of Crowds.* Penguin Random House Publishing.

Thammasiri, D., Delen, D., Meesad, P., & Kasap, N. (2014). "A Critical Assessment of Imbalanced Class Distribution Problem: The Case of Predicting Freshmen Student Attrition," *Expert Systems with Applications,* 41(2): 321–330.

Vorhies, W. (2016). *Want to Win Competitions? Pay Attention to Your Ensembles.* Data Science Central Web Portal. www.datasciencecentral.com/profiles/blogs/want-to-win-at-kaggle-pay-attention-to-your-ensembles (accessed September 2020).

Wolpert, D. (1992). "Stacked Generalization," *Neural Networks*, 5(2): 241–260.

Zolbanin, H. M., Delen, D., Crosby, D., & Wright, D. (2020). "A Predictive Analytics-Based Decision Support System for Drug Courts." *Information Systems Frontiers*, 1–20.

第 7 章

文本分析、主题建模和情感分析

在我们所处的信息时代中，以电子形式采集、存储和提供的数据和信息的数量迅速增长。绝大部分业务数据都存储在非结构化的文本文档中。美林公司（Merrill Lynch）和高德纳公司的一项研究表明，85% 的公司数据都是以某种非结构化的形式采集和存储的（McKnight，2005）。该研究还指出，非结构化数据的数量每 18 个月就翻一番。在当今的商业社会中，知识就是力量，而知识则来源于数据和信息。所以，能够有效且高效地利用所拥有的文本数据源的公司将具备做出更好决策所需的知识，从而获得领先于落后企业的竞争优势。这就是在当今商业大局中对文本分析和文本挖掘的需求。

虽然文本分析和文本挖掘的首要目标是通过自然语言处理（Natural Language Processing，NLP）和分析将非结构化的文本数据转换成可操作的信息，但是这些术语的定义却不尽相同——至少对该领域的一些专家来说是这样的。对很多人而言，文本分析（Text Analytics）的概念很宽泛。它包含信息检索（如根据特定关键词集合搜索和发现相关文档）以及信息提取、数据挖掘和 Web 挖掘等。然而，文本挖掘（Text Mining）则主要关注从文本数据源发现新的、有用的知识。

图 7.1 所示的是文本分析与文本挖掘及其他相关应用领域之间的关系。图的底部列出了在这些日益流行的应用领域中发挥关键作用并为其提供基础支撑的主要学科。

文本分析是比文本挖掘更新的术语。随着近期人们对分析的重视，很多相关的技术应用领域（如消费者分析、竞争分析、视觉分析、社交分析）都加入了分析的热潮。术语“文本分析”常用于商业应用中，而术语“文本挖掘”则更常见于学术研究中。尽管这些术语的定义有时可能不尽相同，但是它们通常可以互换使用。

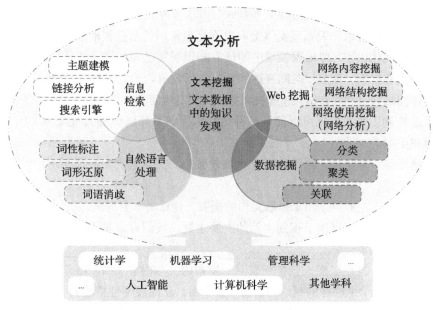

图 7.1　文本挖掘及其支撑学科

　　文本挖掘（又称文本数据挖掘或文本数据库中的知识发现）是指从大量非结构化数据中提取模式（即有用的信息和知识）的半自动化过程。请记住，数据挖掘是从结构化数据库存储的数据中识别有效、新颖、可能有用且最终可理解的模式的过程。在结构化数据库中，数据以记录的形式存储，记录由分类变量、序数变量或连续变量组成。文本挖掘和数据挖掘的目的和使用的流程是相同的。二者的不同之处在于，文本挖掘的输入是一组非结构化（或者结构化程度很低）的数据文件，如 Word 文档、PDF 文件、文本摘录、XML 文件，以及 Twitter、博客文章和用户评论等。从本质上讲，我们可以把文本挖掘看成这样一个过程：首先将基于文本的数据源结构化，然后使用数据挖掘方法和工具从基于文本的结构化数据中提取相关的信息和知识。

　　在社交媒体（如 Twitter、博客和墙帖）、法律（如法院命令）、学术研究（如研究论文）、营销（如在线评论）、金融（如季报和论坛）、医学（如出院小结）、生物学（如分子间的相互作用）、技术（如专利文件）等有大量文本数据产生的领域中，文本挖掘的益处是显而易见的。例如，以投诉（或表扬）和保修索赔的形式与客户进行的自由文本互动可用于客观识别存在不足的产品和服务特征，这些特征可用于改善产品开发和服务分配。类似地，这些信息还能用于会产生大量数据的市场拓展计划和焦点小组。使产品或服务反馈不限于某种规范形式，顾客可以用自己的语言表达对公司的产品和服务的看法。

　　另一个受非结构化文本的自动处理影响很大的领域是电子邮件和其他电子化通信。文本挖掘不仅可用于垃圾邮件的分类和过滤，而且能够用来按重要性程度对邮件进行优先级排序以及自动生成回复（Weng & Liu，2004）。下面是文本挖掘最流行的一些应用领域：

❑ **信息提取**。文本挖掘通过模式匹配来寻找文本中的预定义对象和序列，从而识别文本中的关键短语和关系。实体提取也许是最常用的信息提取形式。命名实体提取包括命名实体识别（即根据领域中的已有知识识别已知的命名实体，这些命名实体是关于人和组织、地名、时间表述和特定类型数值表达式的）、共引解析（即检测文本实体间的共引和回指链接）和关系抽取（即实体间的关系识别）。

❑ **主题检测**。文本挖掘可以使用某种概率机器学习算法识别大量文本文档中的隐含 / 潜在主题。

❑ **主题跟踪**。基于用户画像和用户看过的文档，文本挖掘能够预测用户可能感兴趣的其他文档。

❑ **摘要**。文本挖掘可以用于提取文档的摘要，让读者节省时间。

❑ **分类**。文本挖掘可用于识别文档的主要主题，我们可以基于这些主题将文档归入预定义的类别集合中。

❑ **情感分析**。自动识别人们在互联网上发布的文本内容（如产品评论、博客帖子和社交媒体互动）中隐含的观点和情感（如负面、正面或中性情感）。

❑ **聚类**。文本挖掘可以在没有预定义类别集合的情况下对相似文档分组。

❑ **概念链接**。文本挖掘可用于通过识别共有概念来连接相关文档，从而帮助用户找到使用传统搜索方法可能找不到的信息。

❑ **问答**。文本挖掘可以通过知识驱动的模式匹配来找到给定问题的最佳答案。

文本挖掘有自己的语言，其中包含很多技术术语和首字母缩略词。以下是文本挖掘中最常用的一些术语和概念：

❑ **非结构化数据（相对于结构化数据）**。结构化数据有预先确定的格式。结构化数据通常被组织成由简单数据值组成的记录（如分类变量、序数变量和连续变量）并存储在数据库中。相比之下，非结构化数据没有预先确定的格式，并以文本文档的形式存储。从本质上讲，结构化数据应由计算机处理，而非结构化数据则由人处理和理解。

❑ **语料库**。在语言学中，语料库是一个为知识发现准备的大型结构化文本集（现在通常以电子化的形式存储和处理）。

❑ **词项**。词项是指通过自然语言处理直接从特定领域的语料库中提取的单个单词或者多单词短语。

❑ **概念**。概念是指通过人工分类方法、统计分类方法、基于规则的分类方法和混合分类方法从一组文档中生成的特征。概念的抽象层次高于词项。

❑ **词干提取**。词干提取是将单词还原为词干（或词根）形式的过程。例如，stemmer、stemming 和 stemmed 的词干都是 stem。

❑ **词形还原**。与词干提取类似，词形还原也是将单词转化为词干 / 词根形式。词干提取从句法上实现了这一点，而词形还原则使用词项词典在语义上做到了这一点。

❑ **停用词**。停用词（或噪声词）是在处理自然语言数据（即文本）之前或者之后过滤掉的单词。虽然没有统一的停用词列表，但是大部分自然语言处理工具使用的停用词列表都包括冠词（如 a、an 和 the）、助动词（如 is、are、was 和 were）和在特定上下文中不具有区分价值的词。

❑ **同义词和多义词**。同义词是指在句法上不同（即拼写不同）但是含义相同或者至少相近的单词（如 movie、film 和 motion picture）。相比之下，多义词又称同音异义词，是指在句法上相同（即拼写完全相同）但是含义不同的单词（如 bow 可以表示"向前弯曲""船的前部""一种发射箭的武器"或"一种系着的丝带"等含义）。

❑ **标记化**。标记是句子中的文本分类块。依据标记所对应的文本块的功能对其进行分类。这种对文本块的意义分类称为标记化。标记可以看起来像任何东西。它只需要是结构化文本中一个有用的部分。

❑ **词项词典**。词项词典是指可用于限制语料库中词项抽取的、针对某一特定领域的词项集合。

❑ **词频**。词频是指单词在特定文档中出现的次数。

❑ **词性标注**。词性标注是指根据单词的定义和所处的上下文，在文本中标记具有特定词性（如名词、动词、形容词、副词）单词的过程。

❑ **形态学**。形态学是语言学的一个分支，也是自然语言处理中研究单词内在结构（一种或者多种语言的构词模式）的一部分。

❑ **词项文档矩阵（共现矩阵）**。这类矩阵是词项和文档之间基于频率的关系的常见表示方式，其中，行表示词项，列表示文档，单元格表示以整数表示的词项与文档之间的频率。

❑ **奇异值分解（潜在语义索引）**。这种降维方法使用类似主成分分析的矩阵操作方法生成词频的中间表示，从而将词项文档矩阵转换为大小可管理的矩阵。

7.1　自然语言处理

为了将文本文档集合分为两个或多个预先确定的类或者将其聚类为多个自然分组，一些早期的文本挖掘应用在向文本文档集合引入结构时使用称为词袋（Bag-of-Word）的简化表示。在词袋模型中，使用单词的集合来表示文本（如句子、段落或者整个文档），而不考虑语法或者单词出现的顺序。一些简单的文档分类工具仍在使用词袋模型。例如，在过滤垃圾电子邮件时，可以将电子邮件消息建模为无序的单词集合（词袋），并将其与两个预先确定的词袋进行比较。一个词袋包含垃圾电子邮件中的单词，另一个词袋包含合法电子邮件中的单词。虽然有些单词可能会在两个词袋中出现，但是 market、Viagra 和 buy 等与垃圾邮件相关的单词在"垃圾电子邮件"词袋中出现的频率要远高于在合法邮件词袋中出现的频率，而合法邮件的词袋中则会包含更多与用户的朋友或者工作场所相关的单词。特定电子邮件的词袋与包含描述符的两个词袋的匹配程度将决定该电子邮件是垃圾邮件还是合法邮件。

当然，我们不会使用没有顺序或者结构的单词。我们以句子的形式使用单词，句子中既有语义结构，又有语法结构。因此，自动化方法（如文本挖掘）需要寻找超越词袋解释的方法，并将更多语义结构纳入分析之中。当前文本挖掘的趋势是包含更多可以通过自然语言处理获取的高级特征。

研究表明，词袋方法不能为文本挖掘任务（如分类、聚类和关联等）提供充足的信息内容。在循证医学中就可以找到一个很好的有关这一点的例子。循证医学的一个关键点是将现有的最佳研究发现纳入临床决策过程，其中包括评估从印刷媒体收集的信息的有效性和相关性。马里兰大学的研究人员使用词袋方法开发了证据评估模型（Lin & Demner-Fushman，2005）。他们使用了流行的机器学习方法以及从 MEDLINE（Medical Literature Analysis and Retrieval System，医学文献分析和检索系统）收集的 50 多万篇研究论文。在模型中，他们将每篇论文的摘要表示为一个词袋，其中每个词根表示一个特征。尽管使用了流行的分类方法和经过验证的实验设计方法，但是模型的预测效果并不比简单猜测更好。这表明，词袋方法不能生成足够好的有关该领域研究论文的表示。因此，需要使用自然语言处理等更为高级的技术。

自然语言处理（Natural Language Processing，NLP）是文本挖掘的重要组成部分，也是人工智能和计算语言学的一个分支。它研究如何理解自然的人类语言。自然语言处理将人类语言描述（如文本文档）转换为更正式的表示（以数值数据和符号数据的形式），以便于计算机程序操作。自然语言处理的目标是超越语法驱动的文本操作（通常称为"单词计数"），真正理解和处理考虑语法和语义约束以及上下文的自然语言。

"理解"一词的定义和范围是自然语言处理研究的一个重要问题。由于人类的自然语言是模糊的，真正理解其含义需要很多有关所讨论主题的知识（除单词、句子和段落中所包含的内容外）。计算机可能以与人相同的方式和准确性理解自然语言吗？很可能不行！从简单的单词计数开始，自然语言处理已经走过了很长的路，但是，要真正理解人类的自然语言，自然语言处理还有更长的路要走。下面是一些与自然语言处理实现相关的常见挑战：

❏ **词性标注**。因为词性不仅取决于词项的定义，还取决于词项所处的上下文，所以在文本中标注与某一特定词性（如名词、动词、形容词和副词）对应的词项是很困难的。

❏ **文本分割**。汉语、日语和泰国语等书面语言中没有明显的单个单词的边界。在这种情况下，文本解析任务需要识别单词的边界，而这通常很困难。在分析口语时，也会遇到类似的问题，因为表示连续字母和单词的声音也会混在一起。

❏ **词义消歧**。很多单词都有不止一种含义。只有考虑单词所处的上下文，才能选择最合理的含义。

❏ **句法歧义**。自然语言的语法是不明确的。也就是说，我们经常需要考虑多种可能的句子结构。通常需要结合语义和上下文信息才能选择最合适的结构。

❑ **不完全或不规则输入。**其他国家或区域的口音和语音障碍以及文本中的排版或者语法错误使语言处理成为一项困难的任务。

❑ **言语行为。**句子通常被认为是一种行动请求。句子结构本身可能不包含定义行为的所有信息。例如，问"你能通过考试吗？"是需要得到简单的是或否的回答，而问"你能把盐递给我吗？"则是对执行某个实际动作的请求。

提出能够自动阅读、从文本中获取知识的算法是人工智能界长期以来的梦想。通过将学习算法应用于文本解析，斯坦福大学自然语言处理实验室的研究人员开发出了能够自动识别文本中的概念以及概念之间关系的方法。通过将一套特殊程序应用于大量文本，他们的算法能够自动获取数十万项的世界知识，并用其为 WordNet 生成显著增强的知识库。WordNet 是一个耗费了大量人工才构建成的数据库，其中包含了英语单词及其定义、同义词集合以及同义词集合之间的语义关系。WordNet 是自然语言处理应用的主要资源，但是事实证明手工构建和维护它的成本非常高昂。通过自动化的方式将知识引入 WordNet，有可能以很低的成本使其成为一个更大、更全的自然语言处理资源库。

客户关系管理（Customer Relationship Management，CRM）是一个已受益于自然语言处理和 WordNet 的领域。从广义上讲，客户关系管理的目标是通过更好地理解和有效地响应实际客户需求和感知的客户需求来最大化客户价值。情感分析是客户关系管理中自然语言处理正在产生显著影响的领域之一。情感分析是利用网络帖子中包含的客户反馈等大量文本数据源检测对特定产品和服务的有利和不利意见的方法（情感分析将在本章后面详细介绍）。

通过自动处理此前只能由人处理的自然人类语言的计算机程序，自然语言处理已经成功应用于很多领域中的各种任务。以下是这些任务中最常见的一些：

❑ **问答。**自然语言处理可以用于自动回答以自然语言提出的问题——也就是说，针对用人类语言提出的问题生成人类语言的回答。为了找到问题的答案，计算机程序可以使用预先构建的数据库或自然语言文档集合（如类似万维网的文本语料库）。

❑ **自动摘要。**计算机程序可以为文本文档生成精简版本，该精简版本应包含原始文档中最重要的内容。

❑ **自然语言生成。**该系统可以将计算机数据库中的信息转换为可读的人类语言。

❑ **自然语言理解。**该系统可以将人类语言样本转换为更容易让计算机程序处理的更正式的表示。

❑ **机器翻译。**该系统可以自动将一种人类语言翻译成另一种人类语言。

❑ **外语阅读。**计算机程序可以帮助非母语人士用正确的发音和重音阅读外语单词。

❑ **外语写作。**计算机程序可以帮助非母语用户使用外语进行写作。

❑ **语音识别。**该系统可以将语音转换为机器可读的输入。给定一个声音片段，语音识别系统能够将其转换为文本。

- ❑ **文本转语音**。计算机程序能够自动将普通的语言文本转换为语音。这又称语音合成。
- ❑ **文本校对**。计算机程序可以读取文本的校样，从中发现各种错误并纠正。
- ❑ **光学字符识别**。该系统可以自动将手写文本或打印文本的图像（通常通过扫描仪获取）转换为机器可编辑的文本文档。

文本挖掘的成功和普及在很大程度上有赖于自然语言处理在生成和理解人类语言方面取得的进步。自然语言处理使得从非结构化文本中提取特征成为可能，因此，我们可以使用各种数据挖掘方法从文本中提取知识（新颖且有用的模式和关系）。在这个意义上，可以简单地说文本挖掘是自然语言处理和数据挖掘的结合。

7.2 文本挖掘应用

随着组织收集的非结构化数据数量的增加，文本挖掘工具的价值和流行程度也在不断提高。很多组织现在都认识到了使用文本挖掘工具从文档数据存储库中提取知识的重要性。下面介绍一小部分文本挖掘的示例应用。

7.2.1 营销应用

文本挖掘可以通过分析呼叫中心产生的非结构化数据来增加交叉销售和追加销售。文本挖掘算法可用于分析由呼叫中心记录生成的文本和与客户的语音对话记录，以提取客户感知到的有关公司产品和服务的新颖且可操作的信息。此外，博客、独立网站上用户的产品评论以及论坛帖子都是用户情感的"金矿"。如果分析得当，我们可以使用这些丰富的信息来提高客户满意度和客户的全生命周期价值。

文本挖掘已经成为客户关系管理的重要工具。公司可以使用文本挖掘来分析丰富的非结构化文本数据集，结合从组织数据库中提取的相关结构化数据来预测客户的感知情况和随后的购买行为。例如，文本挖掘能够有效地提高预测客户流失的数学模型的能力，这样我们就可以识别最有可能离开公司的客户，从而准确地采用保留策略。

将产品视为属性–值对的集合而不是原子实体有可能提高很多商业应用（如需求预测、分类优化、产品推荐、零售商和制造商之间的分类比较，以及产品供应商的选择）的有效性。加尼等人利用文本挖掘开发了一个系统，该系统能够推断产品隐性属性和显性属性从而增强零售商分析产品数据库能力（Ghani et al., 2006）。该系统使得企业不需要太多人工工作即可使用属性和属性值来表示其产品。它通过对零售商网站上的产品描述应用监督学习和半监督学习方法来学习这些属性。

7.2.2 安全应用

安全领域最大、最著名的文本挖掘应用之一是高度机密的 ECHELON 监视系统。据传，ECHELON 能够识别电话、传真、电子邮件和其他类型数据中的内容，并侦听通过卫星、公共交换电话网和微波链路发送的信息。

2007 年，欧洲刑警组织（EUROPOL）开发了一个能够访问、存储和分析大量结构化数据和非结构化数据源的集成系统，以便追踪有组织的跨国犯罪活动。该系统被称为智能支持整体分析系统（Overall Analysis System for Intelligence Support，OASIS），它集成了当前市场上最先进的数据挖掘技术和文本挖掘技术。智能支持整体分析系统使欧洲刑警组织在支持其国际执法目标方面取得了重大进展（EUROPOL，2007）。

美国联邦调查局（Federal Bureau of Investigation，FBI）和中央情报局（Central Intelligence Agency，CIA）正在在国土安全部的指导下联合开发一个超级计算机数据和文本挖掘系统。该系统构建了一个巨大的数据仓库以及各种数据和文本挖掘模块，以满足联邦、州和地方执法机构的知识发现需求。在这个项目之前，联邦调查局和中央情报局都有各自独立的、几乎没有互联的数据库。

另一个与安全相关的文本挖掘的应用是欺诈检测。富勒等人将文本挖掘应用于大量真实的犯罪（利益相关者）陈述（Fuller et al.，2008），开发了区分欺诈性陈述和真实陈述的预测模型。该模型利用从文本语句中提取的一系列丰富线索，使得留出样本的预测准确度达到了 70%。由于这些线索仅仅是从文本语句中提取的（缺少语言或者视觉线索），因此该模型被认为是非常成功的。此外，与其他欺诈检测方法（如测谎仪）相比，该方法是非侵入性的，因此不仅广泛适用于文本数据，而且（可能）也适用于语音记录的转录文本。本章最后将更加详细地讨论基于文本的欺诈检测。

7.2.3　生物医学应用

出于种种原因，文本挖掘在整个医学领域，特别是生物医学领域有着巨大的潜力。首先，该领域的出版文献和出版渠道（特别是随着开源期刊的出现）呈指数级增长。其次，与大多数其他领域相比，医学文献更加规范、有序，从而使其成为更适合"挖掘"的信息源。最后，医学文献中使用的术语相对稳定，具有非常规范的本体。已经有一些研究成功地使用文本挖掘方法从生物医学文献中提取出了新的模式。

DNA 微阵列分析、基因表达序列分析（Serial Analysis of Gene Expression，SAGE）和质谱蛋白质组学等实验方法正在生成大量与基因和蛋白质相关的数据。同其他实验方法一样，有必要在已知所研究生物实体信息的情况下分析这些海量数据。文献是非常有价值的实验验证和解释型信息源。因此，开发自动文本挖掘工具来辅助这样的解释是当前生物信息学研究中的主要挑战之一。

掌握蛋白质在细胞内的位置有助于解释它在生物过程中的作用并确定其作为药物靶点的可能性。文献中描述了很多位置预测系统，其中一些系统专注于特定的生物体，而另一些系统则试图分析更广泛的生物体。沙凯等人开发了一种使用多个基于序列和基于文本的特征来预测蛋白质位置的综合系统（Shatkay et al.，2007）。该系统的新颖之处在于选择文本源和特征并将其与基于序列的特征相集成的方式。他们使用以前用过的数据集和新的数据集对该系统进行了测试。测试结果表明，他们的系统在预测能力上优于所有先前报告的结果。

Chun 等人描述一个从通过 MEDLINE 获取的文献中提取疾病 – 基因关系的系统（Chun et al.，2006）。他们基于 6 个公共数据库构建了一个疾病名称和基因名称的字典并通过字典匹配提取了候选关系。由于字典匹配会产生大量的误报，Chun 等人开发了一种基于机器学习的命名实体识别（Named Entity Recognition，NER）方法来过滤所识别的错误疾病名称和基因名称。他们发现，关系提取成功与否在很大程度上取决于命名实体识别过滤的效果。过滤使关系提取的准确度提高了 26.7%，但是代价是召回率略有下降。

图 7.2 所示的是从生物医学文献中发现基因 – 蛋白质关系（或蛋白质 – 蛋白质相互作用）的多层文本分析过程的简化说明（Nakov et al.，2005）。这个示例中使用了生物医学文本中的一个简单句子。如图所示，首先使用词性标记和浅解析对文本进行标记，然后将标记后的词项（单词）与领域本体的层次化表示进行匹配（和解释），以得到基因 – 蛋白质关系。这种方法（和它的一些变体）在生物医学文献中的应用为破解人类基因组计划的复杂性提供了巨大的潜力。

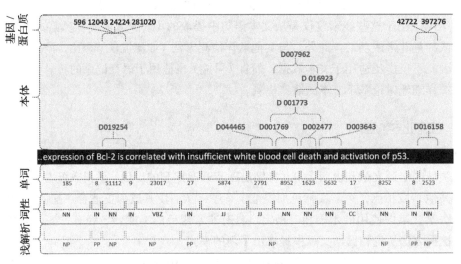

图 7.2　用于基因 – 蛋白质相互作用识别的文本多层分析

文本挖掘问题对于拥有大型信息数据库、需要建立索引以方便检索的出版商来说非常重要。对于科学类的学科而言，由于书面文本通常会包含非常具体的信息，因此文本挖掘尤为重要。已经有一些致力于为机器提供语义线索以便在不去除出版商公开访问限制的情况下回答文本中包含的特定查询的项目启动了，如《自然》(*Nature*) 杂志提出的开放文本挖掘接口（Open Text Mining Interface，OTMI）和美国国立卫生研究院的期刊出版文档类型定义（Document Type Definition，DTD）。

学术机构也启动了文本挖掘项目。例如，英国曼彻斯特大学和利物浦大学合作组建的国家文本挖掘中心（National Centre for Text Mining）为学术界提供有关文本挖掘的定制工

具、研究设施和建议。相关研究最初聚焦于生物和生物医学科学的文本挖掘，目前已扩展
到社会科学中。在美国，加利福尼亚大学伯克利分校信息学院正在开发一个名为 BioText 的
程序，以期帮助生物科学的研究人员进行文本挖掘和分析。

7.3　文本挖掘流程

为了获得成功，文本挖掘研究应该遵循基于最佳实践的合理方法。第 3 章提到，CRISP-
DM 是数据挖掘项目的行业标准。同样，文本挖掘也需要标准化的流程模型。尽管 CRISP-
DM 中的大部分内容也适用于文本挖掘项目，但是文本挖掘的特定流程模型将包括更复杂的
数据预处理活动。图 7.3 所示的是典型文本挖掘过程的大致上下文图（Delen & Crossland，
2008）。该上下文图展示了文本挖掘过程涉及的范围，强调了其与更大环境的接口。本质
上，它围绕特定挖掘过程划定界限，以明确标识文本挖掘过程中包含（和排除）的内容。

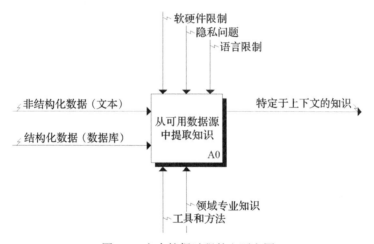

图 7.3　文本挖掘过程的上下文图

正如上下文图所示，基于文本的知识发现过程的输入（指向方框左侧边的连线）包括采
集、存储以及向过程提供的非结构化数据和结构化数据。过程的输出（从方框右侧边向外指
向的连线）是可用于决策的特定于上下文的知识。过程中的控制（指向方框上侧边的连线），
又称约束，包括软硬件限制、隐私问题以及与处理以自然语言形式呈现的文本相关的难点。
过程中的机制（指向方框下侧边的连线）包括合适的方法、软件工具和领域专业知识。文本
挖掘的主要目的（在知识发现的背景下）是处理非结构化（文本）数据（以及与正在解决的
问题相关且可用的结构化数据），以提取有助于做出更好决策的有意义且可操作的模式。

总体而言，文本挖掘过程可以分为三个连续的任务，每个任务都有特定的输入并会生
成特定的输出，如图 7.4 所示。如果由于某种原因，任务的输出与预期不符，那么需要向后
重定向到之前的任务。

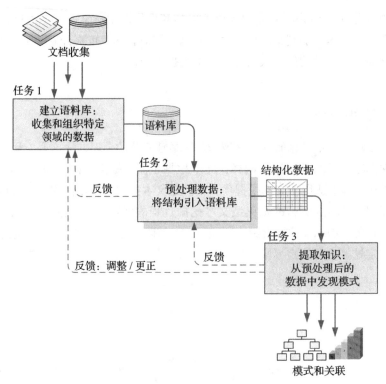

图 7.4　三任务文本挖掘过程

7.3.1　任务 1：建立语料库

文本挖掘过程的任务 1 的主要目的是收集与当前所研究上下文（即感兴趣的领域）相关的所有文档。需要收集的文档可能包括文本文档、XML 文件、电子邮件、网页和简短的笔记。除现成的文本数据外，还可以利用语音识别算法转录语音记录。

收集好的文本文档经过转换和组织，将具备可供计算机处理的相同表示形式（如 ASCII 文本文件）。文档的组织过程可以如同在文件夹中集中存储数字化文本摘录一般简单，也可以如同列出指向特定领域中网页的链接列表那样。很多商业文本挖掘软件工具可以接受这些作为输入并将其转换为平面文件进行处理。此外，也可以在使用文本挖掘软件之前准备好平面文件，然后将其作为文本挖掘应用的输入。

7.3.2　任务 2：预处理数据

在文本挖掘过程的任务 2 中，我们将根据经过组织的数字化文档（语料库）创建词项文档矩阵。在词项文档矩阵中，行表示文档，列表示词项。词项和文档之间的关系使用索引（索引是一种测量关系的指标。最简单的索引可以是词项在文档中出现的次数）表示。图 7.5 所示的是一个典型的词项文档矩阵。

文档 ＼ 词项	market share	resource utilization	project schedule	acquisition	material requirement	...
文章 1	1			1		
文章 2		1				
文章 3			3		1	
文章 4		1				
文章 5			2	1		
文章 6	1			1		
...						

图 7.5　词项文档矩阵示例

任务 2 的目标是将经过组织的文档列表（语料库）转换为词项文档矩阵，矩阵中单元格表示最适合的索引。假设在本质上可以将文档表示为词项词频列表。但是，在表征文档时，并非所有词项都很重要。一些词项——如冠词、副词以及语料库中几乎所有文档都包含的词项——没有区分能力，因此应当在索引过程中剔除。这些词项通常称为停用词。停用词与所研究的特定领域相关，应当由领域专家确定。另外，专家可能会选择一组预先确定的词项。我们可以使用这些词项为文档建立索引，这组词项称为包含词项或词典。此外，还可以提供同义词（可视为相同的词项对）和特定的短语（如 Eiffel Tower），以便使索引条目更准确。

另一项为了准确创建索引而进行的过滤是词干提取。词干提取是指将单词缩减为词根，例如，将动词不同的语法形式或者变形识别并索引为同一个单词。具体来说，词干提取可以保证将 modeling 和 modeled 识别为单词 model。

第一代词项文档矩阵包括语料库中除停用词列表中的词项以外的所有唯一词项（作为其中的列）、所有文档（作为其中的行）以及词项在文档中出现的次数（作为其中单元格的值）。通常情况下，如果语料库中包含非常多文档，那么词项文档矩阵中很可能包含大量词项。处理如此巨大的矩阵不仅可能非常耗时，而且更重要的是可能会使提取出的模式不准确。在这种情况下，重要的是要确定以下几点：

❑　表示索引的最佳方式是什么？

❑　如何将这个矩阵的维数降低到可管理的大小？

1. 表示索引的最佳方式是什么

只要为输入文档建立了索引并（按文档）计算出了初始的词频，就可以通过一些其他转换来汇总和聚合所提取的信息。原始词项词频通常是单词在文档中的显著性或者重要性的体现。具体来说，在文档中出现频率越高的单词越能更好地描述文档内容。然而，假定单词的出现次数与其重要性成正比并不合理。例如，如果一个单词在文档 A 中出现了一次，在文档 B 中出现了 3 次，那么认为这个单词在文档 B 中的重要性是其在文档 A 中重要性的

3 倍并不一定合理。为了获得可供进一步分析的更一致的词项文档矩阵，需要对原始索引进行归一化。与实际频率计数不同的是，词项和文档之间的数字化表示可以使用多种替代方法进行归一化。以下是最常用的一些归一化方法（StatSoft，2014）：

❑ **对数频率**。可以使用对数函数对原始频率进行转换。这种转换会"降低"原始频率及其对后续分析结果的影响。

❑ **二值频率**。可以使用比对数频率更简单的转换，以二值频率列举文档中是否包含某个词项。生成的词项文档矩阵将只包含表示相应单词是否存在的 1 和 0。同样，这种转换会降低原始频率计数对后续计算和分析的影响。

❑ **逆文档频率**。另一个与进一步分析中使用的索引相关的需要考虑的问题是不同词项的相对文档频率（document frequency，df）。例如，诸如 guess 的词项可能在所有文档中频繁出现，而 software 这个词项则可能只出现几次。出现这种情况的原因是，不论具体主题如何，人们都可能会在各种上下文中进行猜测（guess），而 software 则是一个更注重语义的词项，只可能在处理计算机软件的文档中出现。逆文档频率（Manning et al.，2008）是一种常见且非常有用的转换。它既反映了单词的特异性（即文档频率），又反映了它们出现的总频率（即词项频率）。

2. 如何降低词项文档矩阵的维数

由于词项文档矩阵通常非常大且相当稀疏（大多数单元格都为零），因此找到一种方法将其维数减少到可管理的大小很重要。下面是几种管理矩阵大小的方法：

❑ 请领域专家查看词项列表，删除对研究意义不大的词项。这是一个人工的、劳动密集型的过程。

❑ 删除在极少数文档中出现极少次的词项。

❑ 使用奇异值分解进行矩阵变换。

奇异值分解（Singular Value Decomposition，SVD）与主成分分析相似。它将输入矩阵的总维数（输入的文档数与提取的词项数的乘积）降低到较低的维度空间中，其中每个连续维度表示（单词和文档之间）差异性的最大可能程度（Manning et al.，2008）。理想情况下，分析师可以确定两个或者三个最显著的维度——这些维度能够解释单词和文档之间的大部分差异性（即不同），从而确定在分析中组织单词和文档的潜在语义空间。只要确定了这些维度，就能够提取出文档中所包含（讨论或描述）内容的基本含义。

7.3.3　任务 3：提取知识

使用具有良好结构的词项文档矩阵——可能再加上其他结构化数据元素，就可以从拟解决具体问题的上下文中提取新的模式。知识提取方法主要包括分类、聚类、关联和趋势分析等类别。这些方法的简要描述如下。

1. 分类

毫无疑问，对特定对象进行分类是分析复杂数据源时最常见的知识发现问题。该任务是将给定的数据实例分配到一组预先确定的类别中。当分类任务应用于文本挖掘领域时，称为文本分类。文本分类是指对一组给定的类别（主题、话题或概念）和一个文本文档的集合，使用经过训练的模型为每个文档找到正确的类别（主题、话题或概念），其中模型是利用包含文档和文档实际类别的训练数据集训练的。当前，自动文档分类已被应用于文本的自动或半自动（交互式）索引、垃圾邮件过滤、分层目录下的网页分类、元数据的自动生成和类型检测等各种情境中。

2. 聚类

聚类是无监督的过程，在此过程中对象被分类为称为簇（Cluster）的"自然"组。在分类任务中，为了对新的未标记的样本分类，需要使用一组预先分类的训练样本开发基于类描述性特征的模型。而在聚类任务中，要解决的问题是在没有任何先验知识的情况下将未标记对象集合（如文档、客户评论和网页）分组为有意义的簇。

聚类在从文档检索到更好的网络内容检索等很多应用中都非常有用。事实上，聚类的重要应用之一是网页等超大文本集合的分析和导航。这里的基本假设是相关文档之间的相似度大于不相关文档之间的相似度。如果这个假设成立，那么基于文档内容相似度的文档聚类能够提高搜索效率。

3. 关联

正如第 4 章中所讨论的，生成关联规则（或市场购物篮问题求解）的主要思想是识别经常同时出现的集合。在文本挖掘中，关联特指概念（词项）或概念集之间的直接关系。将两个频繁概念集 A 和 C 联系起来的概念集关联规则可以通过支持度和置信度这两个基本指标来量化。在这种情况下，置信度是指在同一子集中包含 C 中所有概念的文档在包含 A 中所有概念的文档中所占的百分比。支持度是指包含 A 和 C 中所有概念的文档所占的百分比（或数量）。例如，在文档集合中，软件实施失败（Software Implementation Failure）这个概念可能经常与企业资源计划（Enterprise Resource Planning）和客户关系管理（Customer Relationship Management）同时出现，且具有显著的支持度（4%）和置信度（55%）。这意味着在所有文档中，有 4% 的文档同时包含了这三个概念；在包含"软件实施失败"的文档中，有 55% 的文档同时还包含了"企业资源计划"和"客户关系管理"。文献（Mahgoub et al., 2008）使用文本挖掘和关联规则来分析已发表的文献（在网络上发布的新闻和学术文章），以绘制禽流感的暴发和进展图，旨在自动识别地理区域、跨物种传播以及对策（处置）之间的关联。

4. 趋势分析

趋势分析是文本挖掘中的新方法。它基于各种类型的概念分布是文档集合的函数这一想法。也就是说，对于同一组概念，不同的集合会带来不同的概念分布。因此，可以比较两个除了来自不同子集外几乎相同的分布。这类分析中一个值得注意的方向是拥有两个来源相同（如来自同一组学术期刊）但时间点不同的集合。文献（Delen & Crossland，2008）应用趋势分析从发表在三个顶级学术期刊上的大量学术论文中确定信息系统领域关键概念的演变。下面将描述该文本挖掘应用。

应用示例：研究文献的文本挖掘

对相关文献进行搜索和综述的研究人员面临着大量日益复杂的工作。在扩展相关知识体系的过程中，尽力收集、组织、分析和吸收文献中的已有信息（特别是来自自身所在领域的信息）一直非常重要。随着相关领域和传统上认为不相关领域中报告的重要研究越来越丰富，如果想要彻底完成这样一项工作，研究人员的任务将变得越来越艰巨。

在新的研究分支中，研究人员的任务可能更加乏味、复杂。想要找出其他人报告的相关作品可能很困难。即使在最好的情况下，通过传统以人工为主的方式对已发表的文献进行综述也几乎是不可能的。即使有很多勤奋的研究生或者乐于助人的同事，想要覆盖所有可能相关的已发表作品都是很困难的。

每年都会举办很多学术会议。除了扩展会议当前焦点的知识体系之外，组织者通常还希望设置更多微型分论坛和研讨会。在很多情况下，这些额外活动旨在向与会者介绍相关研究领域的重要研究分支，确定研究兴趣和重点方面的"下一件大事"。这类微型分论坛和研讨会中候选主题的确定通常是主观的，而不是基于现有研究和新兴研究客观得到的。

文献（Delen & Crossland，2008）提出了一种方法。该方法应用文本挖掘对大量已发表的文献进行半自动分析，以极大地帮助研究人员进行研究工作。作者使用标准数字图书馆和在线出版物搜索引擎下载并收集了管理信息系统领域的三大期刊 *MIS Quarterly*（MISQ）、*Information Systems Research*（ISR）和 *Journal of Management Information Systems*（JMIS）中发表的所有文章。为了使三种期刊的时间间隔相同（便于可能的纵向比较研究），研究中选择可获取数字出版物的最近日期（即从 1994 年开始 JMIS 的文章可以通过数字渠道获取）作为研究的开始日期。对于每篇文章，作者提取了标题、摘要、作者列表、发表的关键词、卷、期号和出版年份。然后，他们将所有文章数据加载到一个简单的数据库文件中。组合数据集中还包含一个字段，该字段指定每篇文章的期刊类型，以便进行可能的判别分析。数据集中排除了编者按、研究简报和执行概述。图 7.6 所示的是数据的展示方式。

在分析阶段，作者仅使用论文的摘要作为信息提取源。基于下面两个方面的考虑，他们没有使用出版物中所列的关键词：

❑ 在正常情况下，摘要已经包含了列出的关键词。因此，将列出的关键词包含在分析中意味着重复相同的信息并可能赋予其不合理的权重。

❑ 列出的关键词可能是论文作者希望将论文关联到的词项（而不是论文中真正包含的内容），因此可能会对内容分析产生难以量化的偏差。

第一项探索性研究着眼于三本期刊的纵向视角（即研究主题随时间的演化）。为了进行纵向研究，他们分别对三本期刊将 1994 年至 2005 年间的 12 年分为 4 个时间段，其中每个时间段 3 年。这样可以得到 12 个互斥的数据集，将它们用于 12 个文本挖掘实验。此时，对于这 12 个数据集中的每一个，作者都使用文本挖掘从由摘要表示的论文集合中提取最具描述性的词项。他们将结果列在表格中，并检查三本期刊上发表的词项随时间的变化情况。

	A	B	C	D
1	ID	YEAR	JOURNAL	ABSTRACT
2	PID001	2005	MISQ	The need for continual value innovation is driving supply chains to evolve from
3	PID002	1999	ISR	Although much contemporary thought considers advanced information techno
4	PID003	2001	JMIS	When producers of goods (or services) are confronted by a situation in which
5	PID004	1995	ISR	Preservation of organizational memory becomes increasingly important to org
6	PID005	1994	ISR	The research reported here is an adaptation of a model developed to measure
7	PID006	1995	MISQ	This study evaluates the extent to which the added value to customers from a
8	PID007	2003	MISQ	This paper reports the results(-) of a field-study of six medical project teams t
9	PID008	1999	JMIS	Researchers and managers are beginning to realize that the full advantages c
10	PID009	2000	JMIS	The Internet commerce technologies have significantly reduced sellers' costs
11	PID010	1997	ISR	Adaptive Structuration Theory (AST) is rapidly becoming an influential theoret
12	PID011	1995	JMIS	Research shows that group support systems (GSS) have dramatically increa
13	PID012	2000	MISQ	Increasingly, business leaders are demanding that IT play the role of a busine
14	PID013	2001	ISR	Alignment between business strategy and IS strategy is widely believed to im
15	PID014	1999	JMIS	A framework is outlined that includes the planning of and setting goals for IT,
16	PID015	1999	JMIS	The continuously growing importance of information technology (IT) requires c
17	PID016	1994	MISQ	Identifying the best way to organize the IS functions within an interprise has t
18	PID017	1996	ISR	Reasons for the mixed reactions to todays electronic off-exchange trading sy
19	PID018	1996	JMIS	The performance impacts of information technology investments in organizati
20	PID019	1997	JMIS	Anonymity is a fundamental concept in group support systems (GSS) resear
21	PID020	2002	ISR	Although electronic commerce (EC) has created new opportunities for busine
22	PID021	2005	JMIS	Understanding the successful adoption of information technology is largely ba
23	PID022	2005	MISQ	Enterprise resource planning (ERP) systems and other complex information s
24	PID023	1994	JMIS	Model management systems support modelers in various phases of the mod
25	PID024	1995	ISR	While computer training is widely recognized as an essential contributor to th

图 7.6　文本数据集示例

作为第二项探索，作者使用完整数据集（包括三本期刊和四个时间段）进行聚类分析。聚类可以说是最常用的文本挖掘方法。本研究中使用聚类来确定文章的自然分组（通过将其放入单独的簇中），然后列出最能描述这些簇的词项。作者首先使用奇异值分解来降低词项文档矩阵的维数，然后使用期望最大化（Expectation-Maximization）算法来创建簇。他们做了几次实验来确定最佳的簇数，得到的结果是 9。在构建完 9 个簇后，他们从期刊类型（见图 7.7）和时间（见图 7.8）两个角度分析了这些簇的内容。他们的想法是探索三种期刊之间的潜在差异和共性，以及这些簇中焦点可能的变化。也就是说，他们想要回答诸如“是否存在能够代表某个期刊特有研究主题的簇？”和“这些簇是否有随时间变化的特征？”之类的问题。通过使用表格和图形化的表示，他们发现并讨论了几种有趣的模式——更多信息请参阅文献（Delen & Crossland，2008）。

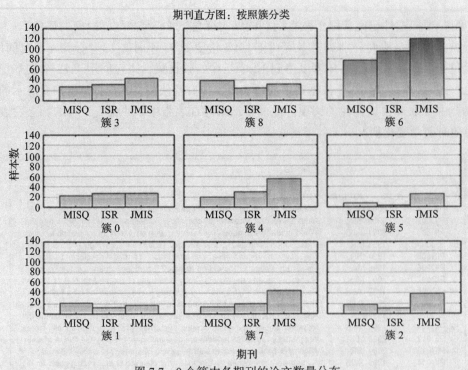

图 7.7　9 个簇中各期刊的论文数量分布

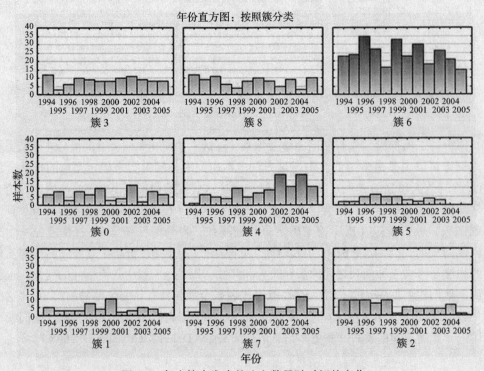

图 7.8　每个簇中发表的论文数量随时间的变化

7.4　文本挖掘工具

随着越来越多的组织认识到文本挖掘的价值，软件公司和非营利组织提供的软件工具的数量也不断增加。下面将介绍一些流行的文本挖掘工具，这些工具可分为商业软件工具和免费（开源）软件工具。

7.4.1　商业软件工具

下面是一些流行的文本挖掘软件工具。值得注意的是，其中的很多公司都会在网站上提供产品的演示版本：

❑ NVivo 为基于文本和数据驱动的定性研究提供文本分析和可视化工具。

❑ IBM 提供 SPSS Modeler 及数据和文本分析工具包。

❑ Megaputer Text Analyst 提供自由格式文本的语义分析、摘要、聚类、导航和具有搜索动态重聚焦的自然语言检索功能。

❑ SAS Text Miner 提供了一套丰富的文本处理和分析工具。

❑ JMP 是一种 SAS 软件产品，提供了一组易于使用的文本处理功能。

❑ RapidMiner 具有吸引人的图形用户界面，是一种流行的数据挖掘和文本挖掘软件工具。

❑ KXEN（现在是 SAP 的一部分）Text Coder 是一个文本分析解决方案，能够自动准备非结构化文本属性并将其转换为能够在 KXEN 分析框架中使用的结构化表示。

❑ Statistica Text Mining（现为 TIBCO 的一部分）提供了一套直观的、具备出色可视化能力的文本挖掘功能。

❑ VantagePoint 提供多种交互式图形视图和分析工具，具备从文本数据库中发现知识的强大能力。

❑ Provalis Research 的 WordStat 分析模块可以分析对开放式问题和访谈的回答等文本信息。

❑ Clarabridge 文本挖掘软件提供端到端的解决方案，使客户体验专家能够根据客户反馈进行营销、服务和产品改进。

7.4.2　免费软件工具

免费软件工具可以从很多非营利组织获取，其中一些是开源的：

❑ KINIME 是最流行的免费开源分析工具之一，提供了功能强大而且非常全面的文本处理扩展。

❑ Open Calais 是一个开源工具包，用于在博客、内容管理系统、网站或应用程序中加入语义功能。

❑ GATE 是领先的文本挖掘开源工具包。它包含免费的开源框架和图形开发环境。

❑ LingPipe 是一套对人类语言进行语言学分析的 Java 库。

❑ S-EM（Spy-EM）是一个可以从正例和未标记实例中学习的文本分类系统。

❑ Vivisimo/Clusty 是一个网络搜索和文本聚类引擎。

为了最好地将文本挖掘应用于复杂问题和数据集，通常可以同时使用多种软件工具。

7.5 主题建模

主题建模（Topic Modeling）又称主题检测（Topic Detection），是指使用一组概率机器学习算法来发现和标记包含主题信息的大型文档库。主题建模算法是通过分析原始文本中的单词来发现贯穿其中的主题以及主题之间相互关系的统计方法。所有主题建模方法都基于两个常见假设：每个文档包含多个主题，每个主题由一组单词（词项）组成；主题是文档和单词间"隐含"和"潜在"的概念。主题建模的目的是发现文档集合中表示含义 / 语义的潜在变量（即主题）。

人们已经进行了很多准确识别文档集合中特有主题的尝试。或许最早和最基本的主题检测尝试是基于文档中的词频（以词项文档矩阵的形式）使用层次聚类或 k 均值聚类等传统聚类方法对文档进行分组。这个方法提供了基于单词（词项）在文档中的出现频率对文档进行分组（即将其放入数量预先确定的簇中）并根据出现频率最高的词项用自定义的名称标记簇的数学方法。

潜在语义分析（Latent Semantic Analysis，LSA）或潜在语义索引（Latent Semantic Indexing，LSI）是另一种流行的主题建模方法。潜在语义分析和潜在语义索引可以互换使用。机器学习 /文本挖掘社区偏爱潜在语义分析，而信息检索社区则更喜欢潜在语义索引。潜在语义分析背后的核心思想是获取给定语料库（即词项文档矩阵）的数字化表示并将其分解为组成矩阵。具体来说，在进行潜在语义分析的过程中，第一步是生成词项文档矩阵。给定 m 个文档和词汇表中的 n 个单词，我们构造一个 $m \times n$ 的矩阵 A。矩阵的每行表示一个文档，每列表示一个单词。在最简单的潜在语义分析中，矩阵的每个条目可以是第 j 个单词在第 i 个文档中出现次数的原始计数。然而，实践中原始计数的效果并不是很好，因为该方法不仅夸大了计数的重要性，而且没有考虑到文档中唯一单词的重要性。如今的普遍做法是使用词频 - 逆文档频率（term frequency–inverse document frequency, tf-idf）来更好地表示索引。tf-idf的简单公式如下：

$$\underbrace{[\text{tf}-\text{idf}]_{i,j}}_{\substack{\text{文档}j\text{和词项}\\\text{的分数}}} = \underbrace{[\text{tf}]_{i,j}}_{\substack{\text{词项}j\text{在文档}i\\\text{中出现的次数}}} \times \log \frac{\overbrace{N}^{\text{文档总数}}}{\underbrace{[\text{df}]_j}_{\substack{\text{包含词项}\\j\text{的文档数}}}}$$

有了由使用 tf-idf 生成的索引组成的词项文档矩阵 A 之后，就可以开始考虑识别潜在主题了。词项文档矩阵是一个在各个维度上都非常稀疏、嘈杂和冗余的矩阵。因此，为了找到能够获得词项和文档之间关系的潜在主题，我们需要对 A 进行某种形式的降维。在潜在语义分析中，这种降维是使用奇异值分解来完成的。奇异值分解是一种线性代数方法。它将矩阵（A）分解为三个独立矩阵，即词项概念矩阵（U）、奇异值矩阵（S）和概念文档矩阵（V）的乘积，$A = USV$，其中，S 是 A 的奇异值对角矩阵。最后，我们通过对两个向量之间的夹角取余弦来将文档划分为潜在的主题，当结果接近 1 时表示文档非常相似，当结果接近 0 时表示文档差异非常大。

　　早期主题建模方法的缺点之一是它们假设主题和文档之间存在显性关系。例如，这些方法假设一个文档只属于一个主题，但实际上一个文档可以不同程度地属于多个主题，每个单词（词项）也可以不同程度地属于多个主题。接下来讨论的隐含狄利克雷分配解决了这个问题。

隐狄利克雷分配

　　隐狄利克雷分配（Latent Dirichlet Allocation，LDA）可以说是这十年来最流行同时也许是最有效的主题检测方法。尽管现在已经有更多方法来更好地检测 / 识别文本数据中的隐含主题——其中一些利用机器学习（如第 6 章中介绍的循环神经网络 / 长短时记忆类的神经网络结构）而其他则使用 Word Embedding/Word2Vec 类的方法——隐狄利克雷分配仍然是最常用的方法。隐狄利克雷分配利用狄利克雷先验 / 分布实现文档到主题和主题到文档的关联 / 分配。隐狄利克雷分配的核函数狄利克雷分布是一组正实数向量参数化的连续多元概率分布。它实际上是贝塔分布的多元推广，因此又称多元贝塔分布。

　　隐狄利克雷分配是一种使用无监督学习过程的生成概率模型：给定一组训练数据，隐狄利克雷分配通过从相同分布生成样本来识别隐含分布。大体来说，隐狄利克雷分配描绘了一个三层的多层概率分配模型，其中每个文档都被建模为下层主题集的加权混合产物，而每个主题又被建模为下层词项集合的加权混合产物。图 7.9 所示的是隐狄利克雷分配的层次结构。

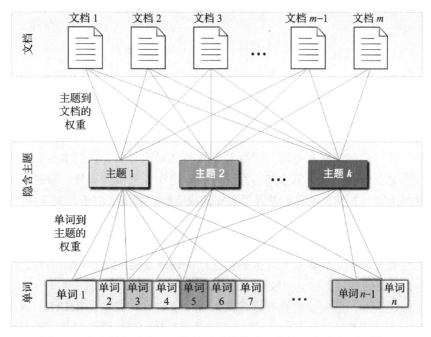

图 7.9　隐狄利克雷分配组件的图形化描述：文档、隐含主题和单词

隐狄利克雷分配算法的详细说明可以参阅文献（Blei et al., 2003），该作品被认为是隐狄利克雷分配算法的开创性作品。为了进一步解释隐狄利克雷分配的内部结构及其卓越的适用性，这个开创性作品的第一作者、加利福尼亚大学伯克利分校的戴维·M. 布莱（David M. Blei）教授在其发表在 *Communications of the ACM* 上的综述文章（Blei, 2012）中给出了几个解释性的例子。在其中的一个例子中，他将一个包含 100 个主题的隐狄利克雷分配模型拟合到 *Science* 杂志的 17 000 篇文章。图 7.10 所示的是这项研究的结果，其中，左侧显示的是示例中推断的主题比例，右边显示的是最流行的 4 个隐含主题中出现频率（即权重）最高的 15 个单词。

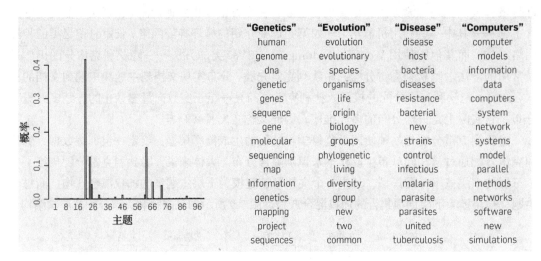

图 7.10　大量科学文献的 LDA 输出示例

7.6　情感分析

我们人是社会人。我们善于使用多种方式交流思想。我们经常会在做投资决策之前咨询金融论坛，我们会咨询朋友对新开餐厅和新发布电影的看法，我们也会在买房、买车和购买大宗商品之前通过搜索引擎查询并阅读顾客评论和专家报告。我们根据其他人的意见来做出更好的决定，尤其是在我们没有很多知识或经验的领域。由于社交媒体（如 Twitter、Facebook）、在线评论网站和个人博客等包含丰富意见的互联网资源的可用性和普及程度的不断提高，因此现在比以往任何时候都更容易找到其他人（成千上万的人）的意见。尽管不是每个人都会在互联网上发表意见，但是由于社交沟通渠道数量和功能的快速增长，因此互联网上个人意见的数量正在呈指数级增长。

情感（Sentiment）是一个很难准确定义的词。它经常与信念（Belief）、观点（View）、意见（Opinion）和看法（Conviction）等词语有关，且易混淆。情感是指一种反映个人感受的微妙意见（Mejova, 2009）。情感具有一些独特的属性，这些属性使其与我们可能想要在文本中识别的其他概念区分开来。通常我们想按主题对文本进行分类，这可能会涉及主题的整体分类体系。另外，情感分类通常涉及两个类别（正面与负面）、一个极性范围（如电影星级评分）乃至意见强度范围（Pang & Lee，2008）。这些类别会跨越很多主题、用户和文档。虽然只处理几个类别似乎比标准的文本分析更容易，但是这并不现实。

作为一个研究领域，情感分析与计算语言学、自然语言处理和文本挖掘紧密相关。情感分析通常又称意见挖掘、主观性分析和评价提取。情感分析与情感计算（Affective Computing）（即计算机的情绪识别和表达）存在一些联系。情感分析领域涉及文本中观点、感受和主观性的自动提取，人们对该领域兴趣和活动的突然高涨正在同时为企业和个人带来机会和威胁。拥抱并利用它的人将从中受益匪浅。个人或公司在互联网上发布的每条意见（好的或者坏的）都属于发布者。它们都将被其他人（通常由计算机程序自动完成）用于各种目的的检索和挖掘。

情感分析试图通过自动化工具挖掘很多人的意见，从而回答"人们对某个主题有什么感觉？"这一问题。情感分析将商业、计算机科学、计算语言学、数据挖掘、文本挖掘、心理学甚至社会学的研究者和实践者聚集在一起，旨在将传统的基于事实的文本分析扩展到新的领域，以实现面向意见的信息系统。在商业环境中，特别是在营销和客户关系管理中，情感分析试图用大量文本数据源（如网络帖子、推文和博客形式的客户反馈）检测对特定产品和服务的有利和不利意见。

文本中包含的情感有显性情感和隐性情感两种形式。包含显性情感的文本直接表达观点（如"今天是美好的一天"），而包含隐性情感的文本中暗含观点（如"把手太容易断了"）。大部分早期的情感分析工作聚焦于第一种形式的情感，因为它更容易分析。当前，实现分析方法的趋势是同时考虑隐性情感和显性情感。情感极性是情感分析主要关注的一个特定文本特征。它通常分为正面和负面两个区域。但是，极性也可能被认为是一个区域。包含多个固执己见声明的文件的极性通常是混合的，这与完全没有极性（即客观的）是不同的（Mejova，2009）。

7.6.1 情感分析应用

传统的情感分析是基于问卷调查或者以焦点小组为中心的。这些方法既成本高昂又耗时，因此是由小的参与者样本驱动的。相比之下，基于文本分析的情感分析是一个突破口。现在的解决方案通过处理事实和主观信息的自然语言处理和数据挖掘方法将非常大规模的数据采集、过滤、分类和聚类方法自动化。情感分析可能是最流行的文本分析应用，它可以利用诸如推文、Facebook 帖子、在线社区、论坛、博客、产品评论、呼叫中心日志和录音、产品评级站点、聊天室、价格比较门户、搜索引擎日志与新闻组等数据源。下面将讨论情感分析的应用，以说明其能力和广泛适用范围。

1. 顾客之声

顾客之声（Voice of the Customer，VOC）是分析型客户关系管理和客户体验管理系统的必要组成部分。作为顾客之声的推动者，情感分析可以（连续或定期）获取公司产品和服务的评论，以便更好地理解和管理顾客的投诉和称赞。例如，电影广告 / 营销公司可能会（根据预告片）发现人们对即将在影院上映的电影的负面情绪，并迅速改变预告片的内容和（所有媒体上的）广告策略，以减轻负面影响。类似地，软件公司可能会及早发现与其新发布产品中发现的问题相关的负面声音，以便通过发布补丁和快速修复来缓解这种情况。

通常，顾客之声的重点是个人客户及其与服务和支持相关的需求、愿望和问题。顾客之声从所有电子邮件、问卷调查、呼叫中心笔记 / 录音和社交媒体帖子等客户接触点中提取数据，并将客户的声音与交易（例如查询、购买金额退货）和企业运营系统中获取的顾客画像相匹配。顾客之声主要由情感分析驱动，是客户体验管理计划的关键要素，其目标是与客户建立亲密关系。

2. 市场之声

市场之声（Voice of the Market，VOM）与理解总体意见和趋势相关。它旨在了解利益相关者——客户、潜在客户、影响者和其他人——对组织和组织的竞争对手的产品和服务的看法。出色的市场之声分析能够帮助公司获得竞争情报，并开发和定位产品。

3. 员工之声

传统上，员工之声（Voice of the Employee，VOE）仅限于员工满意度问卷调查。一般意义上的文本分析以及具体的情感分析是评估员工之声的重要推手。丰富的、充满主观意见的文本数据是倾听员工意见的有效方式。众所周知，乐观的员工会更努力地增强客户体验并提高客户满意度。

4. 品牌管理

品牌管理侧重倾听社交媒体，所有人（如过去 / 现在 / 潜在的客户、行业专家、其他权威人士）都可以在社交媒体上发表有可能损害或提升品牌声誉的意见。一些相对较新的初创公司提供分析驱动的品牌管理服务。品牌管理以产品和公司为中心，而非以客户为中心。它尝试使用情感分析方法来塑造感知而非管理体验。

5. 金融市场

预测一只（或一组）股票的未来价值一直是有趣且看似无法解决的问题。预测一只（或一组）股票上涨或下跌的原因绝不是一门精确的科学。很多人认为股市主要是由情感驱动的，因而它绝不是理性的（尤其是股票的短期走势）。在金融市场中使用情感分析的情况已经非常普遍。使用社交媒体、新闻、博客和讨论组分析市场情绪似乎是计算市场走势的正确方法。如果使用得当，情感分析可以根据市场的声音判断股票的短期走势，并可能影响流动性和交易。

6. 政治

众所周知，意见在政治中非常重要。由于政治讨论以引述、讽刺以及对个人、组织和思想的复杂引用为主，因此政治是情感分析中最困难且富有成效的领域之一。通过分析选举论坛上的情感，可以预测谁更有可能获胜或失败。情感分析能够帮助了解选民的想法和澄清候选人在问题上的立场。情感分析可以帮助政治组织、竞选活动和新闻分析师更好地了解对选民来说最重要的问题和选民立场。自 2008 年美国总统大选以来，竞选双方都成功地将情感分析应用于每场竞选。

7. 政府情报

政府情报是情感分析的另一个应用。例如，有人建议可以监控敌对或负面通信增量的来源。情感分析可以自动分析人们提交的关于未决政策或政府监管提案的意见。此外，监控通信中的负面情绪峰值可能对国土安全部等机构很有用。

8. 其他有趣的领域

利用客户的情感能够更好地设计电子商务网站（如产品建议、追加销售 / 交叉销售广告），更好地放置广告（如在用户浏览的页面上放置考虑情感的产品和服务的动态广告），以及挖掘面向意见或评论的搜索引擎（即用于替代 Epinions 等网站来总结用户评论的意见聚合网站）。情感分析通过对收到的电子邮件进行分类和优先级排序来帮助过滤电子邮件。例如，情感分析可以检测包含强烈负面或煽动性情绪的电子邮件并把它们转发到合适的文件夹。它还可以确定作者引用一篇文章是作为支持性证据还是他反驳的研究，从而帮助人们进行引文分析。

7.6.2　情感分析流程

由于情感分析问题的复杂性（如潜在概念、文本表达以及文本表达的上下文），因此情感分析并没有现成的标准化流程。然而，基于情感分析领域已发表的作品（包括研究方法和应用范围），图 7.11 所示的多步骤、合乎逻辑的简单流程似乎是一种合适的情感分析过程。这些逻辑步骤在本质上是迭代的——也就是说，反馈、纠正和迭代都是发现过程的一部分——和实验性的。只要完成并结合起来，它们就能够产生关于集合中意见的期望洞见。

1. 第 1 步：情感检测

在检索和准备好文本文档之后，情感分析的第一个主要任务是客观性检测。客观性检测的目标是区分事实和意见，也就是把文本分类为主观的或者客观的。这个过程可以表征为客观主观（Objectivity–Subjectivity，OS）极性的计算，其中客观主观极性可以用 0 和 1 之间的数值来表示。如果客观值接近 1，那么表示没有意见可以挖掘（即事实）。因此，该流程返回并获取下一段文本数据进行分析。通常，意见检测是基于对文本中形容词的检查。例如，查看形容词可以相对容易地确定 "what a wonderful work" 的极性。

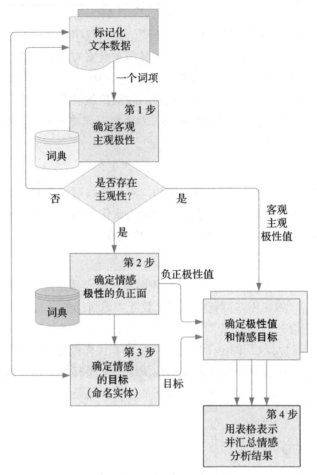

图 7.11　情感分析的多步骤流程

2. 第 2 步：负正极性分类

情感分析的第二个主要任务是极性分类。给定一段包含意见的文本，该任务的目标是将意见划分为两组相反的情感极性之一，或者确定它在这两种极性之间的位置（Pang & Lee，2008）。当作为二元特征时，极性分类是将包含意见的文档标记为表达总体正面意见或总体负面意见的二分类任务。除了确定负正（Negative-Positive，N-P）极性之外，还有人会对确定情感的强度感兴趣。与仅有正面情感不同，情感强度可以表示为轻度、中度、强烈或非常强烈的正面情感。已经有大量关于产品或电影评论的研究，其中的"正面"和"负面"的定义非常明确。将新闻分类为"好的"或"坏的"等其他任务则存在一些困难。例如，一篇文章可能包含负面新闻，但没有明确使用任何主观性的单词和词项。此外，当文档同时表达正面和负面情感时，这些类别通常会混合出现。接下来的任务是识别文档的主要（或主导）情感。尽管如此，对于冗长的文本，分类任务可能需要在词项、短语、句子以及文档等多个层次上完成。在这种情况下，常见的做法是使用一个层次的输出作为下一个更高层次的输入。

3. 第 3 步：目标识别

这一步的目标是准确识别表达情感的目标（如一个人、一个产品、一个事件）。这项任务的难度在很大程度上取决于分析的领域。尽管通常很容易准确识别产品或电影评论的目标，但由于评论与目标直接相关，因此目标识别在其他领域可能非常具有挑战性。例如，网页、新闻文章和博客等冗长的通用文本并不总是具有所分配的预定义主题，而且，它们经常提到很多对象，其中任何一个都可能被推断为目标。有时，一个情感句子中会存在多个目标，如在比较性文本中。主观比较句根据偏好对对象进行排序，如"这台笔记本电脑比我的台式电脑好"。可以使用形容词的比较级（如 more、less、better 和 longer）、形容词的最高级（如 most、least 和 best）及其他单词（如 same、differ、win 和 prefer）来识别此类句子。检索到句子之后，可以将对象按最能代表其优点的顺序排列。

4. 第 4 步：收集和聚合

确定和计算出文档中所有文本数据点的情感之后，在这一步中，将它们聚合并转换为整个文档的单个情绪指标。这种聚合既可能会像总结所有文本的极性和优势一样简单，也可能像使用自然语言处理中的语义聚合方法得到最终情感一样复杂。

7.6.3　极性识别方法

如上一节所述，极性识别可以在词项、短语、句子或文档层进行。极性识别的最细粒度级别是词项层。在词项层识别极性之后，可以将结果聚合到下一个更高的层次，直到情感分析所期望的聚合层次。词项层的极性识别方法主要有两种，每一种都有优点和缺点：

- ❑ 使用由个人为特定任务手工或自动开发的词典，或者由机构开发的通用词典作为参考库。
- ❑ 使用一组训练文档作为特定领域中词项极性的知识来源（即从包含意见的文本文档中推导出预测模型）。

应用示例：基于文本的欺诈检测

在基于 Web 的信息技术的进步和不断加深的全球化的共同推动下，以计算机为媒介的通信不断渗透到日常生活中，新的欺诈场所也随之而来。从基于文本的聊天、即时消息、短信和在线实践社区中生成的文本数量正在迅速增加。甚至电子邮件的使用率也在不断增加。随着基于文本的通信大量增长，人们通过以计算机为媒介的通信来欺诈他人的可能性也在增加，这种欺诈可能会带来灾难性的后果。

不幸的是，人类在欺诈检测任务中往往表现不佳。这种现象在基于文本的通信中更加严重。欺诈检测又称可信度评估（Credibility Assessment），有关欺诈检测的大部分研究都涉及面对面的会议和访谈。然而，随着基于文本的通信的增长，基于文本的欺诈检测方法变得必不可少。

成功检测欺诈（即谎言）的方法具有广泛的适用性。使用决策支持工具和方法，执法部门可以调查犯罪，在机场进行安检，监控恐怖分子嫌疑人的通信。人力资源专业人员可能会使用欺诈检测工具来筛选应聘者。这些工具和方法能够筛选电子邮件，以发现公司管理人员提交的欺诈或其他不当行为。尽管有些人认为他们能够很容易地找出不诚实的人，但是一项关于欺诈的研究表明，平均而言，人们在确定真实性方面的准确度只有 54%（Bond & DePaulo，2006）。当人试图检测文本中的欺诈行为时，这个数字实际上可能更糟。

富勒等人将文本挖掘和数据挖掘方法结合起来分析了军事基地中犯罪嫌疑人完成的利益相关者陈述（Fuller et al.，2008）。在这样的陈述中，嫌疑人和证人必须用自己的话写下他们对事件的回忆。军事执法人员查找存档的陈述数据，从中确定他们能够确认的真实陈述或者欺诈性陈述。这些决定是基于确凿的证据和案例做出的。只要这些陈述被标记为真实的或欺诈性的，执法人员就会删除识别信息并将陈述交给研究团队。共有 371 份陈述可用于分析。富勒等人使用的基于文本的欺诈检测方法是基于消息特征挖掘过程的（Fuller et al.，2008）。该过程依赖数据元素和文本挖掘方法。图 7.12 所示的是该过程的简化描述。

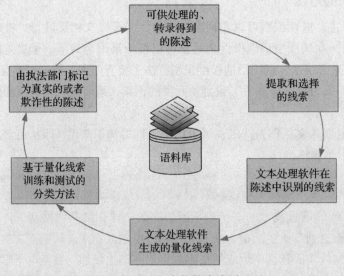

图 7.12 基于文本的欺诈检测过程

首先，研究人员准备好用于处理的数据。原始的手写陈述需要转录成文字处理文件。其次，需要识别特征（即线索）。研究人员确定了 31 个表示类别或者语言类型的特征，这些特征独立于文本内容并可以很容易地以自动化方式分析。例如，诸如 I 或者 me 的第一人称代词在不分析周边文本的情况下就可以识别。表 7.1 所示的是本研究中使用的类别和线索示例。

表 7.1　欺诈检测中使用的语言特征的类别和示例

序　号	类　别	线索示例
1	数量	动词数、名词短语数等
2	复杂度	平均从句数、平均句子长度等
3	不确定性	修饰语、情态动词等
4	非直接性	被动语态、客观化等
5	表现力	情绪化
6	多样性	词汇多样性、冗余性等
7	非正式性	印刷错误率
8	特异度	时空信息、感知信息等
9	影响	正面影响、负面影响等

从文本陈述中提取特征并将其输入文本平面文件中供下一步处理。研究人员使用多种特征选择方法和 10 折交叉验证比较了三种流行数据挖掘方法的预测准确度。结果表明，神经网络模型的效果最好，其对测试数据样本的预测准确度为 73.46%；决策树的效果次之，其预测准确度为 71.60%；逻辑回归的效果最差，其预测准确度为 67.28%。

结果表明，基于文本的自动欺诈检测有可能帮助那些需要检测文本中谎言的人，并能够成功地应用于现实世界的数据。即便仅有文本线索，这些方法的准确度也超过了大多数欺诈检测方法。

小结

本章专门介绍文本分析。由于 Web 2.0、Web 3.0 和社交媒体在互联网上产生了大量文本内容，文本分析在商业分析和数据科学中变得越来越流行。文本分析有文本挖掘、文本处理和文本数据中的知识发现等很多不同的名称。无论使用哪个名称，文本分析过程都需要应用自然语言处理（NLP）和预测性分析将非结构化文本数据转换成可操作的信息。

除了解释文本分析的具体语言、文本分析过程和商业中的各种文本分析应用之外，本章还介绍了文本挖掘中两个非常流行的实践领域：主题建模和情感分析。主题建模试图识别大量文本文档中的隐含主题，而情感分析则试图自动识别嵌入在用户生成的文本内容中的情绪和意见。

参考文献

Blei, D. M. (2012). "Probabilistic Topic Models," *Communications of the ACM*, 55(4): 77–84.

Blei, D. M., Ng, A. Y., & Jordan, M. I. (2003). "Latent Dirichlet Allocation," *Journal of Machine Learning Research*, 3: 993–1022.

Bond C. F., & B. M. DePaulo. (2006). "Accuracy of Deception Judgments," *Personality and Social Psychology Reports*, 10(3): 214–234.

Chun, H. W., Y. Tsuruoka, J. D. Kim, R. Shiba, N. Nagata, T. Hishiki, & J. Tsujii. (2006, January). "Extraction of Gene-Disease Relations from Medline Using Domain Dictionaries and Machine Learning," *Pacific Symposium on Biocomputing*, 11: 4–15.

Delen, D., & M. Crossland. (2008). "Seeding the Survey and Analysis of Research Literature with Text Mining," *Expert Systems with Applications*, 34(3): 1707–1720.

Etzioni, O. (1996). "The World Wide Web: Quagmire or Gold Mine?" *Communications of the ACM*, 39(11): 65–68.

EUROPOL. (2007). *EUROPOL Work Program 2007*, http://lastradainternational.org/lsidocs/42%20Europol%20Work%20Programme%202007.pdf (accessed September 2020).

Feldman, R., & J. Sanger. (2007). *The Text Mining Handbook: Advanced Approaches in Analyzing Unstructured Data*. ABS Ventures.

Fuller, C. M., D. Biros, & D. Delen. (2008). "Exploration of Feature Selection and Advanced Classification Models for High-Stakes Deception Detection," *Proceedings of the 41st Annual Hawaii International Conference on System Sciences (HICSS)*. IEEE Press.

Ghani, R., K. Probst, Y. Liu, M. Krema, & A. Fano. (2006). "Text Mining for Product Attribute Extraction," *SIGKDD Explorations*, 8(1): 41–48.

Grimes, S. (2011, February 17). "Seven Breakthrough Sentiment Analysis Scenarios," *InformationWeek*.

Kanayama, H., & T. Nasukawa. (2006). *Fully Automatic Lexicon Expanding for Domain-Oriented Sentiment Analysis, EMNLP: Empirical Methods in Natural Language Processing*, https://www.aclweb.org/anthology/W06-1642.pdf (accessed September 2020).

Lin, J., & D. Demner-Fushman. (2005). "'Bag of Words' Is Not Enough for Strength of Evidence Classification," *AMIA Annual Symposium Proceedings*, pp. 1031–1032.

Mahgoub, H., D. Rösner, N. Ismail, & F. Torkey. (2008). "A Text Mining Technique Using Association Rules Extraction," *International Journal of Computational Intelligence*, 4(1): 21–28.

Manning, C. D., P. Raghavan & H. Schutze. (2008). *Introduction to Information Retrieval*. MIT Press.

Masand, B. M., M. Spiliopoulou, J. Srivastava, & O. R. Zaïane. (2002). "Web Mining for Usage Patterns and Profiles," *SIGKDD Explorations*, 4(2): 125–132.

McKnight, W. (2005, January 1). "Text Data Mining in Business Intelligence," *Information Management Magazine*.

Mejova, Y. (2009). *Sentiment Analysis: An Overview*, https://www.academia.edu/291678/Sentiment_Analysis_An_Overview (accessed September 2020).

Miller, T. W. (2005). *Data and Text Mining: A Business Applications Approach*. Prentice Hall.

Nakov, P., A. Schwartz, B. Wolf, & M. A. Hearst. (2005). "Supporting Annotation Layers for Natural Language Processing," *Proceedings of the ACL*, pp. 65–68.

Pang, B., & L. Lee. (2008). *Opinion Mining and Sentiment Analysis*, http://www.cs.cornell.edu/home/llee/omsa/omsa.pdf (accessed September 2020).

Peterson, E. T. (2008). *The Voice of Customer: Qualitative Data as a Critical Input to Web Site Optimization*, http://foreseeresults.com/Form_Epeterson_WebAnalytics.html (accessed May 2009).

Shatkay, H., A. Hoglund, S. Brady, T. Blum, et al. (2007). "SherLoc: High-Accuracy Prediction of Protein Subcellular Localization by Integrating Text and Protein Sequence Data," *Bioinformatics*, 23(11): 1410–1417.

StatSoft. (2014). *Statistica Data and Text Miner User Manual*. StatSoft, Inc.

Weng, S. S., & C. K. Liu. (2004) "Using Text Classification and Multiple Concepts to Answer E-mails," *Expert Systems with Applications*, 26(4): 529–543.

Zhou, Y., E. Reid, J. Qin, H. Chen, & G. Lai. (2005). "U.S. Domestic Extremist Groups on the Web: Link and Content Analysis," *IEEE Intelligent Systems*, 20(5): 44–51.

第 8 章

预测性分析使用的大数据

使用数据来理解客户以及企业运营以维持（和增进）增长和盈利能力对当今的企业来说是一项越来越富有挑战性的任务。随着越来越多各种形式和方式的数据变得可用，以传统方式及时处理数据变得不切实际。这种现象被称为大数据（Big Data）。它获得了大量的新闻报道，并吸引了越来越多企业用户和 IT 专业人士——事实上，"大数据"一词正在成为一个过度炒作和过度使用的营销口号。

对于不同背景的人来，大数据意味着不同的东西。最初，"大数据"描述由谷歌等大型组织或者 NASA 的科学研究项目分析的海量数据。但是，对大多数企业来说，大数据是一个相对的术语："大"的程度取决于组织的规模。重要的是在传统数据源的内部和外部寻找新的价值。突破数据分析的界限会发现新的洞见和机会，而"大"的程度取决于你从哪里开始以及如何进行。考虑以下对大数据的流行描述：大数据超出了通常使用的硬件环境或软件工具的捕捉能力，无法在用户可以接受的时间范围内获取、管理和处理。大数据已经成为描述结构化和非结构化信息呈指数级增长、可用性和使用率的流行词。关于大数据趋势以及大数据如何作为创新、差异化和增长的基础已经有了很多讨论。

8.1 大数据从何而来

一个简单的答案是"大数据无处不在"。曾经受技术所限而被忽略的数据源现在被视为"金矿"。大数据可能来自任意数量的来源，包括博客、RFID 标签、GPS、传感器网络、社交网络、基于互联网的文本文档、互联网搜索索引、详细的通话记录、天文学、大气科学、生物学、基因组学、核物理学、生化实验、医疗记录、科学研究、军事监视、摄影档案、视频档案以及大规模电子商务实践等。

　　图 8.1 所示的是三个层次的大数据来源。传统的数据源——主要是业务交易——是第一层，其中数据的数量、多样性和速度中等偏低。下一层是互联网和社交媒体产生的数据。这种人工生成的数据在理解人们的集体想法和感受方面可能是最复杂也最有价值的。该层数据的数量、多样性和速度均中等偏高。最上层是机器生成的数据。由于很多前端和物联网（所有事物相互连接）数据采集系统的自动化，因此组织现在能够以前几年无法想象的速度和丰富度采集数据。三层数据源都生成了丰富的信息。如果这些信息能够被正确地识别和利用，那么就可以显著提高组织解决复杂问题和利用机会的能力。

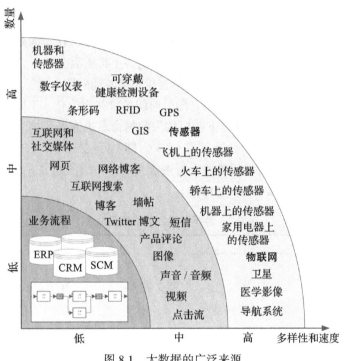

图 8.1　大数据的广泛来源

　　大数据并不新鲜。新的是大数据不断变化的定义和结构。自 20 世纪 90 年代初数据仓库出现以来，公司一直在存储和分析大量数据。虽然太字节（TB）曾经是大数据仓库的同义词，但是现在这一同义词已经变成了拍字节（PB）。随着组织想要存储和分析更高级别的交易细节以及网络和机器生成的数据，以便更好地理解客户行为和业务驱动因素，数据量的增长速度持续加快。很多学者、行业分析师和领导者都认为，"大数据"一词并不妥当。它所说的和它想表达的意思并不完全相同。也就是说，大数据并不仅仅是指"大"。庞大的数据量只是与大数据关联的诸多特征之一，与大数据关联的其他特征还包括多样性、速度、真实性、可变性和价值主张。

8.2 定义大数据的 V

大数据通常由三个 V 定义：数量（Volume）、多样性（Variety）和速度（Velocity）。除了这三个 V 之外，我们看到一些领先的大数据解决方案提供商还增加了其他 V，如 IBM 的真实性（Veracity）、SAS 的可变性（Variability）和价值主张（Value Proposition）。

8.2.1 数量

数量显然是大数据最常见的特征。很多因素都会使数据量呈指数级增长，如多年来存储的交易数据、持续从社交媒体流入的文本数据、不断增长的传感器数据、RFID 和 GPS 自动生成的数据等。过去，太多数据会引发财务和技术方面的存储问题。但是，随着当前先进技术的出现和储存成本的降低，这些问题都变得不再重要。相反，如何在大量数据中确定相关性以及如何从被认为相关的数据中创造价值等其他问题出现了。

如前所述，"大"是一个相对的词。它随着时间的推移而变化，不同组织对其有不同的看法。随着数据量惊人地增长，就连下一层的大数据命名也充满了挑战。数据的最大单位曾经是拍字节（PB），但是现在却是泽字节（ZB），即一万亿吉字节（GB）或者十亿太字节（TB）。随着数据量的增加，我们很难跟上普遍接受的下一层的命名。表 8.1 所示的是现代数据量的大小和命名（Sharda et al.，2014）。

表 8.1 为不断增加的数据量命名

单位名称	符 号	值（字节）
千字节	kB	10^3
兆字节	MB	10^6
吉字节	GB	10^9
太字节	TB	10^{12}
拍字节	PB	10^{15}
艾字节	EB	10^{18}
泽字节	ZB	10^{21}
尧字节	YB	10^{24}
波字节	BB	10^{27}
吉高字节	GeB	10^{30}

想想每天互联网上都会产生 1 EB 的数据，相当于 2.5 亿张 DVD 存储的信息。就一年内网络上流动的信息量而言，即使更大量的数据——1 ZB——也不算太遥远。事实上，据学术界和工业界的专家估计，到 2025 年，互联网上每年将有超过 2 ZB 的数据流量，而且很快，我们可能会开始谈论更大的数据量。有些大数据科学家声称，美国国家安全局和联邦调查局拥有 1 YB 有关人的数据。为了更好地理解这个单位，可以认为 1 YB 相当于 250 万亿张 DVD 的存储量。1 BB 等于 10^{27}。虽然 BB 不是官方的 SI 单位，但是它显然已

经得到了测量界一些人的认可。这样量级的大小可以用来描述未来十年或者更短的时间内从物联网获得的传感器数据。1 GeB 等于 10^{30}。下面是一些大数据的来源（Higginbotham，2012）：

- [ ] CERN 大型强子对撞机每秒生成 1 PB 的数据。
- [ ] 波音喷气式发动机上的传感器每小时产生 20 TB 的数据。
- [ ] Facebook 的数据库每天接收 500 TB 的新数据。
- [ ] YouTube 上每分钟上传 72 小时的视频，其中每四分钟视频的大小约为 1 TB。
- [ ] 拟制造的平方公里阵列望远镜（拟制造的世界上最大的望远镜）每天将产生 1 EB 的数据。

2009 年，全球约有 0.8 ZB 的数据；2010 年，全球的数据量突破了 1 ZB 大关；2011 年底，数据为 1.8 ZB。据 IBM 估计，从现在开始的六七年以后，我们将拥有 100 ZB 以上的数据。这个数字是惊人的，随之而来的挑战和机遇也是惊人的。

8.2.2　多样性

现在的数据有多种格式——从传统的数据库到由最终用户和 OLAP 系统创建的分层数据存储，包括文本文档、电子邮件和 XML，仪表收集的、传感器获取的数据，以及视频、音频和股票行情数据。据估计，组织的数据中有 80%～85% 是非结构或者半结构化的（即不适合传统数据库模式的格式）。但是，不能否认这些数据的价值，因此它们必须包含在分析中以支持决策。

8.2.3　速度

据知名且备受推崇的技术咨询公司高德纳称，速度既指数据生成的速度，也指为满足要求或需求，数据必须以多快的速度被处理（即采集、存储和分析）。RFID 标签、自动传感器、GPS 设备和智能仪表让人们越来越需要实时处理海量数据。速度可能是大数据最容易被忽视的特征。对大多数组织来说，快速反应以应对速度是一项挑战。在时间敏感的环境中，数据的机会成本时钟从数据创建的那一刻就开始计时了。随着时间的推移，数据的价值会下降，最终变得毫无价值。无论主题是患者的健康、交通系统的健康还是投资组合的健康，访问数据并对环境做出更快的反应总是会产生更有利的结果。

在如今的大数据风暴中，几乎每个人都专注于静态分析，即使用优化的软件系统和硬件系统来挖掘大量不同的数据源。虽然这非常重要且非常有价值，但是另一类经常被忽视的分析是由大数据的速度特性驱动的。这类分析被称为数据流分析（Data Stream Analytics）或动态分析（In-Motion Analytics）。如果操作得当，那么数据流分析就可能和静态分析一样有价值，而且在某些商业环境中会比静态分析更有价值。我们将在本章后面更详细地介绍这个主题。

8.2.4 真实性

IBM 使用"真实性"（Veracity）一词描述大数据的第四个 V。真实性是指符合事实——数据的准确性、质量、真实性或可信度。通常使用工具和方法将数据转换为真实的洞见，从而实现大数据真实性的处理。

8.2.5 可变性

数据流可能高度不一致，具有周期性峰值。数据流的不一致使得正确且经济高效地开发数据基础设施变得非常困难。如果资源能够应对高峰时间，那么在其他时间，它们将严重利用不充分。处理可变性问题的一种流行方法是使用基于基础设施即服务商业模式的池化资源。云计算、面向服务的架构和大规模并行处理使可变性对于大型企业和中小企业来说都是可管理的问题。

8.2.6 价值主张

大数据令人兴奋之处在于其价值主张。关于大数据的一个先入为主的概念是，它比"小"数据包含（或者说更有可能包含）更多的模式和有趣例外。因此，通过分析包含丰富特征的大型数据，组织可以获得比通过其他方式更大的商业价值。虽然用户可以使用简单的统计学方法和机器学习方法或者即时查询和报告工具发现小数据集中的模式，但是大数据意味着"大"分析。大分析意味着更深入的洞见和更好的决策。

由于大数据的确切定义仍然是学术界和工业界一直在讨论的问题，因此很可能会有更多特征（也许更多的 V）被添加进来。不管发生什么，大数据的重要性和价值主张都将继续存在。

8.3 大数据的基本概念

无论数据的大小、类型或速度如何，大数据本身都毫无价值，除非商业用户能够使用它们为组织创造价值。这就是"大"分析的用武之地。虽然长期以来组织都在数据仓库之上运行报表和仪表盘，但是很多组织还没有开放这些存储库供深入探索和按需探索。出现这种情况的部分原因是分析工具对普通用户来说太复杂了，另一部分原因是存储库中通常不包含能够满足用户需求的所有数据。但是，由于新的大数据分析范式的出现，这种情况开始发生戏剧性的变化。

除了价值主张，大数据还给组织带来了巨大的挑战。传统的数据采集、存储和分析手段无法有效和高效地处理大数据，因此，我们需要开发（或者购买、租用或外包）新技术来应对大数据挑战。在进行这类投资之前，组织应该证明这些手段的合理性。如果存在以下任何一种情况，那么你需要考虑开始大数据之旅了：

- ❏ 由于当前平台或环境的限制，你无法处理想要处理的数据量。
- ❏ 你希望在分析平台中使用当前新的数据源（如社交媒体、RFID、传感器、网络、GPS 和文本数据），但是却因其不符合数据库存储模式定义的行和列而无法在不牺牲新数据的准确性和丰富性的情况下实现这一想法。
- ❏ 你需要尽快整合数据，以便在分析中保持最新状态。
- ❏ 你想要使用按需模式（与关系型数据库管理系统中使用的预定模式相反）的数据存储范式，因为新数据的性质可能不清楚，而你可能没有足够的时间来确定它并为其开发模式。
- ❏ 数据到达组织的速度非常快，以至于传统分析平台无法处理。

与其他大型信息技术投资一样，大数据分析成功与否取决于很多因素。图 8.2 说明了最关键的成功因素（Watson，2012）。

图 8.2　大数据分析的关键成功因素

以下是这些大数据分析成功因素中最关键的因素：

- ❏ **明确的业务需求（与愿景和战略保持一致）**。商业投资是为了商业利益，而不仅仅是为了技术进步。因此，无论是战略层面、战术层面还是运营层面的大数据分析，其主要驱动力应当是业务需求。
- ❏ **强有力且坚定的支持（即有高管支持者）**。众所周知，如果没有强有力且坚定的高管支持，就很难（甚至不可能）成功。如果只涉及一个或者少数几个分析应用，那么支持可以是部门级的。但是，如果目标是企业范围的组织转型——大数据项目通常就是这种情况，那么就需要最高级别的支持，而且是整个组织范围内的支持。

- **业务战略和信息技术战略一致**。必须确保分析工作始终支持业务战略，而不是业务战略支持分析工作。分析应当在业务战略的执行中发挥促进作用。
- **基于事实的决策文化**。在基于事实的决策文化中，决策是由数字——而不是直觉、感觉或假设——驱动的。还有一种实验文化，通过这种文化可以尝试什么有效、什么无效。为了营造基于事实的决策文化，高级管理层需要：
  - 认识到有些人不能或者不会调整。
  - 成为支持者。
  - 强调必须停止使用过时的方法。
  - 询问哪些分析会影响决策。
  - 将激励和补偿与期望的行为联系起来。
- **强大的数据基础设施**。数据仓库为分析提供了数据基础设施。在大数据时代，这一基础设施正在被新技术不断改变和增强。要想取得成功，就需要把新、旧基础设施整合起来，形成协同工作的整体基础设施。

随着数据规模和复杂性的增加，对更高效分析系统的需求也在增加。为了适应大数据的计算需求，一些创新计算技术和平台正在开发中。这些技术统称为高性能计算，包括：

- **内存分析**（In-Memory Analytics）通过在内存中处理分析型计算和大数据并将它们分布在一组专用节点上，以高度准确的洞见接近实时地解决复杂问题。
- **数据库内分析**（In-Database Analytics）通过在数据库内执行数据集成和分析功能来加速洞见并实现更好的数据治理，而无须重复移动或转换数据。
- **网格计算**（Grid Computing）通过在共享、集中管理的 IT 资源池中处理作业以提高效率、降低成本并提高性能。
- **设备**（Appliances）将硬件和软件整合到一个物理单元中，不仅速度快，而且可以按需扩展。

计算需求只是大数据给当今企业带来的诸多挑战中的一小部分。以下是企业高管发现的对成功实施大数据分析具有重大影响的一系列挑战。在考虑大数据项目和架构时，关注这些挑战可以让分析过程更轻松：

- **数据量**。能够以可接受的速度获取、存储和处理大量数据非常重要，以便决策者在需要时可以获得最新信息。
- **数据集成**。能够以合理的成本快速合并结构或来源不同的数据非常重要。
- **处理能力**。在获取数据的同时能够快速处理数据非常重要。传统的先收集数据再进行处理的方法可能行不通。在很多情况下，需要在获取数据之后立即对其进行分析，以便最大限度地利用数据的价值。（这个过程称为流分析，将在本章后面介绍。）
- **数据治理**。能够应对大数据的安全、隐私、所有权和质量问题很重要。随着数据数量、多样性（格式和来源）以及速度的变化，数据治理实践的能力也应当相应地改变。

❑ **技能可用性**。大数据正在为新的工具利用，并以不同的方式被看待。但是，缺少具备完成这一工作的技能的人员（通常称为数据科学家，本章后面将讨论这一主题）。

❑ **解决方案成本**。因为大数据开辟了可能改进业务的世界，所以有大量实验和发现过程正在进行，以确定重要的模式和能够转化为价值的洞见。为了确保大数据项目获得正的投资回报率，降低发现价值的解决方案的成本至关重要。

虽然挑战是真实的，但是大数据分析的价值主张也是真实的。商业分析领导者所能做的任何帮助证明新数据源商业价值的事情都将使组织从试验和探索大数据转为适应和接受大数据（作为差异化因素）。探索并没有错，但是最终大数据的价值在将洞见付诸行动后才能体现出来。

8.4　大数据分析解决的业务问题

大数据解决的首要业务问题是流程效率、成本降低和客户体验增强。然而，这些问题在不同行业中有不同的优先级。流程效率和成本降低是可以通过分析大数据解决的常见业务问题，它们都是可以通过大数据分析为制造业、能源和公用事业、通信和媒体、交通和医疗保健等行业解决的首要问题。客户体验增强可能是保险公司和零售商要解决的首要问题。风险管理通常是银行和教育行业公司的首要任务。

以下是大数据分析能够解决的主要问题：

❑ 流程效率和成本降低。

❑ 品牌管理。

❑ 收益最大化、交叉销售和追加销售。

❑ 客户体验增强。

❑ 客户流失识别和客户招揽。

❑ 客户服务改进。

❑ 新产品和市场机会识别。

❑ 风险管理。

❑ 合规。

❑ 安全能力增强。

8.5　大数据技术

处理和分析大数据涉及很多技术，其中大部分技术都有一些共同的特征。

首先，它们利用商用硬件实现横向扩展和并行处理技术；它们采用非关系型数据存储单元处理非结构化和半结构化数据；它们将先进的分析和数据可视化技术应用于大数据，以便向最终用户传递洞见。

下面将介绍 MapReduce、Hadoop 和 NoSQL 三种可能改变商业分析和数据管理市场的大数据技术。

8.5.1 MapReduce

MapReduce 是由谷歌推广的一项技术。它将大型多结构数据文件的处理分布到一个大型计算机集群中。将处理分解为小的作业单元，让它们在集群中的数百个甚至数千个节点上并行运行可以获得很好的性能。文献（Dean & Ghemawat, 2004）是一篇关于 MapReduce 的开创性论文，文中提道：

> MapReduce 是一种处理和生成大型数据集的编程模型及相关实现。用这种函数风格编写的程序能够自动并行化并在大型商用计算机集群上执行。这使得没有任何并行和分布式系统经验的程序员可以轻松地利用大型分布式系统的资源。

这句话中需要注意的关键点是 MapReduce 是一种编程模型，而不是一种编程语言。也就是说，它是为程序员而非商业用户设计的。

为了理解 MapReduce 的工作原理，我们来看一个例子。如图 8.3 所示，MapReduce 过程的输入是一组不同形状（每种形状对应一种颜色）的块。我们的目标是计算每种形状的数量。本例中的程序员只负责编写 map 和 reduce 程序，其他部分由实现 MapReduce 编程模型的软件系统来处理。

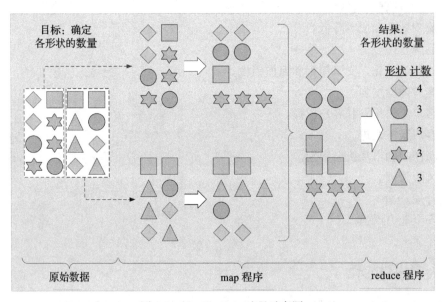

图 8.3　MapReduce 过程示意图

MapReduce 系统首先读取输入文件并将其分割为多个部分。这个例子中分割为两部分。但是，在现实场景中，分割的次数通常要多得多。然后，由在集群节点上并行处理的多个

map 程序处理分割所得的部分。在本例中，map 程序的作用是按照颜色对数据进行分组。MapReduce 系统从各个 map 程序获取输出并将结果合并（即混洗和排序）以输入 reduce 程序中。该程序计算每种颜色形状数量之和。这个例子中只使用了 reduce 程序的一个副本，但实际中可能会使用更多副本。为了优化性能，程序员可以提供自己的混洗和排序程序。程序员也可以部署一个组合器来组合本地的 map 输出文件，以减少在混洗和排序步骤需要跨集群远程访问的数据文件数量。

为什么要使用 MapReduce

MapReduce 可以帮助组织处理和分析大量多结构数据。索引和搜索、图形分析、文本分析、机器学习和数据转换都是其应用示例。这类应用通常难以使用关系型数据库管理系统采用的标准 SQL 来实现。

MapReduce 的过程性使老练的程序员很容易理解 MapReduce。它还有一个优点，即不需要关心并行计算的实现，系统会透明地处理这一任务。

虽然 MapReduce 是为程序员设计的，但是其他人也可以利用预先构建的 MapReduce 应用程序和函数库。商业 MapReduce 和开源 MapReduce 库都提供了广泛的分析能力。例如，Apache Mahout 是一个开源机器学习算法库，包含了使用 MapReduce 实现的聚类、分类和基于批处理的协同过滤算法。

8.5.2 Hadoop

Hadoop 是一个处理、存储和分析大量分布式非结构化数据的开源框架。Hadoop 最初由 Yahoo! 的道格·卡廷（Doug Cutting）创建。Hadoop 的灵感来源于 MapReduce。MapReduce 是谷歌在 21 世纪初开发的、用于索引 Web 的用户定义函数。Hadoop 旨在处理并行分布在多个节点上的拍字节（PB）和艾字节（EB）级的数据。

Hadoop 集群可以运行在廉价的商用硬件上，因此项目可以扩展但不至于破产。Hadoop 现在是 Apache 软件基金会的项目，在那里数以百计的贡献者不断改进着其中的核心技术。

1. Hadoop 的工作原理

从根本上说，Hadoop 不是用一台计算机处理一个巨大的数据库，而是将大数据拆分成多个部分，以便所有部分可以同时处理和分析。客户端访问日志文件、社交媒体和内部数据存储等数据源的非结构化和半结构化数据。它将数据分成多个部分，然后将各个部分加载到由商用硬件上运行的多个节点组成的文件系统中。Hadoop 中的默认文件存储是 Hadoop 分布式文件系统（Hadoop Distributed File System，HDFS）。像 HDFS 这样的文件系统擅长存储大量非结构化和半结构化数据，因为它们不需要将数据组织成关系型的行和列。每个部分都被多次复制并加载到文件系统中，这样即使一个节点发生故障，另一个节点也拥有故障节点上数据的副本。名称节点充当协调者，反馈哪些节点可用、某些数据驻留在集群中的哪个位置以及哪些节点出现了故障等客户信息。

数据加载到集群之后就可以通过 MapReduce 框架进行分析了。客户端将 map 作业（通常是用 Java 写的查询）提交给集群中的一个节点（即作业跟踪器）。作业跟踪器向名称节点查询需要访问哪些数据来完成作业以及所需数据位于集群中的哪个位置。确定上述问题之后，作业跟踪器将查询提交给相关节点。这里没有将所有数据带回中央位置进行处理，而是在每个节点并行处理。这是 Hadoop 的一个基本特征。

每个节点在完成给定作业后会存储结果。客户端通过作业跟踪器启动一个 reduce 作业，汇总在各个节点上本地存储的 map 阶段的结果，以确定原始查询的"答案"。然后，将结果加载到集群中的另一个节点上。客户端可以访问这些结果。这些结果可以被加载到多个分析环境中的任意一个进行分析。MapReduce 阶段到此结束。

在 MapReduce 阶段之后，经过处理的数据就可以供数据科学家和其他具有高级数据分析技能的人进一步分析了。数据科学家可以操作和分析数据，使用多种工具实现多种用途，包括使用工具搜索隐藏的洞见和模式或将工具用作构建面向用户的分析应用程序的基础。他们还可以对数据进行建模，将其从 Hadoop 集群转移到现有的关系型数据库、数据仓库和其他传统 IT 系统中，以进行进一步的分析或支持事务处理。

2. Hadoop 技术组件

Hadoop "栈"包含多组件，例如：
- HDFS。它是所有 Hadoop 集群中的默认存储层。
- **名称节点**。Hadoop 集群中提供有关特定数据在集群中的存储位置以及是否有节点出现故障的客户端信息的节点。
- **辅助节点**。名称节点的备份。辅助节点定期从名称节点复制数据，以防名称节点出现故障。
- **作业跟踪器**。Hadoop 集群中启动和协调 MapReduce 作业或数据处理的节点。
- **从节点**。Hadoop 集群中的普通成员。从节点存储数据并从作业跟踪器获取处理指令。此外，Hadoop 生态系统由很多互补的子项目组成。Cassandra 和 HBase 等 NoSQL 数据存储用于在 Hadoop 中存储 MapReduce 作业的结果。除 Java 之外，一些 MapReduce 作业和其他 Hadoop 功能都是使用 Pig 编写的。Pig 是一种专门为 Hadoop 设计的开源语言。Hive 是由 Facebook 开发的开源数据仓库，可以在 Hadoop 中进行分析建模。文献（Sharda et al., 2014）中给出了丰富的 Hadoop 相关项目和支持工具与平台。

3. Hadoop 的优点和缺点

Hadoop 的主要优点是它使企业能够以经济和高效的方式处理和分析大量非结构化和半

结构化数据。因为 Hadoop 集群可以扩展到拍字节（PB）甚至艾字节（EB）级的数据，所以企业不再需要依赖样本数据集，而是可以处理并分析所有相关数据。数据科学家可以应用迭代方法进行分析，通过不断细化查询、测试查询来发现先前未知的洞见。此外，使用 Hadoop 的成本并不高。开发人员可以免费下载 Apache Hadoop 的发行版，并在一天之内开始试用 Hadoop。

Hadoop 及其众多组件的缺点是它们还不成熟，仍在发展中。同其他新兴的原始技术一样，实施和管理 Hadoop 集群并对大量非结构化数据进行高级分析需要大量专业知识、技能和培训。不幸的是，目前 Hadoop 开发人员和数据科学家非常稀缺，这意味着对很多企业来说，维护和利用复杂的 Hadoop 集群是不现实的。此外，由于社区对 Hadoop 的众多组件进行了改造并创建了新组件，因此存在分支的风险（就像任何不成熟的开源技术 / 方法一样）。最后，Hadoop 是一个面向批处理的框架，也就是说，它不支持实时数据处理和分析。

好消息是，IT 行业一些聪明的人正在为 Apache Hadoop 项目做贡献，新一代 Hadoop 开发人员和数据科学家正在成长。因此，该技术正在迅速发展，变得更加强大且易于实施和管理。供应商生态系统——既有像 Cloudera 这样专注于 Hadoop 的初创公司，也有像 IBM 和微软这样的老牌 IT 中坚力量——正在努力提供企业级商用 Hadoop 发行版、工具和服务，以便使传统企业能够部署和管理这项技术。其他前沿的初创公司正在努力完善 NoSQL（代表"Not Only SQL"，将在本章后面讨论）数据存储，它能够与 Hadoop 一起提供接近实时的洞见。

4. Hadoop 的一些事实揭秘

虽然 Hadoop 以及 MapReduce 和 Hive 等关联技术已经存在十多年了，但是很多人仍然对它们有一些误解。下面十个事实旨在阐明 Hadoop 是什么，它与商务智能的关系如何，以及基于 Hadoop 的商务智能、数据仓库和分析在哪些业务和技术情况下是有用的（Russom，2013）：

❑ **事实 1：Hadoop 不单单是一个产品。** 刚接触大数据的人通常认为 Hadoop 是数据科学新时代的关键产品。实际上，Hadoop 不单单是一个产品，还是一个生态系统。它由多个开源产品（在 Apache Hadoop 基金会的支持下开发）组成。它们就像幕后引擎一样将大数据转换为做出更明智、更快决策所需的宝贵知识。Apache Hadoop 基金会的产品包括 MapReduce、HDFS、Hive、HBase、Pig、Sqoop、Oozie、Hue、Zookeeper 和 Flume 等。这些产品能够以特定方式组合用于特定的业务分析以及相关的数据源。

❑ **事实 2：Hadoop 不仅来自 Apache，还是一个基于社区的生态系统。** Hadoop 解决方案库包含来自 Apache 基金会的多个产品，同时也包含来自大数据领域众多供应商的很多产品。随着 Hadoop 的发展，越来越多社区和供应商加入其中，以使其尽可能全面和通用。

❑ **事实 3：Hadoop 是一个开源社区项目。** 任何人都可以免费使用 Hadoop 作为开源软件库。Hadoop 可以从 Apache 网站 www.apache.org 获取。一些初创公司为其他公司提供基于 Hadoop 库及其扩展特性的打包解决方案，其中扩展特性是根据客户的特定需要和需求定制的。

❑ **事实 4：Hadoop 和 MapReduce 是两个互补的产品。** 谷歌在发明 HDFS 之前就开发了 MapReduce。因此，MapReduce 不依赖 HDFS，而是与其他非 HDFS 的数据存储技术（包括一些最常见的数据库管理系统）一起工作（现在仍然可以一起工作）。

❑ **事实 5：HDFS 是一个文件系统，而不是一个关系型数据库管理系统。** Hadoop 主要处理分布式环境中的文件（而不是表和记录）。因此，其数据粒度是文件级的，且没有 SQL 查询、关系型数据库、用于快速检索的有意索引以及对索引数据的快速访问等与关系型数据库管理系统相关的常见功能。但是，作为回报，HDFS 能够在文件级别执行关系型数据库管理系统无法执行的操作。

❑ **事实 6：Hive 看起来像 SQL，但不是标准 SQL。** Hive 是用于操作关系型数据库管理系统中数据的标准 SQL 的变体。对于熟悉 SQL 的数据分析师来说，学习使用 Hive 编写代码是一个相对快速和简单的过程。大数据领域的很多人相信并希望，随着每次迭代，Hive 将更接近于 SQL 的语法，而且，在不久的某个时候，标准 SQL 将很容易被用于处理 Hadoop 系列产品中的数据。

❑ **事实 7：Hadoop 不能替代数据仓库。** 从历史上看，数据仓库旨在处理企业的结构化数据，通常是关系型数据。随着大数据的出现，数据仓库因为无法处理非结构化数据而受到批评。Hadoop 系列产品的目标是通过处理数据仓库无法处理的非结构化数据类型来补充（不是取代，至少目前还不是）数据仓库。

❑ **事实 8：Hadoop 支持分析。** 虽然 Hadoop 已被互联网公司广泛使用并被两极分化，但是它可以支持任何类型的分析，而不仅仅是网络分析（如分析网络日志和其他基于互联网的数据）。例如，Hadoop 在分析物联网数据方面发挥了重要作用，物联网数据主要是由运输、能源、零售、制造（如预测性维护）、电信和网络安全等行业的机器和传感器生成的。

❑ **事实 9：MapReduce 不仅仅是分析。** 虽然 MapReduce 和分析之间存在着密切关系，但是这种关系并不是排他性的。虽然 MapReduce 是一个通用的执行引擎（它能够处理涉及并行编程、网络通信和容错的各种复杂任务），但是它不仅限于分析应用。相反，它可以用来执行任何类型的计算任务。

❑ **事实 10：Hadoop 不仅与数据量相关，而且还与数据的多样性相关。** HDFS 不仅可以处理非常大的分布式文件，而且还可以处理不同类型的文件。这个过程相当简单，任何类型和大小的数据都可以使用在 HDFS 中构建的非常简单和直接的过程进行存储（集中或分布式）和管理。

8.5.3 NoSQL

NoSQL（代表"Not Only SQL"）是一种新型数据库。它同 Hadoop 一样，能够处理大量多结构化数据。然而，Hadoop 擅长支持大规模、批量式的历史分析，但是 NoSQL 数据库的主要目标是（尽管有一些重要的例外）为最终用户和自动化大数据应用的大量多结构化数据提供离散数据存储。关系型数据库技术严重缺乏这种能力，无法在大数据规模上维持所需的应用性能水平。

在某些情况下，NoSQL 和 Hadoop 可以协同工作。例如，HBase 是一种流行的 NoSQL 数据库。它模仿了谷歌的 Big Table 建模，通常部署在 Hadoop 分布式文件系统之上，提供低延迟的快速查找。大多数 NoSQL 数据库的缺点是它们以遵从 ACID［原子性（Atomicity）、一致性（Consistency）、隔离性（Isolation）和持久性（Durability）］来换取性能和可扩展性。很多 NoSQL 数据库还缺乏成熟的管理和监控工具。这两个缺点正在被开源 NoSQL 社区和一些想要将各种 NoSQL 数据库商业化的供应商所克服。目前可用的 NoSQL 数据库包括 HBase、Cassandra、MongoDB、Accumulo、Riak、CouchDB 和 DynamoDB 等。

8.6　数据科学家

数据科学家是一种经常与大数据或数据科学关联的角色或工作。在很短的时间内，它已经成为市场上最抢手的角色之一。在 2012 年《哈佛商业评论》（*Harvard Business Review*）上发表的一篇文章中，托马斯·H. 达文波特（Thomas H. Davenport）和 D. J. 帕蒂尔（D. J. Patil）称数据科学家是"21 世纪最性感的工作"。他们认为数据科学家最基础、最普遍的技能是（使用最新的大数据语言和平台）编写代码的能力。尽管在不久的将来，当更多人的名片上都有"数据科学家"的头衔时，这可能不再正确。但是在现在这个时候它似乎是数据科学家最基本的技能要求。数据科学家所需的一个更持久的技能是用所有利益相关者都能够理解的语言进行交流，并展示用数据讲故事的特殊技能，无论是口头上的、视觉上的，还是在理想情况下二者皆有的（Davenport & Patil，2012）。

数据科学家需要同时使用业务技能和技术技能来研究大数据，寻找改进当前商业分析实践（包括描述性分析、预测性分析和规范性分析）的方法，从而改进有关新商业机会的决策。数据科学家与商务智能用户——如业务分析师——之间最大的区别是数据科学家研究和寻找新的可能性，而商务智能用户分析现有的业务情况和运营。

数据科学家的主要特征之一是有强烈的好奇心——一种深入问题表面之下寻找问题核心并将它们提炼成一组非常清晰的、可以被检验的假设的渴望。这通常需要联想思维，而这正是所有领域中最具创造力的科学家的特征。例如，一位研究欺诈问题的数据科学家意识到欺诈检测问题类似于一种 DNA 测序问题（Davenport & Patil，2012）。通过将这些不同的领域结合在一起，他和他的团队能够设计出可以显著减少欺诈损失的解决方案。

数据科学家从何而来

虽然人们对"数据科学家"中使用"科学"一词仍然存在分歧，但是数据科学正在成为一个争议较少的问题。传统上，科学家会使用其他科学家制造的工具，并在工具不存在时制造工具，以此作为扩展知识的手段。这也是数据科学家的工作。例如，实验物理学家必须设计设备、收集数据、进行多项实验以发现知识，并就结果进行交流。虽然数据科学家没有穿白大褂，也可能没有无菌实验室环境，但是他们的角色的确与实验物理学家类似。他们使用创造性的工具和技术将数据转化为可操作的信息，供其他人使用以更好地做出决策。

对于数据科学家必须具备什么样的教育背景，目前还没有达成共识。通常认为，具有计算机科学、管理信息系统、工业工程或近年来的分析领域的硕士或博士学历可能是必要的，但是这些都不足以让一个人成为数据科学家。数据科学家最应该具备的特征之一是技术和商业应用领域的专业知识。从这个意义上说，数据科学家有些类似于专业工程师（Professional Engineer，PE）或者项目管理专业人员（Project Management Professional，PMP）的角色。经验与技术技能和教育背景同等重要。在未来的几年内，专门为数据科学家设计的认证项目会广泛存在也就不足为奇了。

数据科学领域仍在定义中，其诸多实践仍处于实验阶段而远未标准化。因此，公司对数据科学家的经验维度非常敏感。随着专业的成熟和实践的标准化，经验在数据科学家的定义中将不再是问题。现在，公司正在寻找在处理复杂数据方面拥有丰富经验的人，而且很幸运地招聘到了拥有物理学或者社会科学教育和工作背景的人。一些优秀、聪明的数据科学家拥有生态学和系统生物学等深奥领域的博士学位（Davenport & Patil，2012）。虽然人们对于数据科学家从何而来还没有形成共识，但是对于他们应当具备的技能和素质已经有了共同的理解。图 8.4 所示的是数据科学家所需技能的概括示意。

图 8.4　数据科学家需要的技能

如图 8.4 所示，数据科学家需要具备创造力、好奇心、沟通或人际交往、领域知识以及问题定义与管理技能等软技能。他们还需要有良好的数据操作、编程或脚本编写，以及互联网和社交媒体 / 社交网络技术等技能。

8.7　大数据和流分析

正如本章前面所讨论的，除了数量和多样性之外，另一个定义大数据的关键特征是速度，即数据创建和流入分析环境的速度。组织正在寻找新的方法来处理流数据，以便对问题做出快速、准确的反应，并获得取悦客户和获取竞争优势的机会。在数据流快速且持续流入的情况下，对之前积累的数据（即静止的数据）应用传统分析方法往往会做出错误的决策，因为这样的决策中使用了太多脱离上下文的数据。虽然也可能做出正确的决策，但是为时已晚，所以导致这些决策对组织毫无用处。对于很多业务情况来说，在数据创建后不久或数据流入分析系统后立刻进行分析是至关重要的。

现在，绝大多数当代企业都假设记录每一条数据很重要，因为其中可能包含现在或不久将来的某个时候有价值的信息。然而，随着数据源数量的增加，存储一切变得越来越困难，在某些情况下甚至是不可行的。事实上，尽管技术在进步，但是目前的总存储容量远远不足以存储世界上正在产生的数字信息。此外，在不断变化的商业环境中，在给定的短时间窗口内检测数据中有意义的变化和复杂的模式变化对于更好地适应新环境是非常重要的。这些情况是流分析（Stream Analytics）范式兴起的主要起因。流分析范式主要是为了应对挑战，如不能永久存储无限数据流以便后续进行及时、有效的分析，以及无法立即检测出复杂的模式变化并加以应对等挑战。

流分析又称动态数据分析（Data-in-motion Analytics）和实时数据分析（Real-Time Data Analytics），通常是指从连续的流数据中提取可操作信息的分析过程。流（Stream）是指连续的数据元素序列（Zikopoulos et al., 2013）。流中的数据元素通常称为元组。在关系型数据库中，元组等同于一行数据（如一条记录、一个对象或者一个示例）。然而，对于半结构化数据或非结构化数据而言，元组是数据包的抽象表示，数据包是指给定对象的一组属性。如果元组本身不能提供足够多的信息以供分析，那么就需要使用元组间的相关性或者其他集体关系，并使用包含一组元组的数据窗口。数据窗口可以给出有限数量的元组。当有新数据可用时，窗口就会不断更新。窗口的大小是根据被分析的系统来确定的。流分析变得越来越流行的原因主要有两个。首先，行动时间的价值在减少。其次，我们拥有在数据创建时采集和处理它们的技术。

能源行业中已经开发出了一些重要的流分析应用，特别是智能电网（电力供应链）系统。新的智能电网能够实时创建和处理多个数据流，以便确定最佳电力分配，从而满足真正的客户需求。新的智能电网还可以做出准确的短期预测，以满足意外需求，应对可再生能源发电高峰。

图 8.5 所示的是能源行业流分析的通用用例（一个典型的智能电网应用）。该用例的目标是使用智能电表、生产系统传感器和气象模型的流数据实时、准确地预测电力需求和生产。预测近期的消费趋势和生产趋势并实时检测异常可以优化供应决策（如生产多少，使用什么生产源，如何优化生产能力），从而通过调整智能电表来调节消费并做出有利的能源定价。

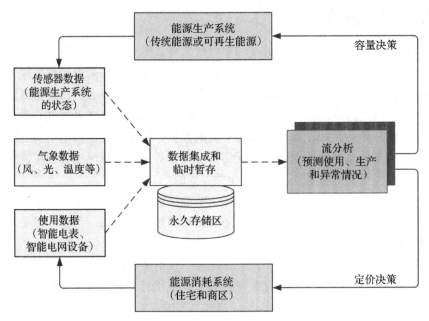

图 8.5　能源行业流分析用例

8.8　数据流挖掘

作为流分析的一种使能技术，数据流挖掘（Data Stream Mining）是指从连续、快速的数据记录中提取新的模式和知识结构的过程。正如我们在本书中所看到的，传统的数据挖掘方法要求以适当的文件格式收集和组织数据，然后通过递归的方式处理数据以了解底层模式。相比之下，数据流是实例的有序序列的连续流。在很多数据流挖掘应用中，这些实例只能使用有限的计算和存储能力读取 / 处理一次或少数几次。传感器数据、计算机网络流量、电话通话、ATM 交易、网络搜索和金融数据等都是数据流的例子。数据流挖掘可以被认为是数据挖掘、机器学习和知识发现的一个分支。

很多数据流挖掘应用的目标是在给定数据流中已有实例的类或值的情况下预测数据流中新实例的类或值。我们可以使用专门的机器学习技术（主要是传统机器学习技术的衍生技术）从带标签的实例中自动学习这个预测任务。德伦等人开发了一种这样的预测方法的例子（Delen et al.，2005）。他们通过每次使用数据的一个子集逐步建立和完善决策树模型。

应用示例：政治活动中的大数据

政治领域是大数据和分析有望产生重大影响的应用领域之一。近年来美国总统选举的经验表明，大数据和分析在获取和激励数百万志愿者（以现代草根运动的形式）为竞选活动筹集数亿美元和以最佳方式组织并动员潜在选民大量投票等方面能够发挥巨大作用。显然，从 2008 年美国总统大选开始，为了提高赢得选举的机会，大数据和分析的创造性运用已经在政治舞台上留下了印记。图 8.6 说明了将各种数据转换为赢得选举的要素的分析过程。

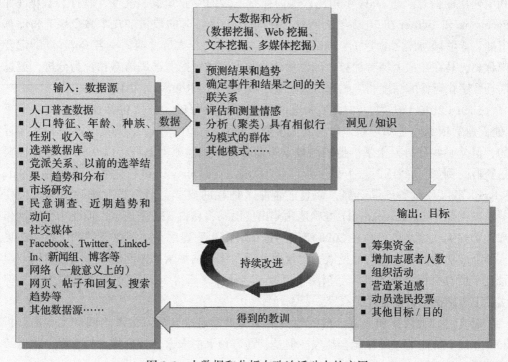

图 8.6　大数据和分析在政治活动中的应用

如图 8.6 所示，数据是信息的来源。数据越丰富、越深入，洞见就越好、越相关。大数据的主要特征——数量、多样性和速度——也适用于政治活动的数据。除结构化数据（如先前活动的详细记录、人口普查数据、市场研究和民意调查数据）外，大量真实的社交媒体（如 Twitter 的推文、Facebook 的墙贴、博客的帖子）和网络（如网页、新闻、新闻组）数据可以用于更多地了解选民以及获得更加深入的有关如何推动和改变他们的洞见。通常，个人的搜索记录和浏览历史会被采集并提供给客户（政治分析师）。他们使用这些数据来获得更好的洞见和行为目标。如果处理得当，数据和分析可以提供宝贵信息，从而能够比以往任何时候都更好地管理政治活动。

从预测选举结果到确定潜在选民和捐赠者，大数据和分析可以为现代竞选活动提供很多帮助。事实上，它已经改变了总统竞选活动的运作方式。在 2008 年和 2012 年的总统选举中，主要政党（共和党和民主党）都利用社交媒体和数据驱动的分析来更有效、更高效地开展竞选活动。但是，正如很多人所认为的那样，民主党显然拥有竞争优势（Issenberg，2012）。2012 年，奥巴马以数据和分析驱动的运作远比其 2008 年备受瞩目的、主要由社交媒体驱动的运作更为复杂、高效。在 2012 年的竞选活动中，数百名分析师将高级分析技术应用于非常庞大、多样化的数据源上，持续地确定目标、原因和应使用的信息。与 2008 年相比，他们拥有更多的专业知识、硬件、软件、数据（如 Facebook 和 Twitter 在 2012 年所拥有的数据比 2008 年时的数量多几个数量级）和计算资源，能够做得比之前更好（Shen，2013）。在 2012 年大选之前，一名 *Politico* 的记者声称奥巴马在数据上拥有优势。他说从政治和人口数据挖掘选民情感和行为分析，竞选活动数字化运作的深度和广度都是政治中前所未见的（Romano，2012）。

Shen（2013）认为，2012 年大选的真正赢家是分析。虽然包括所谓的政治专家（他们通常依靠直觉和经验）在内的大多数人都认为 2012 年的总统大选将是非常接近的，但是一些分析人士基于他们的数据驱动分析模型预测奥巴马将以 99% 的确定性轻松获胜。例如，《纽约时报》旗下热门政治博客 FiveThirtyEight 的内特·西尔弗（Nate Silver）不仅预测奥巴马会赢，而且还预测了他赢的概率。斯坦福大学政治学教授西蒙·杰克曼（Simon Jackman）准确地预测出奥巴马将赢得 332 张选票，而北卡罗来纳州和印第安纳州将是奥巴马在 2008 年赢得选举时落入罗姆尼手中的仅有的两个州。在见证预测成功的同时，我们也见证了大数据分析在预测选举结果方面的一些失败案例。尽管几乎所有分析专家和机构都预测希拉里·克林顿将赢得 2016 年的美国总统大选，但实际上唐纳德·特朗普才是赢家。

简言之，大数据和分析已成为政治活动的重要组成部分。党派之间在大数据分析和专业知识方面的差距可能会消失。但是，在可预见的未来，分析能力的重要性将持续增加。

小结

我们生活在一个大数据世界中。有人说数据是新的"石油"。数据的价值——尤其是大数据的价值——是不可否认的。如本章所述，大数据数量多、数据类型（包括文本、图像、视频、音频和机器生成的物联网数据）丰富、创建和使用速度快。本章讨论了大数据的特征以及它们为数据科学家所带来的机遇和挑战。本章还讨论了 Hadoop、MapReduce 和 NoSQL 等大数据的使能技术，解释了定义数据科学家角色的技术和非技术特征。

参考文献

Davenport, T. H., & D. J. Patil. (2012, October). "Data Scientist," *Harvard Business Review*, pp. 70–76.

Dean, J., & S. Ghemawat. (2004). *MapReduce: Simplified Data Processing on Large Clusters*. http://research.google.com/archive/mapreduce.html (accessed September 2020).

Delen, D., M. Kletke, & J. Kim. (2005). "A Scalable Classification Algorithm for Very Large Datasets," *Journal of Information and Knowledge Management*, 4(2): 83–94.

Higginbotham, S. (2012). *As Data Gets Bigger, What Comes After a Yottabyte?* http://gigaom.com/2012/10/30/as-data-gets-bigger-what-comes-after-a-yottabyte (accessed September 2020).

Issenberg, S. (2012, October 29). "Obama Does It Better," *Slate*. https://slate.com/news-and-politics/2012/10/obamas-secret-weapon-democrats-have-a-massive-advantage-in-targeting-and-persuading-voters.html (accessed September 2020).

Kelly, L. (2012). *Big Data: Hadoop, Business Analytics and Beyond*. wikibon.org/wiki/v/Big_Data:_Hadoop,_Business_Analytics_and_Beyond (accessed September 2020).

Romano, L. (2012, June 9). "Obama's Data Advantage," *Politico*. https://www.politico.com/story/2012/06/obamas-data-advantage-077213 (accessed September 2020).

Russom, P. (2013). "Busting 10 Myths About Hadoop," *Best of Business Intelligence*, 10: 45–46.

Samuelson, D. A. (2013, February). "Analytics: Key to Obama's Victory," *OR/MS Today*, pp. 20–24.

Scherer, M. (2012, November 7). "Inside the Secret World of the Data Crunchers Who Helped Obama Win," *Time*.

Sharda, R., D. Delen, & E. Turban. (2014). *Business Intelligence and Analytics: Systems for Decision Support*. Prentice Hall.

Shen, G. (2013, January–February). "Big Data, Analytics and Elections," *INFORMS Analytics Magazine*.

Watson, H. (2012). "The Requirements for Being an Analytics-Based Organization," *Business Intelligence Journal*, 17(2): 42–44.

Watson, H., R. Sharda, & D. Schrader. (2012). "Big Data and How to Teach It," Workshop at AMCIS 2012, Seattle.

Zikopoulos, P., D. deRoos, K. Parasuraman, T. Deutsch, J. Giles, & D. Corrigan. (2013). *Harness the Power of Big Data*. McGraw-Hill.

深度学习和认知计算

正如你将在本章中看到的，一般意义上的人工智能（Artificial Intelligence，AI）和机器学习的具体方法都在快速发展和进步。组织内外的大型数字化数据源（包括结构化和非结构化的）已经为开发面向几年以前还被认为是无法解决的复杂问题的智能解决方案铺平道路。

处于人工智能系统前沿的深度学习和认知计算正在通过快速扩张的大数据资源帮助企业做出准确、及时的决策。正如学术界和工业界所见证的那样，新一代人工智能系统能够以完全不同的方式解决问题，可以得到比旧系统好得多的结果。例如，在欺诈检测领域，传统方法的作用一直很小。由于误报率高于预期，因此会导致不必要的调查，从而引起客户的不满。随着欺诈检测等古老的难题重新浮出水面且被重新构想和重新设计，深度学习等人工智能技术正在使它们以非常高的准确性和可用性得到解决。

9.1 深度学习导论

在大约十年以前，除了科幻电影之外，（用人类语言）与电子设备（智能地）对话是不可想象的。然而，当前人工智能方法和技术的进步使得几乎每个人都体验过这种不可思议的现象。例如，你可能在开车的同时要求 Siri 或者谷歌助手拨打电话通讯录中的某个号码或者查找到某个地址的具体路线。你可能还要求虚拟助手在 Google Home、Amazon Alexa 设备或者电视上播放音乐。你可能已经发现 Facebook 为你上传的集体照片中朋友的面孔给出了非常正确的标记建议。也许你最近没有尝试过翻译外文手稿。但是如果尝试一下，那么你就会发现这很简单。你只需要用谷歌翻译手机应用对手稿拍照，即可在一秒内完成翻译。这些只是深度学习众多的应用中的一小部分。这些应用可以让人们的生活更轻松。

作为人工智能和机器学习家族的最新成员，也许也是目前最受欢迎的成员，深度学习的目标与先前其他机器学习方法的目标相似，都是模拟人的思维过程，以几乎与人相同的学习方式使用数学算法从数据中学习。那么，深度学习中真正不同（和更先进）的地方是什么呢？顾名思义，深度学习比传统的机器学习更加深入。决策树、支持向量机、逻辑回归和神经网络等传统机器学习算法的性能在很大程度上依赖于数据的表示。也就是说，只有当我们（分析专业人员或数据科学家）以适当的格式为传统机器学习算法提供相关且足够的信息（即特征）时，它们才能够"学习"模式并进而以可接受的准确度执行预测（分类或估计）、聚类或者关联任务。换言之，这些算法需要人工识别和获取理论上或逻辑上与手头问题相关的特征，并以合适的格式将这些特征输入算法。例如，为了使用决策树预测给定用户是否会回头（或者流失），营销经理需要向算法提供客户的社会经济特征信息——如收入、职业和教育水平（以及人口统计信息和与公司的历史互动）。但是，算法本身无法定义社会经济特征，也无法从客户完成的调查问卷或者社交媒体的调查问卷提取这些特征。

虽然这种结构化的、以人为中介的机器学习方法能够很好地完成非常抽象和形式化的任务，但是要将其用于人脸识别或语音识别等（对人来说）看似简单的非形式化任务就非常富有挑战，因为处理这类任务需要大量有关现实世界的知识（Goodfellow et al., 2016）。例如，训练机器学习算法仅依靠人工提供的语法或者语音特征准确识别人们所说的句子的准确含义并非易事。完成这样的任务需要对现实世界有深刻的认识，而这些认识并不容易形式化和显式表示。实际上，相比经典机器学习方法，深度学习增加的正是自动获取完成此类非正式任务所需的知识以及提取有助于提高系统性能的高级特性的能力。

要深入了解深度学习，重要的是要了解它在人工智能方法家族中的位置。通过简单的层次关系图或分类图或许能够获得这样一个整体的理解。为了创建这样的分类，古德费罗和他的同事认为深度学习是一种表示学习方法（Goodfellow et al., 2016）。表示学习方法是机器学习的一种类型（也是人工智能的一部分），其重点在于由系统学习和发现特征并发现从这些特征到输出 / 目标的映射。图 9.1 使用维恩图说明了深度学习在人工智能学习方法中所处的位置。

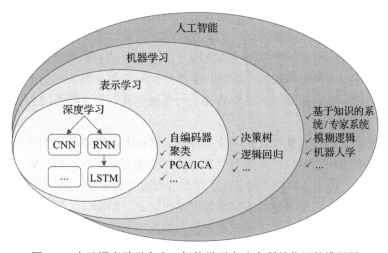

图 9.1　表示深度学习在人工智能学习方法中所处位置的维恩图

图 9.2 突出了构建深度学习模型时需要执行的步骤 / 任务与使用经典机器学习算法构建模型时需要执行的步骤 / 任务之间的差异。在图中，阴影框表示能够直接从数据中学习的组件。基于知识的系统和经典机器学习方法都需要数据科学家手动创建特征（即表示）才能实现所需的输出。深度学习使计算机能够从简单的概念中推导出一些高级特征，而这些特征原本是需要由人工发现的（或者在某些问题情境下可能无法发现）。然后，再将这些高级特征映射到所需的输出。

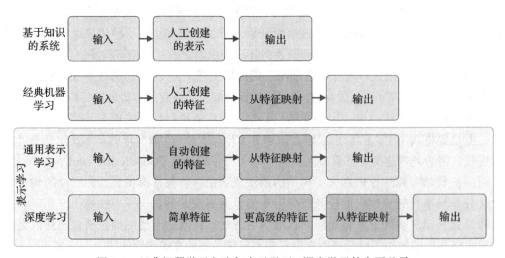

图 9.2　经典机器学习方法与表示学习 / 深度学习的主要差异

从方法论的角度来看，虽然通常认为深度学习是机器学习的一个新领域，但是其最初的想法可以追溯到 20 世纪 80 年代，也就是人工神经网络出现之后的几十年。当时，LeCun 等人发表了一篇关于应用反向传播网络识别手写邮政编码的论文（LeCun et al., 1989）。事实上，在当前的实践中，深度学习似乎只是神经网络的一种延伸，其思想是使用多层连接的神经元和更大的数据集来自动表征变量和解决问题，从而以更高的复杂度处理更复杂的任务——但是，这是以大量计算为代价的。这种非常高的计算要求和对非常大的数据集的需求是使最初的想法不得不等待 20 多年的两个主要原因。直到一些先进的计算和技术基础设施出现，深度学习才得以在现实中实现。虽然神经网络的规模在过去十年中有了显著的增长，但是据估计，要想拥有与人脑中的神经元数量和复杂程度相当的人工深度神经网络还需要几十年的时间。

除了前面提到的计算机基础设施之外，特征丰富的大型数字化数据集的可用性是近年来成功开发深度学习应用的另一个关键因素。从深度学习算法中获得良好的性能曾经是一项非常困难的任务，因为这需要大量技能、经验和对设计任务特定网络的深入理解。因此，并没有多少人能够开发用于实际或研究的深度学习应用。然而，大型训练数据集极大地弥补了个人知识的不足，并降低了实现深度神经网络所需的技能水平。虽然近年来可用数据集的规模呈指数级增长，但是对这些庞大数据集中的案例进行标记仍是一个巨大的挑战，特别是对深度网络监督学习来说。因此，有大量研究正聚焦于如何利用大量未标记数据进行半监督或无监督学习，以及如何开发在合理时间内批量标记实例的方法。

下一节对神经网络——深度学习的起源"浅层"智能，进行了概述。接下来，本章将介绍不同类型的深度学习架构及其工作原理，这些深度学习架构的一些常见应用，以及在实践中用于实现深度学习的一些计算机框架。如前所述，由于深度学习的基础与人工神经网络的基础相同，因此下一节将简要介绍神经网络架构——多层感知器（MultiLayer Perceptron，MLP）型神经网络——并重点介绍其数学原理，然后探讨各类深度学习架构/方法是如何基于这些基础派生而来的。

9.2 浅层神经网络基础

人工神经网络本质上是人脑及复杂神经元生物网络的简化抽象。人脑有数十亿个相互连接的神经元，这些神经元帮助我们思考、学习和理解周围的世界。从理论上讲，学习只不过是新的或现有神经元之间连接的建立和适应。然而，在人工神经网络中，神经元是处理单元（Processing Element，PE）。它们对输入变量或其他神经元输出的数值执行预定义的数学运算，以构建其输出并推出。图 9.3 所示的是单输入单输出神经元——更准确地说是人工神经网络中处理单元的示意图。

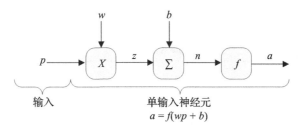

图 9.3　通用单输入人工神经元表示

在该图中，p 表示数值输入。每个输入都带着可调权重 w 和偏置项 b 进入神经元。乘法权重函数将权重应用于输入，净输入函数 Σ 则将偏置项添加到加权输入 z。然后，净输入函数的输出（n，称为净输入）通过传递函数（又称激活函数）——用 f 表示——进行转换并产生实际输出 a。换言之：

$$a = f(wp + b)$$

例如，如果 $w = 2$，$p = 3$，$b = -1$，那么

$$a = f(2 \times 3 - 1) = f(5)$$

在神经网络的设计中经常会使用各种传递函数。表 9.1 所示的是常见传递函数及其对应的操作。值得注意的是，在实践中，为网络选择合适的传递函数需要大量的神经网络知识——数据的特征以及创建网络的特定目的。

表 9.1　神经网络中的常见传递（激活）函数

传递函数	形　式	操　作
硬极限函数	a ↑ +1, 0, n, −1　$a = \mathrm{hardlim}(n)$	$\begin{cases} a = +1, n > 0 \\ a = 0, n < 0 \end{cases}$
线性函数	a ↑ +1, 0, n, −1　$a = \mathrm{purelin}(n)$	$a = n$
对数 sigmoid 函数	a ↑ +1, 0, n, −1　$a = \mathrm{logsig}(n)$	$a = \dfrac{1}{1 + \mathrm{e}^{-n}}$
正线性函数（又称整流线性单元或 ReLU）	a ↑ +1, 0, n, −1　$a = \mathrm{poslin}(n)$	$\begin{cases} a = n, n > 0 \\ a = 0, n < 0 \end{cases}$

　　例如，如果在前面的例子中采用硬极限传递函数，那么实际输出 a 将是 $a = \mathrm{hardlim}(5) = 1$。可以根据一些准则为网络中的每组神经元选择合适的传递函数。这些准则对位于网络输出层的神经元尤其具有稳健性。例如，如果模型的输出在本质上是二元的，那么建议在输出层使用 sigmoid 传递函数生成 0 到 1 之间的输出，用来表示给定 x 时 $y = 1$ 的条件概率，即 $P(y = 1 \mid x)$。很多神经网络教材都详细阐述了应用于神经网络中不同层的指南，其中有一定的一致性，同时也存在很多分歧。这表明，最佳实践应当（并且通常确实）来源于经验。

　　通常来说，一个神经元有多个输入。如果有多个输入，那么每个输入 p_i 都可以表示为输入向量 p 的一个元素。每个输入值在权重向量 W 中都有其调整权重 w_i。图 9.4 所示的是具有 R 个独立输入的多输入神经元。

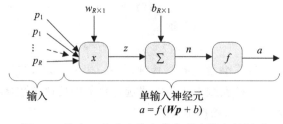

图 9.4　具有 R 个独立输入的典型多输入神经元

对于这个神经元，净输入 n 可以表示为

$$n = w_{1,1}p_1 + w_{1,2}p_2 + w_{1,3}p_3 + \cdots + w_{1,R}p_R + b$$

假设输入向量 $\boldsymbol{p}$ 为 $R \times 1$ 向量，权重向量 $\boldsymbol{W}$ 为 $1 \times R$ 向量，那么 n 可以使用矩阵形式表示为

$$n = \boldsymbol{W}\boldsymbol{p} + b$$

其中，$\boldsymbol{Wp}$ 是标量（即 1×1 向量）。

此外，每个神经网络通常由多个相互连接的神经元组成并组织为连续的层，其中每一层的输出都是下一层的输入。图 9.5 所示的是一个典型的神经网络，其中，输入层（即第一层）有三个神经元，隐藏层（即中间层）有四个神经元，输出层（即最后一层）有一个神经元。如前所述，每个神经元都有权重、权重函数、偏置和传递函数，并处理自身的输入。

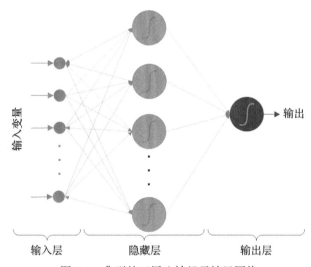

图 9.5　典型的三层八神经元神经网络

虽然给定网络的输入、权重函数和传递函数是固定的，但是权重和偏置的值是可调的。调整神经网络中权重和偏置的过程通常称为训练。事实上，在实践中，只有经过足够多具有已知实际输出（即目标）样本的训练，神经网络才能够有效地预测问题。训练过程的目标是调整网络权重和偏置，使每组输入（即每个样本）足够接近其对应的目标值。

9.3　人工神经网络的要素

神经网络包括以不同方式组织的处理单元，这些处理单元形成网络结构。神经网络中的基本处理单元是神经元。很多神经元组织起来就构成了神经元网络。神经元可以以不同的方式组织起来。这些不同的网络模式被称为拓扑或网络架构。前馈多层感知器是一种流行的方法，其中所有神经元都将一层的输出与下一层的输入相连。但是，它不允许任何反馈连接（Haykin，2009）。

9.3.1　处理单元

人工神经网络的处理单元是人工神经元。如图 9.5 所示，每个神经元接收并处理输入，然后给出单个输出。输入可以是原始输入数据或者其他处理单元的输出。输出可以是最终结果（1 表示"是"，0 表示"否"）或者其他神经元的输入。

9.3.2　网络结构

每个人工神经网络都是由一组神经元组成的。这些神经元被分组为层。人工神经网络的典型结构如图 9.6 所示，其中缩写和符号的含义如下：

❑ PE：处理单元（生物神经元的人工表示）。
❑ X_i：处理单元的输入。
❑ Y：处理单元生成的输出。
❑ $\sum$：求和函数。
❑ f：激活 / 传递函数。

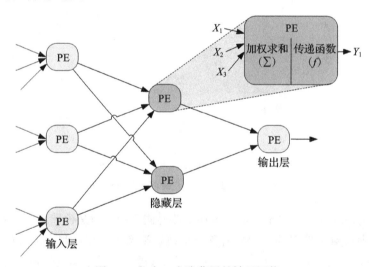

图 9.6　包含一个隐藏层的神经网络

注意图中的输入层、中间层（称为隐藏层）和输出层。隐藏层是一层神经元，这些神经元从前一层获取输入并将这些输入转换为输出以供进一步处理。虽然通常只使用一个隐藏层，但是也可以在输入层和输出层之间设置多个隐藏层。在这种情况下，隐藏层只是将输入转换为非线性组合，并将转换后的输入传递给输出层。隐藏层通常作为一种特征提取机制。也就是说，隐藏层将问题中的原始输入转换为这些输入的更高层次的组合。

在人工神经网络中，当处理信息时，很多处理单元同时执行计算。这种并行处理与人脑的工作方式类似，但不同于传统计算的串行处理。

1. 输入

每个输入对应一个属性。例如，如果问题是决定是否批准贷款，那么属性可能包括申请人的收入水平、年龄和房屋的所有权状况。属性的数值或非数值的数值表示是网络的输入。文本、图片和语音等类型的数据都可以作为输入。我们可能需要通过预处理将数据从非数值数据（符号）或者数值数据转换为有意义的输入。

2. 输出

网络的输出包含问题的解决方案。例如，在贷款申请的案例中，输出可以为"是"或"否"。人工神经网络将数值赋给输出，这些数值可能需要使用阈值转换为分类输出，使得结果为 1 时表示"是"，为 0 时表示"否"。

3. 连接权重

连接权重是人工神经网络的关键要素。它们表示输入数据的相对强度（或数学值）或者层与层之间传递数据的很多连接。换言之，权重表示每个输入对处理单元（以及对输出）的相对重要性。权重很重要，因为它们存储了学习到的信息模式。网络是通过反复调整权重来学习的。

4. 求和函数

求和函数计算进入每个处理单元的所有输入的加权和。求和函数将每个输入值与其权重相乘，然后对所有乘积求和，从而给出加权和。图 9.7a 所示的是一个处理单元中 n（$n=2$）个输入（用 X 表示）的求和函数公式，图 9.7b 所示的是多个处理单元的求和函数公式。

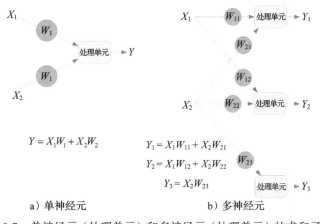

a）单神经元　　　　　　　　b）多神经元

图 9.7　单神经元（处理单元）和多神经元（处理单元）的求和函数

5. 传递函数

求和函数计算神经元的内部刺激或激活水平。基于这一水平，神经元可能产生也可能不会产生输出。内部激活水平和输出之间的关系可以是线性的或非线性的。这种关系可以用多种类型的传递函数表示。常见激活函数如表 9.1 所示。具体激活函数的选择会影响网络的运行。图 9.8 所示的是一个简单的 sigmoid 激活函数示例的计算。

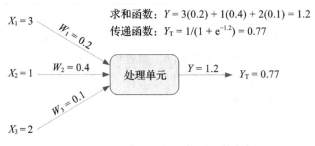

求和函数：$Y = 3(0.2) + 1(0.4) + 2(0.1) = 1.2$
传递函数：$Y_T = 1/(1 + e^{-1.2}) = 0.77$

图 9.8　人工神经网络的传递函数示例

传递函数会将输出修改到一个合理的取值区间（通常在 0 和 1 之间）。这样的转换在输出到达下一个水平之前执行。如果没有这样的转换，那么输出值就会非常大，尤其是在有多层神经元的时候。有时使用阈值来替代传递函数。阈值是神经元输出触发下一层神经元的门槛值。如果输出值小于阈值，那么它不会被传递到下一层神经元。例如，所有小于或等于 0.5 的值都变为 0，所有大于 0.5 的值都变为 1。转换可以在每个处理单元的输出处发生，也可以只在最终输出节点处进行。

9.3.3　人工神经网络的学习过程

在监督学习中，学习过程是归纳的。也就是说，连接权重来自现有案例。学习过程通常包含三个任务，如图 9.9 所示：

1）计算临时输出。

2）将输出与预期目标进行比较。

3）调整权重并重复这个过程。

与所有其他监督机器学习方法一样，神经网络的训练通常是通过定义性能函数 F（又称为成本函数或损失函数），改变模型参数进而优化（最小化）性能函数来完成的。一般来说，性能函数仅是网络中所有误差（即实际输入与目标之间的差）的度量。误差的度量有多种类型（如平方和误差、均方误差、交叉熵和自定义度量），它们都是为了获取网络的输出与实际输出之间的差异。

训练过程首先使用一些随机权重和偏置计算给定输入集的输出。只要有了网络输出，就可以计算性能函数。对于给定的一组输入，实际输出（Y 或 Y_T）与期望输出（Z）之间的差值是称为 Δ（delta）的误差。

训练过程的目标是通过调整网络的权重来最小化 Δ（如在可能的情况下将其减小到 0）。关键是沿

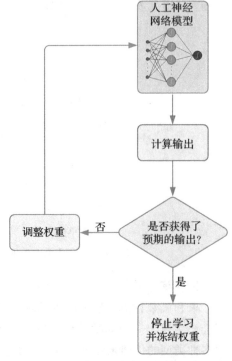

图 9.9　人工神经网络中的监督学习过程

着正确的方向改变权重，以减少 Δ（即误差）。根据使用的学习算法，不同人工神经网络以不同方式计算 Δ。有数百种学习算法可以用于各种情况和人工神经网络配置。

人工神经网络训练的反向传播

神经网络的性能优化（即最小化误差或 Δ）通常使用随机梯度下降（Stochastic Gradient Descent，SGD）算法完成。就像在神经网络中一样，该算法是一种基于梯度的迭代优化器，用于寻找性能函数的最小值（即最低点）。随机梯度下降算法背后的思想是用性能函数对每个当前权重或者偏置的导数表示该权重或者偏置的单位变化量引起的误差度量的变化量。这些导数称为网络梯度。神经网络中网络梯度的计算需要应用反向传播（backpropagation）算法。该算法是最流行的神经网络学习算法。它应用微积分的链式法则计算由其他导数已知的函数组合而成的函数的导数。如需了解该算法的更多数学细节，请参阅文献（Rumelhart et al.，1986）。

反向传播（反向误差传播的简称）是神经计算中使用最广泛的监督学习算法（Principe et al.，2000）。使用前面提到的随机梯度下降算法，反向传播的实现相对简单。反向传播神经网络包括一个或者多个隐藏层。这种类型的网络被认为是前馈的，因为处理单元的输出和同一层或者上一层节点的输出之间不存在互连关系。在（监督）训练期间，将外部提供的正确模式与神经网络的输出进行比较，并使用反馈信息来调整权重，直到网络尽可能正确地对所有训练模式进行分类。（误差容限是预先设置的。）

从输出层开始，使用网络生成的实际输出和期望输出之间的误差校正/调整神经元之间连接的权重（如图 9.10 所示）。对于输出神经元 j，误差 $\Delta = (Z_j - Y_j)(\mathrm{d}f / \mathrm{d}x)$，其中 Z 和 Y 分别是期望输出和实际输出。在实践中，sigmoid 函数 $f = [1 + \exp(-x)]^{-1}$ 是计算神经元输出的有效方法，其中 x 与神经元的加权输入和成正比。有了这个函数，sigmoid 函数 $\mathrm{d}f/\mathrm{d}x = f(1-f)$ 和误差的导数是期望输出和实际输出的简单函数。因子 $f(1-f)$ 是逻辑函数，用于保持误差校正有界。然后，第 j 个神经元的每个输入的权重随该计算得到的误差成比例地变化。以类似的方式从输出神经元开始，经过隐藏层反向计算输入神经元相关权重的校正，可以推导出更复杂的表达式。这种复杂方法是解决非线性优化问题的迭代方法，其含义与表征多重线性回归的方法非常相似。

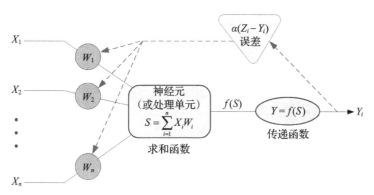

图 9.10 单个神经元误差的反向传播

在反向传播中，学习算法遵循以下步骤：

1）用随机值初始化权重并设置其他参数。

2）读入输入向量和期望输出。

3）前向通过各层，计算实际输出。

4）计算误差。

5）通过从输出层到隐藏层的反向操作来改变权重。

对整个输入向量集合重复该过程，直到期望输出与实际输出在预先确定的容限范围内达到一致。考虑到单次迭代的计算要求，训练一个大型网络可能需要很长时间。因此，在一种改进版本中，一组案例向前运行并向后反馈聚合误差，以加快学习速度。有时，根据初始随机权重和网络参数，网络并不会收敛到令人满意的性能水平。在这种情况下，必须生成新的随机权重，并在再次尝试之前可能需要再次修改网络参数甚至是网络结构。当前的研究旨在通过开发算法和使用并行计算机来改进这一过程。例如，遗传算法可用于指导网络参数的选择，以最大限度地提高期望输出的性能。事实上，现在大多数商用人工神经网络软件工具都使用遗传算法来帮助用户以半自动化的方式优化网络参数。

过拟合是各类机器学习模型训练中的一个核心问题。当训练得到的模型与训练数据集高度拟合，但是在外部数据集上表现不佳时，就会发生过拟合的情况。过拟合会在模型的可推广性方面导致严重的问题。一大组称为正则化策略的策略正在被设计用于改变或者定义模型参数或者性能函数的约束，从而防止模型过拟合。

在小规模经典人工神经网络模型中，避免过拟合的一种常见正则化策略是在每次迭代后用单个验证数据集以及训练数据集评估性能函数。当验证数据集上的性能不再提高时，训练过程就停止。图 9.11 所示的是典型的按训练迭代次数计算的误差度量图。如图所示，开始时，随着迭代次数的增加，训练数据和验证数据上的误差都在减小。但是从某个特定的点（使用虚线表示）开始，训练集上的误差仍在减少，而验证集上的误差却开始增加。这意味着超过这个迭代次数之后，模型与训练数据集过拟合。当输入一些外部数据集时，模型的表现不一定好。实际上，这个点表示的是训练给定神经网络的推荐迭代次数。

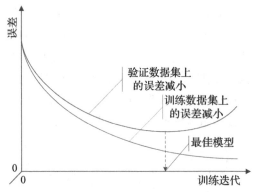

图 9.11 人工神经网络过拟合示例——随着迭代次数的增加，训练数据集和验证数据集中误差逐渐变化

9.4 深度神经网络

直到最近——也就是说，直到深度学习出现以后——大多数神经网络应用涉及的都是

只有几个隐藏层且每层中只有少数神经元的神经网络架构。即使在相对复杂的神经网络商业应用中，网络中的神经元数量也很难超过几千个。事实上，当时计算机的处理能力是一个限制因素，以至于中央处理器（Central Processing Unit，CPU）无法在合理的时间内运行超过两层的网络。近年来，图形处理器（Graphics Processing Unit，GPU）和相关编程语言（如 NVIDIA 的 CUDA）的发展使得人们能够将它们用于数据分析，从而催生了更高级的神经网络应用。GPU 技术使我们能够成功地运行包含数百万个神经元的神经网络。这些更大的网络能够更加深入地研究数据的特征并提取更为复杂的模式，而这些在之前是无法检测到的。

虽然深度网络可以处理非常多的输入变量，但是也需要相对较大的数据集才能够进行令人满意的训练。使用小数据集训练深度网络通常会导致模型与训练数据过拟合，而且在将模型应用于外部数据集时会得到不好且不可靠的结果。得益于基于互联网和物联网的数据采集工具和技术，现在很多领域中都有更大的数据集可以用于训练更深的神经网络。

常规人工神经网络的输入通常是大小为 $R \times 1$ 的数组，其中 R 表示输入变量的数量。然而，在深度网络中，我们可以使用张量（即 n 维数组）作为输入。例如，在图像识别网络中，每个输入（如图像）都可以用矩阵表示，矩阵中的元素表示图像像素的颜色编码。对于视频处理，每个视频可以使用几个矩阵（即 3D 张量）来表示，每个矩阵表示视频中的一幅图像。换言之，张量为我们提供了将更多维度（如时间、位置）用于数据分析的能力。

除了这些一般性差异之外，不同类型的深度网络涉及对标准神经网络架构的不同修改，这些修改使其具备处理用于高级目的的特定数据类型的能力。下一节将讨论一些特殊的网络类型及其特征。

9.4.1　前馈多层感知器深度网络

前馈多层感知器深度网络又称深度前馈网络，是最通用的深度网络类型。这些网络只是大规模的神经网络，可以包含多层神经元并接受张量作为输入。其网络元素的类型和特征（即权重函数、传递函数）与标准人工神经网络模型的类型和特征非常相似。因为通过模型的信息流总是向前的且没有反馈连接（即将模型的输出反馈到模型的连接），所以这些模型被称为前馈模型。包含反馈连接的神经网络称为循环神经网络（Recurrent Neural Networks，RNN）。本章后面将讨论一般的循环神经网络架构和称为长短记忆网络（Long Short-Term Memory Network）的变体。

通常，在前馈多层感知器型的网络架构中，必须保持输入层和输出层之间各层的顺序。这意味着输入向量必须依次通过所有层，而不能跳过任何一层。此外，除第一层外，输入向量不能直接连接到任何层。每层的输出都是后续层的输入。图 9.12 所示的是典型前馈多层感知器网络中前三层的向量表示。如图所示，每层只有一个向量。这个向量要么是原始的输入向量（第一层的 p），要么是网络架构中前一个隐藏层的输出向量（第 i 层的 a^{i-1}）。然而，也有一些为特定目的设计的前馈多层感知器网络架构的特定变体，这些变体有可能违反上述原则。

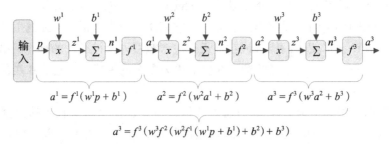

$$a^3 = f^3(w^3f^2(w^2f^1(w^1p + b^1) + b^2) + b^3)$$

图 9.12　典型前馈多层感知器网络中前三层的向量表示

9.4.2　深度前馈多层感知器中随机权重的影响

在深度前馈多层感知器的很多实际应用中，优化性能（损失）函数是一个富有挑战性的问题。问题在于，在浅层神经网络中，应用常见的基于梯度的训练算法并使用随机初始化的权重和偏置对于寻找最优参数集非常有效。在大多数情况下，这会导致陷入局部最优解，而不是获得参数的全局最优值。随着网络深度的增加，使用随机初始化和基于梯度的算法会使取得全局最优解的机会减少。在这种情况下，使用深度信念网络（Deep Belief Network，DBN）等无监督深度学习算法对网络参数进行预训练通常是有帮助的（Hinton et al., 2006）。深度信念网络是一大类称为生成模型的深度神经网络。2006 年，深度信念网络的提出被认为是当前深度学习复兴的开始（Goodfellow et al., 2016），因为在此之前深度模型被认为太难优化。事实上，现在深度信念网络的主要应用是通过预训练参数来改进分类模型。

使用这些无监督学习方法，我们可以从第一层开始，每次训练前馈多层感知器中的一层。我们可以使用每一层的输出作为后续层的输入，并使用无监督学习算法初始化该层。最后，我们为整个网络的参数设置一组初始化值。我们可以使用这些预训练参数代替随机初始化参数作为前馈多层感知器监督学习中的初始值。这种预训练过程显著地改进了深度分类应用程序。图 9.13 所示的是使用（圆圈）和不使用（三角形）预训练参数训练深度前馈多层感知器网络的分类误差（Bengio, 2009）。在这个示例中，圆圈图例对应的线表示使用监督方法在 1000 万个样本上训练得到的分类模型（在 1000 个留出示例上）在测试时观察到的误差；三角形图例对应的线表示首先使用 250 万个样本进行网络参数的无监督训练（使用深度信念网络），然后使用剩余 750 万个样本和预训练参数来训练监督分类模型时，同一测试数据集上的误差。这幅图清楚地表明，在使用深度信念网络预训练的模型中，分类误差有了显著改善。

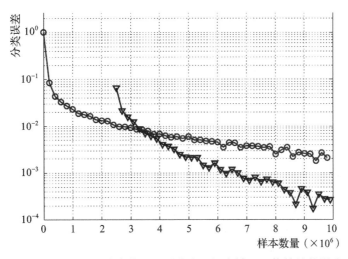

图 9.13　预训练网络参数对改进分类型深度神经网络结果的影响

9.4.3　更多隐藏层还是更多神经元

关于深度前馈多层感知器模型的一个重要问题是"重构这种只有几层但是每层有很多神经元的网络是否有意义，是否能产生更好的结果？"换言之，如果可以在几个层中包含相同数量的神经元，那么为什么还需要有很多层的深度前馈多层感知器网络（即需要宽网络而不是深度网络）？根据万能近似定理（Universal Approximation Theorem），足够大的单层前馈多层感知器网络可以近似任何函数（Cybenko，1989；Hornik，1991）。尽管这在理论上是成立的，但是这样一个包含很多神经元的层可能会太大，因此可能无法学习潜在模式。更深的网络可以减少每层所需的神经元数量，从而降低泛化误差。虽然这在理论上仍然是一个有待研究的问题，但是实际上在网络中使用更多的层似乎比在几个层中使用很多神经元更有效，计算效率也更高。

与典型的人工神经网络一样，多层感知器网络也可以用于各种预测、分类和聚类任务。特别是当有很多输入变量且输入是 n 维数组时，更需要采用深度多层网络设计。

9.5　卷积神经网络

卷积神经网络（Convolutional Neural Network，CNN）是流行的深度学习方法之一（LeCun et al.，1989）。卷积神经网络本质上是深度前馈多层感知器架构的变体。它最初是针对计算机视觉应用（如图像处理、视频处理、文本识别）设计的，但是也适用于非图像数据集。

卷积网络的主要特征是至少有一层包含卷积加权函数，而不是一般的矩阵乘法。图 9.14 所示的是一个典型的卷积网络单元。

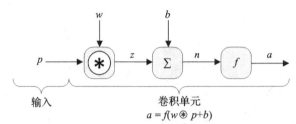

图 9.14　典型的卷积网络单元

卷积（通常使用符号⊛表示）是一种线性运算，其主要目的是从复杂的数据模式中提取简单的模式。例如，在处理包含多个对象和多种颜色的图像时，卷积函数可以提取图像不同部分是否存在水平线、垂直线或者边缘等简单模式。我们将在下一节中更详细地讨论卷积函数。

卷积神经网络中包含卷积函数的层称为卷积层。这一层之后通常是池化（又称子采样）层。池化层负责将大的张量合并为更小的张量。它们在减少模型参数数量的同时保留了重要的模型特征。下面将讨论不同类型的池化层。

9.5.1　卷积函数

本章前面描述前馈多层感知器网络时，我们说权重函数通常是一个矩阵操作函数，该函数将权重向量乘以输入向量以生成每层的输出向量。大多数深度学习应用中都有一个非常大的输入向量 / 张量。我们需要很多权重参数，以便为每个神经元的每个输入分配一个权重参数。例如，对于使用神经网络处理大小为 150×150 像素的图像的图像处理任务，每个输入矩阵都包含 22 500 个（即 150×150）整数，我们应当为进入整个网络的每个神经元分配其权重参数。因此，即使只有一层也需要定义和训练数千个权重参数。正如你可能猜到的那样，这会显著增加训练网络所需的时间和处理能力，因为在每次迭代中，这些权重参数都必须使用随机梯度下降算法更新。卷积函数正是这个问题的解决方案。

卷积函数被认为是解决上述问题的技巧。这个技巧被称为参数共享，它具有计算效率高等好处。具体来说，在卷积层中，与其让每个输入都有一个权重，不如使用一组称为卷积核或过滤器的权重。卷积核在输入间共享，并围绕输入矩阵移动以产生输出。

9.5.2　池化函数

在大多数情况下，卷积层之后必然是池化（又称子采样）层。池化层的目标是合并输入矩阵中的元素以产生更小的输出矩阵，同时保存重要特征。通常，池化函数包含一个 $r×c$（即行 × 列）的合并窗口（类似卷积函数中的卷积核）。该窗口围绕输入矩阵移动，并在每次移动中计算合并窗口中元素的汇总统计信息，以便将其放入输出图像中。例如，称为平均池化的特殊池化函数取合并窗口中涉及的输入矩阵元素的平均值，并将该平均值用作输出矩阵相应位置的元素。类似地，最大池化函数（Zhou et al.，1988）将窗口中的最大值作为输出元素。与卷积函数不同，对于池化函数而言，给定合并窗口的大小（即 r 和 c），应当仔细选择步幅，以便使各次合并中没有重叠。使用 $r×c$ 合并窗口的池化操作会将输入矩阵的行数和列数分别减少为原输入矩阵的 $1/r$ 和 $1/c$。例如，使用 3×3 的合并窗口可以将 15×15 的矩阵合并为 5×5 的矩阵。

除减少参数数量外，池化函数在深度学习图像处理应用中也特别有用。这些应用的关键型任务是确定图像中是否存在某一特征（如特定动物），特征在图像中的准确空间位置并不重要。然而，如果特征的位置在特定上下文中很重要，那么应用池化函数可能会误入歧途。

池化操作有多种类型，如最大池化、平均池化、矩形邻域的 L^2 范数和加权平均池化等。是否在网络中包含池化层并选择合适的池化操作在很大程度上取决于网络正在解决的问题的上下文和属性。

9.5.3　基于卷积网络的图像处理

一般来说，深度学习的实际应用——特别是卷积神经网络的实际应用依赖于大型标注数据集的可用性。从理论上讲，卷积神经网络可以应用于很多实际问题。现在有很多包含丰富特征的大型数据库可以用于此类应用。然而，在监督学习应用中，最大的挑战是需要一个已经标记的数据集来训练模型，然后才能使用这个模型来预测 / 识别其他未知案例。使用卷积神经网络层提取数据集的特征是一项无监督任务，但是，如果没有可用于开发以监督学习方式开发网络的标记过的案例，那么提取到的特征将没有多大用处。这就是图像分类网络通常涉及视觉特征提取和图像分类这两个渠道的原因。

ImageNet（http://www.image-net.org）是一个正在进行的研究项目。它为研究人员提供了一个大型图像数据库，其中每个图像都链接到 WordNet（一个单词层次数据库）中的一组同义词（称为同义词集）。每个同义词集表示 WordNet 中的一个特定概念。

目前，WordNet 包含 100 000 多个同义词集，每个同义词集在 ImageNet 中平均使用 1000 张图像来说明。ImageNet 是一个用于开发图像处理型深度网络的大型数据库。它包含 22 000 个类别的超过 1500 万幅标记后的图像。由于规模庞大且分类正确，因此 ImageNet 是迄今为止使用最广泛的、用于评估深度学习研究人员设计的深度网络的效率和准确度的基准数据集。

AlexNet（Krizhevsky et al., 2012）是最早使用 ImageNet 数据集设计的用于图像分类的卷积网络之一。它包含五个卷积层和三个全连接（即密集）层。图 9.15 所示的是 AlexNet 的示意图。在这个相对简单的架构中，使训练非常快速且高效的因素之一是在卷积层中使用了整流线性单元（Rectified Linear Unit，ReLU）传递函数，而不是传统的 sigmoid 函数。通过使用 ReLU 传递函数，设计师解决了梯度消失问题（Vanishing Gradient Problem）。该问题是由图像的某些区域中，sigmoid 函数的极小导数引起的。这个网络的另一个重要贡献是在提高深度网络的效率方面将退出层（Dropout Layer）的概念引入卷积神经网络，作为一种减小过拟合的正则化技术。"退出层"通常出现在全连接层之后，它通过对神经元应用随机概率来关闭其中一些神经元，从而使网络变得稀疏。

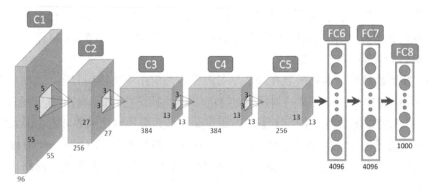

图 9.15　用于图像分类的卷积网络 AlexNet 的架构

近年来，除了很多数据科学家展示他们的深度学习能力外，微软、谷歌、Facebook 等多家行业领先的知名公司也参加了 ImageNet 一年一度的大型视觉识别挑战赛（ImageNet Large Scale Visual Recognition Challenge，ILSVRC）。ILSVRC 分类任务的目标是设计并训练网络，使其能够将 120 万幅输入图像分类为 1000 类图像中的一种。例如，谷歌研究人员设计的深度卷积网络架构 GoogLeNet 是 ILSVRC 2014 的获胜架构。它包含 22 层，其分类错误率只有 6.66%，仅略低于人类的分类错误率 5.1%（Russakovsky et al.，2015）。GoogLeNet 架构的主要贡献是引入了一个名为 Inception 的模块。Inception 的想法是，因为人们不知道多大的卷积核在特定数据集上的表现最好，所以最好包含多个卷积核，让网络来决定使用哪个。如图 9.16 所示，在每个卷积层中，来自前一层的数据经过多种类型的卷积运算，并在进入下一层之前进行拼接。这种类型的架构允许模型通过较小的卷积核考虑局部特征，通过较大的卷积核考虑高度抽象的特征。

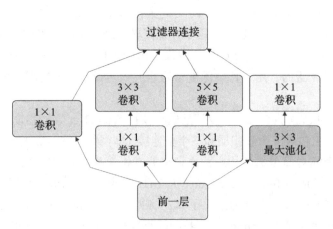

图 9.16　GoogLeNet 中 Inception 特性的概念表示

谷歌最近推出了一项新服务 Google Lens。该服务使用深度学习人工神经网络算法（以及其他人工智能技术）来传递用户从附近物体捕捉到的图像信息。它涉及物体（产品、植物和动物等）和位置识别以及在互联网上提供相关信息。这项服务的一些其他功能包括从名片图像中保存联系人信息、识别植物和动物种类、从封面照片中识别书籍和电影并提供相关信息（如商店、剧院、购物场所、预订情况）。图 9.17 所示的是在安卓移动设备上使用 Google Lens 应用的两个示例。

　　虽然已经开发出了在效率和处理要求（即包含更少的层和参数）方面更准确的网络（He et al.，2015），但是 GoogLeNet 仍然被认为是迄今为止优秀的架构之一。除 AlexNet 和 GoogLeNet 外，已经有残差网络（ResNet）、VGGNet 和 Xception 等多个卷积网络架构被开发出来了。它们为图像处理领域做出了贡献。它们都依赖于 ImageNet 数据库。

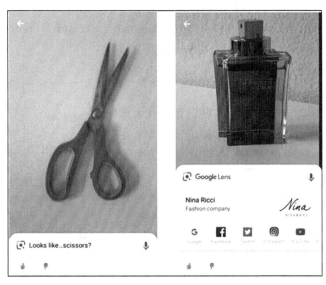

图 9.17　两个使用 Google Lens 这一基于卷积深度网络的图像识别服务的示例

　　2018 年 5 月，为了完成大规模标记图像这一劳动密集型任务，Facebook 发布了一个弱监督训练图像识别深度学习项目（Mahajan et al.，2018）。该项目基于用户对 Instagram 上发布的图像所做的标签训练了一个深度学习图像识别模型。该模型使用 35 亿幅 Instagram 图像进行训练，这些图像上约有 1.7 万个标签。使用 336 个 GPU 并行工作，该模型的训练过程花费了几个星期。之后，使用 ImageNet 基准数据集对该模型的初始版本（仅使用 10 亿幅图像和 1500 个标签进行训练）进行测试。据报道，该模型的准确度超过当时最先进的模型 2% 以上。Facebook 的这一重大成就无疑将开启使用深度学习进行图像处理的新世界之门，因为它可以显著增加用于训练的可用图像数据集的规模。

9.5.4　基于卷积网络的文本处理

　　虽然图像处理是卷积网络发展的主要原因，但事实证明这些网络在一些大规模文本挖掘任务中也很有用。特别是自 2013 年谷歌发布 word2vec 项目（Mikolov et al.，2013a，

2013b）以来，深度学习在文本挖掘中的应用显著增多。

word2vec 是一个两层的神经网络。它以一个大型文本语料库作为输入，并将语料库中的每个单词转换为任意给定大小（通常从 100 到 1000）且包含有趣特征的数值向量。虽然 word2vec 本身并不是深度学习算法，但是其输出（单词向量，又称词嵌入）已经作为输入被广泛应用于很多深度学习研究和商业项目中。

由 word2vec 算法创建的单词向量最有趣的特性之一是保持了单词的相对关联关系。例如，向量操作

$$\text{vector ('King')} - \text{vector ('Man')} + \text{vector ('Woman')}$$

和

$$\text{vector ('London')} - \text{vector ('England')} + \text{vector ('France')}$$

将会得到非常接近 vector（'Queen'）和 vector（'Paris'）的向量。图 9.18 所示的是二维向量空间中第一个例子的简单向量表示。

此外，使用这样的方式来指定这些向量。在 n 维向量空间中，上下文相似的向量也非常接近。例如，在谷歌使用包含约 1000 亿个单词（取自谷歌新闻）的语料库预先训练的 word2vec 模型中，余弦距离与（vector）（'Sweden'）最接近的单词向量如表 9.2 所示。这些单词表示地理位置靠近瑞典（Sweden）的欧洲国家的名称。

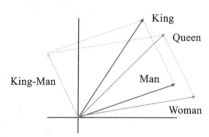

图 9.18　二维向量空间中词嵌入的典型向量表示

表 9.2　word2vec 项目示例：最接近 Sweden 的单词向量

单　词	余弦距离
Norway	0.760 124
Denmark	0.715 460
Finland	0.620 022
Switzerland	0.588 132
Belgium	0.585 635
Netherlands	0.574 631
Iceland	0.562 368
Estonia	0.547 621
Slovenia	0.531 408

因为 word2vec 在猜测单词的含义时考虑了使用单词的上下文以及每个上下文中单词的使用频率，所以我们可以使用其语义，而不仅是句法 / 符号术语来表示每个单词。因此，word2vec 解决了过去在传统文本挖掘活动中存在的几个单词变化问题。换言之，word2vec 能够处理并正确表示单词，包括在拼写错误、缩写和非正式对话方面。例如，单词 Frnce、Franse 和 Frans 都将得到与其原始对应词 France 大致相同的词嵌入。词嵌入还能够确定其

他有趣的关联类型，如实体的区别 [如 vector('human')–vector('animal')~vector('ethics')]或地缘政治关联 ［ 如 vector('Iraq')–vector('violence')~vector('Jordan') ］。

近年来，通过提供这种有意义的文本数据表示，word2vec 已经推动了很多基于深度学习的文本挖掘项目，这些项目涉及很多领域（如医学、计算机科学、社交媒体、市场营销）。各类深度网络被应用于由该算法创建的词嵌入以实现不同的目标。

9.6　循环神经网络与长短时记忆网络

人的思维和理解方式在很大程度上依赖于语境。例如，了解某个演讲者使用非常讽刺的语言（基于他之前的演讲）对完全理解他的玩笑至关重要。要理解句子" It is not a nice fall"中单词 fall（即 autumn 或 collapse）的含义，需要知道上下文句子中的其他单词，否则，我们只能猜测其意思。背景知识通常是通过观察过去发生的事件而形成的。事实上，人的思想是持久的。我们在分析事件的过程中会使用之前获得的每一条关于它的信息。我们不会丢弃过去的知识，从零开始思考。因此，人们处理信息的方式似乎是重复的。

虽然深度前馈多层感知器和卷积网络专用于处理静态值网格，如图像或词嵌入矩阵，但是有时输入值的序列（Sequence）对于完成给定任务的网络操作也很重要，因此应当加以考虑。循环神经网络（Recurrent Neural Network，RNN）是另一种流行的神经网络（Rumelhart et al.，1986），它专门处理序列输入。基本上，循环神经网络模拟了一个动态系统，其中（至少在其中的一个隐藏层神经元中）系统在每个时间点 t 的状态（即隐藏层神经元的输出）取决于当时系统的输入及前一个时间点 $t-1$ 的状态。换言之，循环神经网络是有记忆的神经网络且会根据记忆确定其未来输出。例如，在设计下棋的神经网络时，在训练网络时考虑之前的几步棋是很重要的，因为棋手走错一步就可能导致在接下来的 10～15 局中最终输掉整场比赛。此外，要理解一篇文章中某个句子的真正含义，有时需要依靠前几个句子或者段落中的信息。在这种情况下，为了真正理解句子含义，我们需要随时间推移按顺序整体地构建上下文。因此，对于确定最佳输出而言，考虑神经网络的记忆元素至关重要。这里的神经网络顾及了前几步棋（在下棋的例子中）或前几个句子和段落（在理解文章的例子中）。这种记忆描绘并创造了学习和理解句子所需的上下文。

在前馈多层感知器和卷积神经网络这类静态网络中，我们试图找到一些函数（即网络权重、偏置），这些函数将输入映射到一些尽可能接近实际目标的输出。在循环神经网络等动态网络中，输入和输出都是序列（模式），因此，动态网络是动态系统，而不是函数，因为它的输出不仅取决于输入，而且还取决于先前的输出。

从图形上看，可以用图 9.19 所示的来描述网络中的循环单元，其中 D 表示抽头延迟线（Tap Delay Line），即网络中的延迟元素。它在每个时间点 t 都包含 $a^{(t)}$——单元先前的输出值。有时，我们不只存储一个值，而是将几个之前的输出值都存储在 D 中，以考虑所有这些值的影响。同时，i_w 和 l_w 分别表示应用于输入和延迟的权重向量。

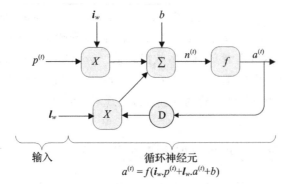

图 9.19　典型的循环网络单元

从技术上讲，任何具有反馈的网络实际上都可以称为深度网络（Deep Network），因为即使只有一层，反馈产生的循环也可以被认为是具有很多层的静态前馈多层感知器网络（有关该结构的图形说明，请参见图 9.20）。在实践中，每个循环神经网络都会涉及数十层，每一层都有到自身甚至前几层的反馈，这使得循环神经网络更深、更复杂。

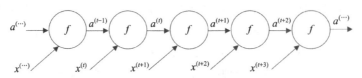

图 9.20　典型循环神经网络的展开视图

由于存在反馈，循环神经网络中的梯度计算和静态前馈多层感知器网络的通用反向传播算法略有不同。有两种计算循环神经网络中的梯度的替代方法：实时循环学习（Real-Time Recurrent Learning，RTRL）和时间反向传播（Backpropagation Through Time，BTT）。然而，它们的目的是相同的：只要计算出了梯度，就可以应用相同的程序来优化网络参数的学习。

9.6.1　长短时记忆网络

长短时记忆（Long Short-Term Memory，LSTM）网络（Hochreiter & Schmidhuber, 1997）是循环神经网络的变体。它是当前非常有效的序列建模网络，也是很多实际应用的基础。在动态网络中，权重称为长期记忆（Long-Term Memory），反馈称为短期记忆（Short-Term Memory）。

本质上，只有短期记忆（即反馈或以前的事件）才能为网络提供上下文。在典型的循环神经网络中，随着时间的推移，新的信息被反馈到神经网络中，短时记忆中的信息不断被替换。这就是当相关信息所处位置与需要相关信息的位置之间的距离很小时，循环神经网络表现良好的原因。例如，为了预测句子"The referee blew his whistle"中的最后一个单词，只需要知道句子中前面的单词 referee 就可以正确预测最后一个单词。在这种情况下，相关信息（即 referee）所处位置和需要它的位置（即预测 whistle）之间的距离很小，循环神经网络可以轻松执行学习任务和预测任务。

　　然而，有时执行任务所需的相关信息与需要它的位置相去甚远（即距离很大）。在这种情况下，很可能在需要创建合适的上下文时，它已经被短期记忆中的其他信息所取代。例如，要预测 "I went to a car wash yesterday. It cost \$5 to wash my car" 中的最后一个单词，相关信息（即 car wash）和需要它的位置（即要预测的 car）之间存在相对较大的距离。有时，我们甚至可能需要参考前面的段落才能获得预测单词真实含义的相关信息。在这种情况下，因为无法在短期记忆中将信息保存足够长的时间，所以循环神经网络通常表现不佳。幸运的是，长短时记忆网络没有这种缺点。"长短时记忆网络"一词是指将过去发生的事情（即反馈或各层先前的输出）记住足够长时间的网络，以便在需要时，可以利用它们来完成任务。

　　从架构的角度来看，将四个附加层加入典型的循环网络架构中，即可将记忆（即记住"过去发生的事情"）的概念引入长短时记忆网络。这四层分别为三个门层——输入门、遗忘门（又称反馈门）和输出门——以及一个称为恒定误差传送带（Constant Error Carousel，CEC）的附加层。恒定误差传送带又称状态单元，它集成了这些门并让它们可以与其他层交互。每个门只是一个具有两个输入的层，一个输入网络输入，另一个输入是整个网络最终输出的反馈。门涉及对数 sigmoid 传递函数。因此，它们的输出介于 0 和 1 之间且描述了应当让每个组件（输入、反馈或输出）中通过网络的信息的比例。此外，恒定误差传送带是循环网络架构中位于输入层和输出层之间的层，它应用门输出来延长短期记忆。

　　短期记忆长意味着我们希望将先前输出的影响保持更长时间。然而，我们通常不想不加选择地记住过去发生的所有事情。因此，门为我们提供了选择性地记住先前输出的能力。输入门允许对 CEC 进行选择性输入，遗忘门可以清除 CEC 不需要的反馈，输出门允许 CEC 选择性地输出。图 9.21 所示的是典型长短时记忆网络架构的简单描述。

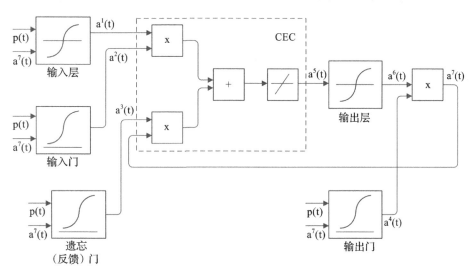

图 9.21　典型长短时记忆网络的架构

　　综上所述，长短时记忆网络中的门控制通过网络的信息流，并根据输入序列动态改变积分的时间尺度。因此，长短时记忆网络能够比常规循环神经网络更容易地学习输入序列之间的长期依赖关系。

9.6.2 长短时记忆网络的应用

自 20 世纪 90 年代末出现以来（Hochreiter & Schmidhuber，1997），长短时记忆网络已广泛应用于很多序列建模应用，包括图像字幕生成——自动描述图像内容（Vinyals et al.，2015，2017）、手写字符识别与生成（Graves，2013；Keysers et al.，2017）、解析（Liang et al.，2016）、语音识别（Graves & Jaitly，2014）和机器翻译（Bahdanau et al.，2014；Sutskever et al.，2014）。

目前，我们有很多基于语音识别的深度学习解决方案，如苹果的 Siri、谷歌的 Now、微软的 Cortana 和亚马逊的 Alexa。很多人每天都使用它们查看天气，请求网络搜索，给朋友打电话或者问路。记笔记不再是一项令人沮丧的困难任务，因为我们可以很容易地录制演讲或者讲座音频，将数字录音上传到几个语音转文本云服务提供商的平台，然后只需要几秒钟就可以下载文字记录。例如，谷歌的语音转文本云服务支持 120 种语言及语言变体，能实时将录制音频中的语音转换为文本。谷歌的服务会自动处理音频中的噪声并在文字记录上准确地使用逗号、问号和句号。此外，用户还可以通过获取并正确识别一组很可能在语音中使用的术语和短语来针对特定上下文进行服务定制。

2014 年，微软推出了 Skype Translator 服务。这是一项包含语音识别和机器翻译功能的免费语音翻译服务。它能够翻译 10 种语言的实时对话。使用这项服务，说不同语言的人可以通过 Skype 语音或视频通话服务用各自的语言交谈。系统会识别他们的语音，并使用翻译机器人接近实时地为对方翻译每一个句子。为了提供更准确的翻译，该系统后端中的深度网络是使用会话语言（即使用翻译的网页、电影字幕和社交网站上人们对话中的休闲短语）而不是文档中常见的书面语言训练的。然后，使用 TrueText 对系统中语音识别模块输出的文本进行规范化。TrueText 是一项由微软开发的技术，可以识别文本中的错误和不流畅问题，如讲话中的停顿、重复表达或"um"和"ah"之类的内容。通过考虑这些因素，系统可以给出更好的翻译。图 9.22 所示的是微软的 Skype Translator 使用的四步过程，其中每一步都依赖长短时记忆网络型的神经网络。

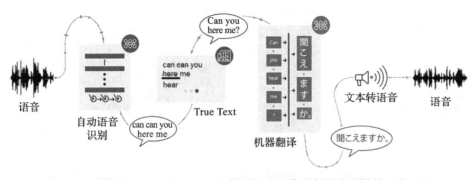

图 9.22　微软的 Skype Translator 中使用深度网络进行语音翻译的四步过程

9.7 实现深度学习的计算机框架

在很大程度上,深度学习的流行要归功于实现深度学习所需的软件和硬件基础设施的进步。在过去的几十年中,GPU 发生了革命性的变化,已能够支持高分辨率视频的播放以及高级视频游戏和虚拟现实应用。然而,直到几年前,GPU 巨大的处理潜力还没有被有效地用于图形处理以外的目的。Theano(Bergstra et al.,2010)、Torch(Collobert et al.,2011)、Caffe(Jia et al.,2014)、PyLearn2(Goodfellow et al.,2013)、TensorFlow(Abadi et al.,2016)和 MXNet(Chen et al.,2015)等软件库被开发出来以用于一般处理的 GPU 编程,特别是针对大数据的深度学习和分析。GPU 已经成为现代分析的关键推动因素。这些库的运行主要依赖 NVIDIA 开发的计算统一设备架构(Compute Unified Device Architecture,CUDA)并行计算平台和应用程序编程接口(Application Programming Interface,API)。它使软件开发者能够使用 NVIDIA 制造的 GPU 进行一般处理。事实上,每个深度学习框架都会包含一门高级脚本语言(如 Python、R、Lua)和一个使用 C(用于使用 CPU)或者 CUDA(用于使用 GPU)编写的深度学习例程库。

下面将介绍 Torch、Caffe、TensorFlow、Theano 和 Keras 等流行深度学习软件库并讨论其特定属性。

9.7.1 Torch

Torch(Collobert et al.,2011)是一个开源科学计算框架(可从 www.torch.ch 获取),用于使用 GPU 实现机器学习算法。Torch 框架是一个基于 LuaJIT 的库,LuaJIT 是流行的 Lua 编程语言(www.lua.org)的编译版本。Torch 为 Lua 添加了很多使深度学习分析成为可能的、有价值的功能。Lua 通常只使用表(即二维数组)进行数据结构化,而 Torch 则支持 n 维数组(即张量)。此外,Torch 还包括用于操作(如索引、切片、转置)张量、线性代数、神经网络函数和优化的例程库。更重要的是,虽然 Lua 默认使用 CPU 运行程序,但是 Torch 支持使用 GPU 运行 Lua 语言编写的程序。

LuaJIT 的简单和极快的脚本特性以及它的灵活性使得 Torch 成为一个非常流行的实用深度学习应用程序框架。因此,现在它的最新版本 Torch7 被很多深度学习领域的大公司广泛使用。Facebook、谷歌和 IBM 都在其研究实验室以及商业应用程序中使用了 Torch7。

9.7.2 Caffe

Caffe 是另一个开源深度学习框架(可从 http://caffe.berkeleyvision.org 获取)。它最初是由加利福尼亚大学伯克利分校的博士生 Yangqing Jia(2013)创建的。随后,伯克利人工智能研究院(Berkeley AI Research,BAIR)进行了进一步的开发。Caffe 可以通过命令行、Python 和 MATLAB 等多种方式作为脚本语言使用。Caffe 中的深度学习库是使用 C++ 语言编写的。

在 Caffe 中，每件事情都是使用文本文件而不是代码来完成的。例如，要实现一个网络，通常需要准备两个扩展名为 .prototxt 的文本文件。它们由 Caffe 引擎以 JSON（JavaScript Object Notation，JavaScript 对象简谱）格式进行通信。第一个文本文件称为架构文件，它逐层地定义了网络架构，其中，每层都包括名称、类型（如数据、卷积、输出）、前一层（底层）的名称、架构中下一层（顶层）的名称以及一些必要参数（如卷积层的卷积核大小和步幅）。第二个文本文件称为求解器文件，它指定了学习率、最大迭代次数和训练网络的处理单元（CPU 或 GPU）等训练算法属性。

虽然 Caffe 支持卷积神经网络和长短时记忆网络等多种类型的深度网络架构，但是它因令人难以置信的图像文件处理速度而被称为高效的图像处理框架。据其开发人员称，它使用单个 NVIDIA K40 GPU 能够每天处理超过 6000 万幅图像（即每幅图像 1 ms）。2017年，Facebook 发布了 Caffe 的改进版本 Caffe2（www.caffe2.ai），然后联合其他势力打造了一个名为 PyTorch 的研究和生产平台。该平台旨在改进原始框架，以便将其更有效地用于深度学习架构。它特别强调云计算和移动计算的可移植性，同时保持了可扩展性和性能。

9.7.3　TensorFlow

TensorFlow 是另一个流行的开源深度学习框架。2011 年，谷歌的布雷恩·格鲁普（Brain Group）用 Python 和 C++ 开发了 DistBelief。2015 年，DistBelief 进一步发展成为 TensorFlow。当时，TensorFlow 是唯一的深度学习框架。它不仅支持 CPU 和 GPU，而且还支持张量处理器（Tensor Processing Unit，TPU）。谷歌在 2016 年创造了 TPU，专门用于神经网络机器学习（特别是 TensorFlow 框架）。

虽然谷歌尚未将 TPU 推向市场，但是据报道，谷歌已将其用于很多商业服务，如谷歌搜索、街景、谷歌相册和谷歌翻译，并报告了重大改进。谷歌进行的一项研究表明，TPU 的性能比当前的 CPU 和 GPU 高 30 到 80 倍（Sato et al., 2017）。例如，文献（Ung, 2016）报告，在谷歌相册中，单个 TPU 每天可以处理超过 1 亿幅图像（即每幅图像 0.86 ms）。只要谷歌将 TPU 商业化，这一特性可能会让 TensorFlow 领先于其他框架。

TensorFlow 另一个有趣的特性是它拥有可视化模块 TensorBoard。实现深度神经网络是一项复杂而令人困惑的任务。TensorBoard 是一个 Web 应用程序。它包含一些可视化网络图和绘制定量网络指标的工具，可以帮助用户更好地了解训练过程中发生的事情和调试可能出现的问题。

9.7.4　Theano

2007 年，蒙特利尔大学的深度学习小组开发了 Theano Python 库的初始版本（http://deeplearning.net/software/theano）。该版本定义、优化、评估了 CPU 或 GPU 平台上包含多维数组（即张量）的数学表达式。Theano 是早期深度学习框架之一。TensorFlow 开发人员的灵感就来源于 Theano。在 Theano 和 TensorFlow 中，典型的网络实现包括两个部分：第一部分通过定义网络变量和要对其执行的操作来构建计算图，第二部分运行这个图。（Theano 将图编译为函数，TensorFlow 创建会话。）实际上，在这些库中，用户通过提供一些即使是编程初学者也可以理解的简单符号语法来定义网络结构，这个库会自动生成合适的 C（用于 CPU 处理）或者 CUDA（用于 GPU 处理）代码来实现所定义的网络。因此，了解 C 或者 CUDA 编程知识的用户和对 Python 知之甚少的用户都能够有效地设计和实现深度学习网络。

虽然 Theano 的可视化功能无法与 TensorBoard 媲美，但是 Theano 也包含一些可视化计算图以及绘制网络性能指标的内置函数。

9.7.5　Keras

对于前面描述的所有深度学习框架而言，用户都必须熟悉框架的特定语法才能成功训练网络。Keras（https://keras.io/）则更简单、对用户更加友好。Keras 是一个用 Python 编写的开源神经网络库，用作高级应用程序编程接口（API），能够在 Theano 和 TensorFlow 等各种深度学习框架上运行。本质上，我们可以使用 Keras 以极其简单的语法提供网络构建块的关键属性（即层类型、传递函数和优化器）。然后，Keras 会在其中一个深度学习框架中自动生成语法并在后台运行该框架。虽然 Keras 非常高效，能够在几分钟内构建和运行一般深度学习模型，但是它没有提供 TensorFlow 或 Theano 提供的几种高级操作。因此，在处理需要高级设置的特殊深度网络模型时，仍然需要直接使用某个框架而不是 Keras（或者其他 API，如 Lasagne）作为代理。

9.8　认知计算

如今，技术进化方式显著增长。过去需要几十年才能完成的事情现在只需要几个月就可以完成，过去只能在科幻电影中看到的事情正在一个接一个地变成现实。在未来的十年或二十年，技术进步将以一种极为激动人心的方式改变人们的生活、学习和工作方式。人与技术的互动将变得直观、无缝，甚至透明。认知计算（Cognitive Computing）将在这一转变中发挥重要作用。通常来说，认知计算是指使用数学模型模拟（或者部分模拟）人的认知过程，以找到复杂问题和情况的解决方案的计算系统，尽管这些问题和情况的潜在答案可能并不精确。虽然"认知计算"一词经常与"人工智能"和"智能搜索引擎"互换使用，但是这个词本身与 IBM 的认知计算系统 Watson 及其在电视节目《危险边缘！》（参见第 1 章）中的成功应用密切相关。

根据认知计算联盟（Cognitive Computing Consortium，CCC），认知计算使一类新的问题变得可计算（CCC，2018）。它处理具有模糊性和不确定性的高度复杂的情况，换句话说，它处理的是那些被认为是只能由人类的智慧和创造力才能解决的问题。在当前动态、信息丰富和不稳定的情况下，数据往往会频繁变化，而且经常会与其他数据发生冲突。用户的目标会随着他们的认知而变化。用户还会重新定义他们的目标。为了应对用户对问题理解的不确定性，认知计算系统不仅整合了信息源，而且还整合了影响力、上下文和洞见。为了实现这种高性能，认知系统通常需要权衡相互矛盾的证据，并给出一个"最佳"答案而不是"正确"的答案。图 9.23 所示的是认知计算的一般框架，其中数据和人工智能技术被用于解决复杂的现实世界问题。

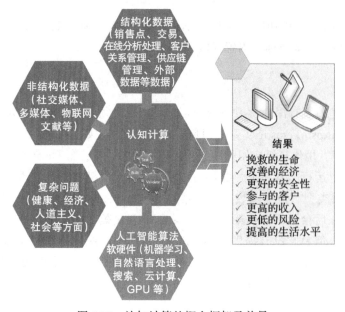

图 9.23　认知计算的概念框架及前景

9.8.1　认知计算原理

正如你从名称中猜到的那样，认知计算的工作方式很像人的思维过程、推理机制和认知系统。这些尖端的计算系统可以从各种信息源中查找、合成数据，并权衡数据中固有的上下文和相互矛盾的证据，从而为给定问题提供可能的最佳答案。为了实现这一目标，认知系统包含了自学习技术，这些自学习技术使用数据挖掘、模式识别、深度学习和自然语言处理算法来模仿人脑工作方式。

使用计算机系统解决通常需要人来处理的各类问题时，需要将大量结构化数据和非结构化数据输入机器学习算法。随着时间的推移，认知系统能够改进学习和识别模式的方式以及处理数据的方式，从而预测新问题，对其进行建模并提出可能的解决方案。

为了实现这些功能，认知计算系统必须具备由认知计算联盟定义的以下关键属性（CCC，2018）：

❑ **自适应性**。认知系统必须足够灵活，以便能够随着信息的变化和目标的发展而学习。系统必须能够实时消化动态数据并随着数据和环境的变化而做出调整。

❑ **交互性**。人机交互（Human-Computer Interaction，HCI）是认知系统的重要组成部分。用户必须能够与认知机器交互并随着需求的变化来定义他们的需求。这些技术还必须能够与其他处理器、设备和云平台进行交互。

❑ **迭代性和陈述的问题**。如果陈述的问题含糊不清或不完整，那么认知计算系统可以通过提出问题或提取额外数据来识别问题。系统通过维护先前发生的类似情况的信息来实现这一点。

❑ **上下文**。由于理解上下文在思维过程中至关重要，因此认知系统必须理解、识别和挖掘上下文数据，如语法、时间、位置、领域、要求以及特定用户的配置文件、任务或目标。认知系统可以利用结构化数据和非结构化数据以及视觉、听觉和传感器数据等多种信息源。

9.8.2　认知计算与人工智能的差异

"认知计算"经常与"人工智能"互换使用。人工智能是依靠数据和科学方法 / 计算做出（或帮助做出）决策的技术的总称。但是，这两个术语之间存在差异，主要体现在它们的目的和应用方面。人工智能技术包括但不限于机器学习、神经计算、自然语言处理以及最近的深度学习。在人工智能系统——特别是机器学习系统中，数据被输入算法以进行处理（即称为训练的耗时的迭代过程），使系统能够"学习"变量和变量之间的相互关系，得到给定复杂问题或情况的预测结果（或特征）。亚马逊的 Alexa、谷歌的 Home 和苹果的 Siri 等智能助手都是基于人工智能和认知计算的应用。表 9.3 所示的是认知计算和人工智能之间的简单比较（CCC，2018；Reynolds & Feldman，2014）。

表 9.3　认知计算与人工智能

特征	认知计算	人工智能
使用的技术	机器学习	机器学习
	自然语言处理	自然语言处理
	神经网络	神经网络
	深度学习	深度学习
	文本挖掘	
	情感分析	
提供的功能	模拟人的思维过程，帮助人们寻找复杂问题的解决方案	查找各种数据源中的隐藏模式以识别问题并提供潜在解决方案
目的	增强人的能力	通过在某些情况下像人一样操作来使复杂处理自动化
行业	客户服务、营销、医疗保健、娱乐、服务业	制造业、金融业、医疗保健业、银行业、证券业、零售业、政府部门

由表 9.3 可知，人工智能和认知计算的差异相当小。这是意料之中的，因为认知计算

通常被描述为人工智能的一个子组件或为特定目的量身定制的人工智能技术应用。人工智能和认知计算使用相似的技术，并应用于类似的细分行业和垂直领域。二者之间的主要区别在于目的：认知计算旨在帮助人们解决复杂问题，而人工智能则旨在将人执行的过程自动化。在极端情况下，人工智能力图用机器来代替人每次一个地完成需要"智能"的任务。

近年来，认知计算通常被用来描述旨在模拟人的思维过程的人工智能系统。人类认知涉及对环境、上下文和意图以及很多其他影响个人解决问题能力的变量的实时分析。计算机系统需要很多人工智能技术来构建模仿人的思维过程的认知模型，包括机器学习、深度学习、神经网络、自然语言处理、文本挖掘和情感分析。

一般来说，认知计算被用来帮助人做决策。认知计算应用的一个例子是辅助医生治疗疾病。 例如，肿瘤治疗 IBM Watson 已经在纪念斯隆凯特琳癌症中心 Memorial Sloan Kettering Cancer Center，使用，为癌症患者提供肿瘤学家循证治疗方案。在医务人员输入问题后，Watson 会生成一个假设列表并为医生提供可参考的治疗方案。人工智能依靠算法来解决问题或识别隐藏在数据中的模式，而认知计算系统具有更高的目标，即创建模仿人脑推理过程的算法，帮助人们解决随数据和问题不断变化的一系列问题。

在处理复杂情况时，上下文很重要。认知计算系统使上下文可计算。它们识别并提取时间、位置、任务、历史或配置文件等上下文特征，以表示适合在特定时间和地点用于特定处理的个人和相关应用的特定信息集。据认知计算联盟称，这些系统利用大量不同信息来寻找模式，并用这些模式来响应用户在特定时刻的需求，从而实现机器辅助的例外发现。从某种意义上说，认知计算系统旨在重新定义人与日益普及的数字化环境之间关系的本质。它们可以扮演用户助手或者教练的角色，而且在很多问题求解的情境下，它们几乎可以自主行动。这些系统能够影响的流程和领域的边界仍然是弹性且突现的。它们的输出可能是规范性的、暗示性的、指导性的或者仅仅是娱乐性的。

在短时间内，认知计算已被证明在很多领域中和各种复杂情况下都是有用的，而且它正在进入更多领域。认知计算的典型用例包括：

❑ 开发智能搜索引擎和自适应搜索引擎。
❑ 有效使用自然语言处理。
❑ 语音识别。
❑ 语言翻译。
❑ 基于上下文的情感分析。
❑ 人脸识别和面部表情检测。
❑ 风险评估和缓解。
❑ 检测和减少欺诈。
❑ 行为评估和建议。

认知分析（Cognitive Analytics）是指专门处理和分析大型非结构化数据集的认知计算

技术平台，如 IBM Watson。通常，文字处理文档、电子邮件、视频、图像、音频文件、演示文稿、网页、社交媒体等很多其他数据格式都需要先手动标记元数据，然后才能输入传统分析引擎和大数据工具以进行计算分析和洞见生成。与传统大数据分析工具相比，使用认知分析的主要优势在于无须对这类数据集进行预先标记。认知分析系统可以使用机器学习以最少的人工监督来适应不同的环境。通过为这样的系统配备聊天机器人或搜索助手，能够理解查询、解释数据洞见并使用人类语言与人互动。

9.8.3 认知搜索

认知搜索是新一代的搜索方法，它使用人工智能（即高级索引、自然语言处理和机器学习）技术来返回与用户更相关的结果。福里斯特（Forrester）将认知搜索和知识发现解决方案定义为"采用自然语言处理和机器学习等人工智能技术吸收、理解、组织和查询多个数据源的数字内容的新一代企业搜索解决方案"（Gualtieri，2017）。认知搜索利用认知计算算法创建索引平台，从不可搜索的内容中创建可搜索的信息。

搜索信息是一项乏味的工作。虽然目前的搜索引擎在及时查找相关信息方面做得很好，但是它们的数据源仅限于互联网上的公开数据。认知搜索提出了为企业量身定制的新一代搜索。根据文献（Gualtieri，2017），认知搜索不同于传统搜索，因为：

- **认知搜索可以处理各种数据类型**。搜索不再只是对文档和网页中的非结构化文本的。认知搜索解决方案还可以处理数据库中包含的结构化数据，甚至图像、视频、音频和物联网设备生成的机器 / 传感器日志等非传统企业数据。
- **认知搜索可以将搜索空间上下文化**。在信息检索中，上下文很重要。上下文将传统的语法 / 符号驱动的搜索提升到了新的层次，其中数据是通过语义和意义定义的。
- **认知搜索使用了先进的人工智能技术**。认知搜索解决方案的突出特点是使用自然语言处理和机器学习来理解数据、组织数据，预测搜索查询的意图，提高结果的相关性，并随时间推移自动调整结果的相关性。
- **认知搜索使开发人员能够构建企业的专用搜索应用程序**。搜索不仅仅是指企业门户上的某个文本框。企业构建搜索应用程序，将搜索嵌入客户的 360 应用程序、制药研究工具和很多其他业务流程应用程序中。如果没有强大的幕后搜索功能，亚马逊的 Alexa、谷歌的 Now 和苹果的 Siri 等虚拟数字助手将毫无用处。希望为客户构建类似应用程序的企业也将受益于认知搜索解决方案。认知搜索解决方案提供让开发人员将搜索引擎的强大功能嵌入其他应用程序中的软件开发工具包（Software Development Kit，SDK）、API 和视觉设计工具。

图 9.24 从易用性和价值主张两个维度展示了搜索方法从良好的旧式关键词搜索到现代的认知搜索的渐进演化。

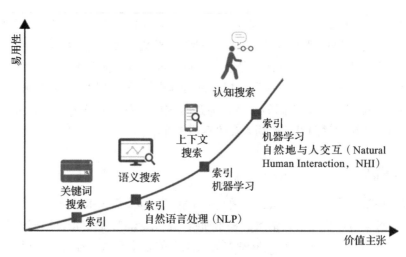

图 9.24 搜索方法的渐进演化

应用示例：利用深度学习技术打击欺诈行为

丹斯克银行是斯堪的纳维亚的一家银行。它在当地拥有深厚的根基，同时也是通往世界其他地区的金融桥梁。丹斯克银行成立于 1871 年 10 月。150 多年来，丹斯克银行一直在帮助斯堪的纳维亚半岛的人们和企业实现他们的抱负。丹斯克银行的总部位于丹麦，其核心市场在丹麦、芬兰、挪威和瑞典。有关这个例子的竞争性案例研究以及相关的视频和文档参见（Teradata，2020）。

业务问题

减少欺诈行为是银行的首要任务。根据美国注册欺诈检查师协会（Association of Certified Fraud Examiners）的数据，企业每年因欺诈导致的损失超过 3.5 万亿美元（https://www.pymnts.com/fraud-attack/2016/fraud-costs-security-hackers/）。这个问题在整个金融行业都很普遍，而且每时每刻都在变得更加普遍和复杂。随着客户通过更广泛的渠道和设备办理更多的网上银行业务，发生欺诈的可能性也更大。雪上加霜的是，诈骗者正变得越来越老练，越来越精通技术：他们正在使用机器学习等先进技术，欺诈银行的新方案正在迅速演化。

使用人工编写的规则引擎等旧的欺诈识别方法只能破获很小比例的欺诈案件，而且还会产生大量误报。虽然误报假阳性结果会让银行损失钱财，但是追溯大量结果不仅会浪费时间和金钱，而且还会降低客户的信任度和满意度。为了改进概率预测，在减少误报的同时识别出更高比例的真实欺诈案件，银行需要新的分析方式，包括使用人工智能。

与其他全球性银行一样，丹麦的丹斯克银行正在经历客户互动方面的巨大转变。在过去，大多数客户都是在银行分行处理交易。如今，几乎所有的交互都是通过移动电话、平板电脑、ATM 机或呼叫中心以数字化的方式进行的。这为欺诈的发生提供了更多的"表层空间"。因为这家银行的欺诈检测率只有 40%，所以它需要升级欺诈检测防御系统，使其变得现代化。丹斯克银行每天要处理多达 1200 个误报案件。银行正在调查的所有案件中有 99.5% 与欺诈无关。如此多的误报使得银行需要花费大量的人力、时间和资金来调查那些最终被证明与欺诈无关的事情。丹斯克银行与 Teradata 的 Think Big Analytics 公司共同做出了一个战略决定，即应用包括人工智能在内的创新分析技术来更好地识别欺诈行为并减少误报。

解决方案：利用深度学习增强欺诈检测能力

丹斯克银行将深度学习与 GPU 设备集成，其中 GPU 设备针对深度学习进行了优化。新的软件系统可以帮助分析团队识别潜在的欺诈案件，同时智能地避免误报。操作决策从用户转向人工智能系统。然而，在某些情况下，人为干预仍然是必要的。例如，模型可以识别诸如借记卡购买行为发生在世界各地的异常现象，但是仍需要分析师确定这是欺诈活动还是银行客户正常的在线购物活动。

丹斯克银行的分析方法采用了"冠军 / 挑战者"方法论。通过这种方法，深度学习系统可以实时进行模型比较，以确定哪个最有效。每位挑战者都在实时处理数据，并在这个过程中了解哪些特征最可能意味着发生了欺诈活动。如果该过程的效果某个阈值，那么就该向该模型提供更多数据，如客户的地理位置或者最近的 ATM 交易。当某个挑战者的表现超过其他挑战者时，它就会成为冠军，为其他模型提供成功的欺诈检测路线图。

结果

丹斯克银行实施了利用人工智能和深度学习的现代企业分析解决方案，该解决方案给它带来了巨大的收益：

❑ 将误报减少了 60%，并有望减少 80% 的误报。

❑ 将真正例率提高了 50%。

❑ 现在可以将资源集中在解决真实的欺诈案例上。

图 9.25 所示的是丹斯克银行如何通过高级分析（包括深度学习）提高真正例率和误报率。圆点表示旧的规则引擎，它仅捕获了 40% 的欺诈行为。深度学习在机器学习基础上取得了显著的改进，从而使丹斯克银行能够以更低的误报率更好地进行检测欺诈。

企业分析正在迅速发展并转向由人工智能支持的新学习系统。与此同时，硬件和处理器正在变得越来越强大和专业化，包括开源算法在内的算法也变得越来越容易获得。所有这些进步都为银行提供了识别和减少欺诈行为所需的强大解决方案。正如丹斯克银行所了解的那样，相比使用传统现成工具，构建和部署满足其特定需求并利用其数据源的企业级分析解决方案能够提供更大的价值。借助人工智能和深度学习，丹斯克银行现在能够更好地发现欺诈行为，而不受大量误报的困扰。该解决方案还允许银行的工程师、数据科学家、业务部门以及国际刑警组织、当地警察和其他机构的调查人员合作发现欺诈行为，包括复杂的欺诈团伙。凭借其增强的功能，企业分析解决方案现在被用于银行的其他业务领域，以提供额外的价值。

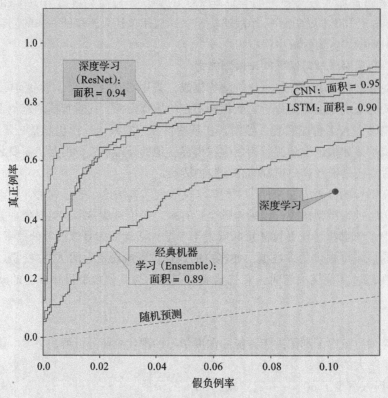

图 9.25　深度学习同时提高真正例率和假负例率

由于这些技术仍在不断发展，因此企业可能难以自行实现深度学习和人工智能解决方案。它们可以与有强大技术支持能力的公司合作实施高价值的解决方案，从而获得收益。如本案例所示，Think Big Analytics 拥有配置专用硬件和软件框架以支持新操作流程的专业知识。丹斯克银行项目需要集成开源解决方案并部署生产模型，然后应用深度学习分析来扩展和改进模型。该项目创建了一个管理和跟踪生产系统中模型并确保模型可信的框架。这些模型使底层系统能够实时做出符合银行程序、安全和高可用性指南的自主决策。这个解决方案提供了新级别的细节——如时间序列和事件序列，以便更好地协助银行进行欺诈调查。整个解决方案的实施非常迅速——从启动到上线仅用了 5 个月。图 9.26 所示的是基于人工智能和深度学习的企业级分析解决方案的通用框架。

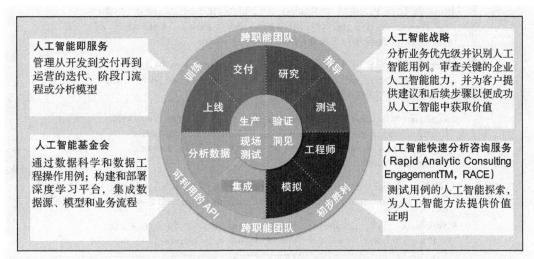

图 9.26　基于人工智能和深度学习的通用分析框架

小结

深度学习是人工智能和机器学习的当代应用。大量非结构化数据源（即大数据）以及新一代神经网络架构为深度学习及其带来的前所未有的前景奠定了基础。谷歌、Facebook、Twitter、LinkedIn、苹果和微软等大型数据驱动的公司在深度学习及其相关技术方面投资了数百万美元，其中很多公司公开了它们的研究发现，以促进基于社区的众包开发项目。

本章首先明确定义了深度学习是什么以及它从何而来，然后讨论了人工神经网络以及深度学习的基本概念，探讨了卷积神经网络和循环神经网络 / 长短时记忆网络这两种流行的深度学习架构以及相关的社区项目和可免费访问的类库。本章还介绍了认知计算的概念和应用。

参考文献

Abadi, M., P. Barham, J. Chen, Z. Chen, et al. (2016). "TensorFlow: A System for Large-Scale Machine Learning." *Proceedings of the 12th USENIX Symposium on Operating Systems Design and Implementation*, 16: 265–283.

Bahdanau, D., K. Cho, & Y. Bengio. (2014). "Neural Machine Translation by Jointly Learning to Align and Translate," *ArXiv*, 1409.0473.

Bengio, Y. (2009). "Learning Deep Architectures for AI," *Foundations and Trends in Machine Learning*, 2(1): 1–127.

Bergstra, J., O. Breuleux, F. Bastien, P. Lamblin, R. Pascanu, et al. (2010). "Theano: A CPU and GPU Math Compiler in Python," *Proceedings of the Ninth Python in Science Conference*, 1: 3–10.

Chen, T., M. Li, Y. Li, M. Lin, et al. (2015). "Mxnet: A Flexible and Efficient Machine Learning Library for Heterogeneous Distributed Systems," *ArXiv*, 1512.01274.

Cognitive Computing Consortium. (2018). *Cognitive Computing Defined*. https://cognitivecomputingconsortium.com/resources/cognitive-computing-defined/#1467829079735-c0934399-599a (accessed September 2020).

Collobert, R., K. Kavukcuoglu, & C. Farabet. (2011). "Torch7: A MATLAB-Like Environment for Machine Learning." BigLearn, NIPS workshop.

Cybenko, G. (1989). "Approximation by Superpositions of a Sigmoidal Function," *Mathematics of Control, Signals and Systems*, 2(4): 303–314.

Goodfellow, I., Y. Bengio, & A. Courville. (2016). *Deep Learning*. MIT Press.

Goodfellow, I. J., D. Warde-Farley, P. Lamblin, V. Dumoulin, et al. (2013). "Pylearn2: A Machine Learning Research Library," *ArXiv*, 1309.4214.

Graves, A. (2013). "Generating Sequences with Recurrent Neural Networks," *ArXiv*, 1309.0850.

Graves, A., & N. Jaitly. (2014). "Towards End-to-End Speech Recognition with Recurrent Neural Networks," *Proceedings on International Conference on Machine Learning*, 32(2): 1764–1772.

Gualtieri, M. (2017). *Cognitive Search Is the AI Version of Enterprise Search*. go.forrester.com/blogs/17-06-12-cognitive_search_is_the_ai_version_of_enterprise_search/ (accessed September 2020).

Haykin, S. S. (2009). *Neural Networks and Learning Machines*, 3rd ed. Prentice Hall.

He, K., X. Zhang, S. Ren, & J. Sun. (2015). "Delving Deep into Rectifiers: Surpassing Human-Level Performance on ImageNet Classification," *Proceedings of the IEEE International Conference on Computer Vision*, pp. 1026–1034.

Hinton, G. E., S. Osindero, & Y.-W. Teh. (2006). "A Fast Learning Algorithm for Deep Belief Nets," *Neural Computation*, 18(7): 1527–1554.

Hochreiter, S., & J. Schmidhuber. (1997). "Long Short-Term Memory," *Neural Computation*, 9(8), 1735–1780.

Hornik, K. (1991). "Approximation Capabilities of Multilayer Feedforward Networks," *Neural Networks*, 4(2): 251–257.

Jia, Y. (2013). "Caffe: An Open Source Convolutional Architecture for Fast Feature Embedding." *Proceedings of the 2014 ACM Conference on*

Multimedia, doi:10.1145/2647868.2654889.

Keysers, D., T. Deselaers, H. A. Rowley, L.-L. Wang, & V. Carbune. (2017). "Multi-Language Online Handwriting Recognition," *IEEE Transactions on Pattern Analysis and Machine Intelligence*, 39(6): 1180–1194.

Krizhevsky, A., I. Sutskever, & G. Hinton. (2012). "ImageNet Classification with Deep Convolutional Neural Networks," *Neural Information Processing Systems*, 25: 1097–1105.

LeCun, Y., B. Boser, J. S. Denker, D. Henderson, et al. (1989). "Backpropagation Applied to Handwritten ZIP Code Recognition," *Neural Computation*, 1(4): 541–551.

Liang, X., X. Shen, J. Feng, L. Lin, & S. Yan. (2016). "Semantic Object Parsing with Graph LSTM," *European Conference on Computer Vision*. Springer, pp. 125–143.

Mahajan, D., R. Girshick, V. Ramanathan, M. Paluri, & L. van der Maaten. (2018). *Advancing State-of-the-Art Image Recognition with Deep Learning on Hashtags*. https://code.facebook.com/posts/1700437286678763/advancing-state-of-the-art-image-recognition-with-deep-learning-on-hashtags/.

Mikolov, T., K. Chen, G. Corrado, & J. Dean. (2013a). "Efficient Estimation of Word Representations in Vector Space," *ArXiv*, 1301.3781.

Mikolov, T., I. Sutskever, K. Chen, G. S. Corrado, & J. Dean. (2013b). "Distributed Representations of Words and Phrases and Their Compositionality," *Advances in Neural Information Processing Systems*, 26: 3111–3119.

Principe, J. C., N. R. Euliano, & W. C. Lefebvre. (2000). *Neural and Adaptive Systems: Fundamentals Through Simulations*. Wiley.

Reynolds, H., & S. Feldman. (2014, July/August). "Cognitive Computing: Beyond the Hype," *KM World*, 23(7): 21.

Rumelhart, D. E., G. E Hinton, & R. J. Williams. (1986). "Learning Representations by Back-Propagating Errors," *Nature*, 323(6088): 533.

Russakovsky, O., J. Deng, H. Su, J. Krause, et al. (2015). "Imagenet Large Scale Visual Recognition Challenge," *International Journal of Computer Vision*, 115(3): 211–252.

Sato, K., C. Young, & D. Patterson. (2017). *An In-Depth Look at Google's First Tensor Processing Unit (TPU)*. https://cloud.google.com/blog/big-data/2017/05/an-in-depth-look-at-googles-first-tensor-processing-unit-tpu (accessed September 2020).

Sutskever, I., O. Vinyals, & Q. V. Le. (2014). "Sequence to Sequence Learning with Neural Networks," *Advances in Neural Information Processing Systems*, 4: 3104–3112.

Teradata. (2020). *Danske Bank Fights Fraud with Deep Learning and AI*. https://www.teradata.com/Resources/Case-Studies/Danske-Bank-Fight-

Fraud-With-Deep-Learning-and-AI (accessed August 2020).

Ung, G. M. (2016, May). "Google's Tensor Processing Unit Could Advance Moore's Law 7 Years into the Future," *PCWorld*. https://pcworld.com/article/3072256/google-io/googles-tensor-processing-unit-said-to-advance-moores-law-seven-years-into-the-future.html (accessed September 2020).

Vinyals, O., A. Toshev, S. Bengio, & D. Erhan. (2015). "Show and Tell: A Neural Image Caption Generator," *Proceedings of the IEEE Conference on Computer Vision and Pattern Recognition (CVPR)*, pp. 3156–3164.

Vinyals, O., A. Toshev, S. Bengio, & D. Erhan (2017). "Show and Tell: Lessons Learned from the 2015 MSCOCO Image Captioning Challenge," *Proceedings of the IEEE Transactions on Pattern Analysis and Machine Intelligence*, 39(4): 652–663.

Zhou, Y.-T., R. Chellappa, A. Vaid, & B. K. Jenkins. (1988). "Image Restoration Using a Neural Network," *IEEE Transactions on Acoustics, Speech, and Signal Processing*, 36(7): 1141–1151.

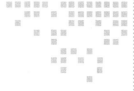

KNIME 及商业分析和
数据科学工具前景展望

为了跟上近年来商业分析和数据科学（在学术界和工业界）的巨大发展，用于实现这些技术的工具也在以前所未有的速度发展和扩展。如第 2 章中的图 2.4 所示，从商用付费软件到免费开源软件，从图形工作流型软件到基于语言的编程平台，软件工具有很多。有些工具是基于云的，有些则是单独的本地工具，还有些二者都支持。它们提供本地工具和基于云的补充平台，后者可以提高计算效率、简化模型部署。有些工具擅长数据预处理和构建灵活而强大的模型，有些工具则在模型学习、使用和部署的便捷性方面更胜一筹。从不断扩展的工具产品中可以看出，没有一种工具是万能的。大多数商业分析和数据科学专业人员倾向于同时使用一系列工具和编程语言来为他们的数据分析项目生成最佳结果。

数据科学家在工作中取得的成功很大程度上取决于他们所依赖的工具。数据科学家需要具备有关底层算法的数学和统计知识，拥有有效分析平台的使用经验，熟悉领域知识，掌握团队 / 人员管理技能。另外，其他偶然性和互补性因素也会影响数据科学项目能否最终成功并给利益相关者留下印象。

显然，每个项目都有截止日期、需求清单以及需要满足的预算。大部分数据挖掘项目的设计都非常严格，没有太多空间进行沙盒化或扩展试错方法。数据科学家应该在短时间内识别并实现解决方案，并确保其正确执行——也就是让它满足项目需求。为此，数据科学家可能需要快速试验不同的技术，以确定和采用可能的项目最佳路线图和重复机制。当然，每个项目也都有预算。正确解决方案的快速实现通常还受有限预算的限制。

有些项目非常复杂，需要特别的算法，而不仅仅是经典的通用机器学习算法。有时，数据科学家不得不现学新技术和新算法，以便在最后期限前迅速完成工作。数据科学家花在理论和数学上的时间越多，学习的速度就越快。

最后，从原型到生产的过程要求尽可能地快且安全。考虑到解决方案将被另一群不那么专业的用户使用，在将其转移到生产环境时，数据科学家不能降低解决方案各个部分的质量，也不能冒险将解决方案暴露给不那么安全的执行环境。如果需要，应该为更大范围的公众提供一组不同的解决方案——具有适当交互性、复杂性和更安全的框架。

除了数学、经验和领域知识之外，很多其他的偶然性因素——如易学习性、原型实现速度、确保解决方案的正确性的调试和测试选项、试验不同方法的灵活性、外部贡献者和专家提供的帮助的可用性，自动化和安全能力——都有助于数据科学项目的成功。这些偶然性因素在很大程度上取决于数据科学家选择使用的工具和数据科学平台。

在三十多年的从业经历中，我使用过很多分析平台。这些平台包括为教育（教授本科、硕士、博士和高管教育等各级商业分析数据科学课程）和纯商业目的（为营利公司、非营利组织及政府机构提供咨询服务）服务的各种商用平台和免费开源平台。虽然我仍然在使用各种分析工具和数据科学平台，但是最近六年多来，我一直使用 KNIME 作为主要分析平台。使用 KNIME，我能够为复杂问题创建和部署数据科学解决方案。这些解决方案为我的客户创造了价值，帮助我们在著名期刊上发表了高影响力的论文，并为我的教材提供了案例研究。KNIME 开放和可扩展的架构是它非常吸引我的一个特性，它使我能够将流行的数据科学工具以及 Python、R、Spark 和 H2O 等编程语言的能力无缝集成到工作流中。下面将描述 KNIME 作为分析平台工作良好的各种原因。

项目约束：时间和资金

KNIME 分析平台是满足所有数据需求的开源软件。它可以从 www.knime.com/downloads 免费下载并免费使用——不仅能够免费用于学习和教育，也可以免费用于商业用途。作为一个免费的开源产品，KNIME 减少了与许可相关的法律问题和对项目预算的影响。

网站下载的软件是完整版本（非受限的社区版本），其中不仅包含了丰富的数据整理和机器学习方法，而且是基于可视化编程的。作为传统编程的替代品，可视化编程最近变得相当流行。在可视化编程中，图形用户界面（Graphical User Interface，GUI）会指导你完成所有必要步骤，以构建专用块（节点）的管道（工作流）。每个节点实现一个给定任务。节点的每个工作流从设计开始到结束都将携带着你的数据。工作流代替了传统的脚本，节点代替一行或多行脚本。

在 KNIME 分析平台中，可通过从节点库（Node Repository）向 KNIME 工作台中间区域的工作流编辑器的拖放（或双击）操作来创建节点。一个节点接一个节点地按照逻辑顺序拖放即可构建管道。附图 1 所示的是 KNIME 分析平台的图形用户界面，其中包括以下组件：

❏ 存储工作流的 KNIME 资源管理器（KNIME Explorer）。
❏ 推荐的工作流指导（Workflow Coach）。

❑ 作为节点存储器的节点库（Node Repository）。

❑ 概览大纲。

❑ 错误控制台。

❑ 用于了解更多的描述（Description）。

❑ 用于组装工作流的工作流编辑器（在中间）。

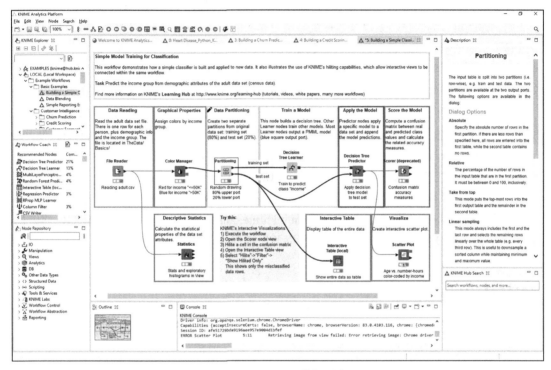

附图 1　KNIME 分析平台

可视化编程支持快速构建原型，并能够降低理解和解释项目底层逻辑的难度。这使得不太专业的商业分析用户也可以很快学会和使用 KNIME。在确定项目的最终方向前，用户可以快速制作一些不同的实验原型。实现的便捷性为更深入地思考当前解决方案在理论上的替代方案腾出了时间。作为一名教师，我喜欢这样一个事实，即在直观的图形工作流的帮助下，以合乎逻辑的方式解释将数据转换为可操作洞见的完整过程让我的工作更容易。

学习曲线

与基于代码的工具相比，可视化编程的学习曲线更为平缓。数据科学现在或多或少地应用于包括人文科学、语言、生命科学、经济学、社会科学和工程学等在内的所有学科。并非所有科学家（或管理者、决策者）都是专业的程序员，也不是所有人都有足够多的业余时间成为专业的程序员。与基于代码的工具相比，基于图形用户界面（GUI）的可视化工具可以在更短的时间内学习和应用，从而为更重要的研究、概念化和问题解决腾出宝贵的时间和资源。

此外，那些准备成为人文科学、语言、生命科学、经济学或其他学科未来科学家的人喜欢基于图形用户界面的工具的易用性。他们想要缩短花在编程语法细节上的时间，以便将更多的时间花在模型构建的语义和问题解决上。我经常看到，在使用或实现任意数据分析方法之前，都要花费整整几个月去学习编码实践的句法性质。使用 KNIME 分析平台，只需要短短几周，你就可以为数据转换以及各种机器学习算法的训练和测试等组装非常强大的工作流。也就是说，对于极为复杂的新颖项目，数据科学家可能需要将一些分析编程语言（如 Python 和 R）特有的高级功能整合到模型构建和问题解决的过程中。因为 KNIME 分析平台构建在一个开放的、可扩展的架构上，所以还可以通过选择脚本和包装器节点来进行这类扩展。

互联网（特别是 KNIME 网站）上有很多关于 KNIME 分析平台的教育资源，这些资源可以帮助你快速上手。从 KNIME 网站上的通用 LEARNING（学习）页面（https://www.knime.com/resources）开始，你可以继续学习有教师指导的课程（https://www.knime.com/learning/events）或完全自学课程（https:// www.knime.com/knime-introductory-course）。最终，你可以获得平台认证。当然，你也可以借助书籍（比如本书）来自学。

初学者也可以在 KNIME Hub（https://hub.knime.com/）上获得帮助。该平台的创建者已经把 KNIME 社区现有的 KNIME 分析平台资源集扩展到了 KNIME Hub。

KNIME 社区

KNIME Hub 是 KNIME 社区的公共库。在这里，你可以分享你的工作流，并从其他 KNIME 用户处下载工作流。只要输入关键字，就会得到相关工作流、组件、扩展等的列表。这是一个有大量示例的好地方！例如，在搜索框中输入"basic"（基础）或"beginners"（初学者），将会得到说明 KNIME 分析平台基本概念的示例工作流列表；输入"read file"（文件读取），将会得到说明如何读取 CSV 文件、表格文件、Excel 等文件的示例工作流列表。注意，其中一些示例工作流也会出现在 KNIME 工作台左上角的 KNIME 资源管理器内的示例（EXAMPLES）服务器上。

当你想单独使用某个可能感兴趣的工作流时，则可以单击它以打开其页面，然后下载它或在 KNIME 分析平台中打开它。在本地工作空间中，你可以根据数据和需求调整工作流。在搜索了现成的代码段之后，你可以根据自己的问题从 KNIME Hub 下载、重用和调整工作流或工作流片段。

当然，你也可以在 KNIME Hub 上分享自己的作品，以造福公众。只需将要共享的工作流从本地工作空间复制到 KNIME 资源管理器面板中的 My-KNIME-Hub/Public 文件夹中（见附图 2）即可完成分享。

KNIME 社区并不仅限于 KNIME Hub。你可以在 KNIME 论坛（https://forum.knime.com/）

上获取提示和技巧。在这里，你可以提问或搜索先前问题的答案。这个社区非常活跃，很可能已经有人问过你想问的问题了。

最后，社区的投稿可以发表在 KNIME 博客（https://www.knime.com/blog）、KNIME 出版社（https://www.knime.com/knimepress）的书籍以及 YouTube 上的 KNIMETV（https://www.youtube.com/user/KNIMETV）频道的视频等上面。

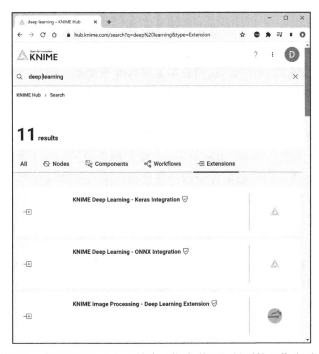

附图 2　在 KNIME Hub 上搜索"深度学习"得到的工作流列表

正确性和灵活性

简单固然好，但是正确性才是最重要的。你需要知道一个工具是否足够灵活，以便可以试验不同的替代方法和过程。这是一个很关键的问题，因为对于目前可用的很多软件工具来说，简单是通过牺牲控制力和灵活性来保证的。很多工具看起来就像封装好的黑盒解决方案。对于数据科学家来说，这种神奇的解决方案一直备受质疑。数据科学家非常注重能否完全控制半实验过程及其潜在选择，以便找到最优解决方案。

自动化机器学习（又称 AutoML 或 AML）最近非常流行。它承诺不需要你动一根手指头就能得到数据并给出一些结果。尽管这听起来很吸引人，但是它也有一些风险。首先，它就像一个黑盒：它的决策过程是不透明的。在向盒子中输入数据时，我必须完全相信机器，即相信数据分析过程是正确的，符合数据的特征和分布，并针对希望解决的问题进行了调整。就个人而言，我更喜欢确保分析中的所有步骤都是根据最佳实践实现的，在我的控制下，且适合于应用的原始设计。虽然 AutoML 是数据科学中理想的最后目标，但由于解决方案开发的艺术性，它仍然是一个正在进行的工作，是一个"乌托邦"。对真正的数据科学家来说，它只不过是一个早期的实验步骤。

当在 KNIME 分析平台中执行一个节点时，你可以检查该节点的选项和输出结果（只需单击右键，然后在上下文菜单中选择最后一个选项）以逐步调试和验证应用，并确保所有步骤按设计要求工作。世界从来都不是完美或理想的，它产生的数据也不是。自动化分析可能对不包含非平衡类、异常值、嘈杂记录等的完美数据很有效。但是，完美的数据只会出现在假数据集中。在现实生活中，我们总是需要对非平衡类、嘈杂数据、缺失值、异常值和不一致性等进行调整。增加清洗步骤，在参数上引入优化循环，这些都可能会改变工作流的最终结果。为了试验新的策略，工具在分析过程的每一步中都必须足够灵活，且可定制。黑盒的自动化方法没有太多灵活性，不允许更改分析过程的中间步骤，不允许自定义特性，也不允许调优参数。但是，KNIME 是非常模块化的，包含大量数据整理操作和机器学习算法。它足够灵活。你可以通过简单的拖放操作来交换数据操作节点，动态引入优化循环，在特定机器学习模型的训练中系统性地、轻松地更改 / 优化参数值。

请注意，如果打开一个用旧版本的 KNIME 分析平台开发的工作流，你可能会发现过时的或遗留的节点。由于可能已经开发出了更好的新节点，因此目前不鼓励使用这些过时节点。但是，过时的和遗留的节点仍然存在，它们仍然可以工作。实际上，同先前版本的向后兼容性是 KNIME 之类的分析平台的一个非常重要的关键特性。确保旧的工作流仍然按照设计时的方式工作可以保证结果的可复现性。众所周知，这是科学研究中验证结果的一个极其重要的方式。

数据科学技术的广泛覆盖

分析工具易用性的另一个必要补充是数据科学技术的覆盖范围。如果没有广泛的数据整理技术、机器学习算法、各种数据类型和格式的处理程序，以及与最常用的数据库软件、数据源、报表工具和其他脚本语言的集成，使用工具的便利程度将是有限的。功能强大的分析平台有望通过本地实现和无缝的外部连接紧跟最新的趋势和技术。由于没有任何工具可以始终做到这一点，因此在快速发展的商业分析领域中，与其他工具和技术的集成和良好配合不仅是一种很好的能力，也是综合性分析平台的一个必备条件。

机器学习算法

KNIME 分析平台涵盖了大多数机器学习算法——从传统的算法（如线性回归、逻辑回归、决策树、神经网络、支持向量机、朴素贝叶斯、k 最近邻）到近期的集成模型（如随机森林、梯度提升树）和深度学习算法，从推荐引擎到很多集群技术。大多数算法都是 KNIME 分析平台自带的，部分是通过脚本节点从其他开源库集成的。一个具体的例子是深度学习功能，其中层、单元和预配置的架构可以通过 KNIME 深度学习 Keras 集成（https://www.knime.com/deeplearning/keras）获得。这种集成支持最终用户通过熟悉的 KNIME 图形工作流型用户界面来轻松使用 KNIME 分析平台中的 Keras 库。你可以通过拖拽节点来为复杂的深度神经网络架构创建神经元层并训练和测试最终网络，而不需要编写一行代码。附图 3 所示的是 KNIME 中包含的机器学习技术的快照。

丰富的数据处理程序集合

有很多 KNIME 节点可用来实现各种数据整理技术。通过在逻辑上连接和组合小的或原子的数据处理任务的专用节点，你可以实现非常复杂的数据预处理和转换操作。这类操作的组装非常简单，因此 KNIME 经常被用于完成其他工具的数据准备工作，如为 Excel 生成合并的数据集，为在 Tableau 或 PowerBI 中创建报表准备数据，或者创建向数据仓库推送的汇总数据及合成数据。

附图 3　节点库中机器学习算法的挖掘分类

KNIME 分析平台还连接了大部分常用数据源——从数据库到云存储库，从大数据平台到单个平面文件。因此，无论数据源和数据类型有多奇特，你都可以在 KNIME 分析平台中连接并使用它们。

社区扩展和第三方集成

如果这些都还不够，该怎么办呢？如果需要一个特定程序来进行 DNA 分析或分子转换呢？如果需要 Python 中的特定网络操作函数该怎么办呢？如果需要将结果导出到高度专业化的网络报告中该怎么办呢？当 KNIME 分析平台无法使用本机节点时，通常至少有一个来自 KNIME 社区的第三方扩展来为特定的域规范和相关数据类型提供缺失的功能。此外，它还与其他脚本和编程语言（如 Python、R、Java 和 JavaScript）集成，以便使用其他库和社区资源的附加功能。

KNIME 分析平台允许与 BIRT 报告工具无缝集成，BIRT 也是开源的。它还可以与 Tableau、QlikView、PowerBI 和 Spotfire 等其他报告平台集成。但是，在这些情况下，你需要购买必要的许可证并安装目标报告软件。

在大多数情况下，甚至没有必要使用外部报告软件工具来对数据和分析结果进行可视化。KNIME 中已经有很多基于 JavaScript 的节点存在于节点库的 Views/JavaScript 分类。这些节点使用各种图表实现数据可视化，从简单的散点图到更复杂的旭日图，从简单的直方图到平行坐标图等。虽然这些节点看似很简单，但是实际上可能非常强大。如果将它们组合在一个组件中（即 KNIME 中的集成建模构造），就可以支持对跨多个图表的数据点的交互式选择。因此，组件继承并组合所包含节点的所有视图并将它们连接在一起。这样，如果在一个图表中选择并显示点，那么它们也可以在组件复合视图的其他图表中被选择并显示。例如，附图 4 中的三个图表对相同的数据进行了可视化且可以一起联动。这样，当在柱状图中选择数据时，就可以在其他两个图中部分可视化所选的数据。

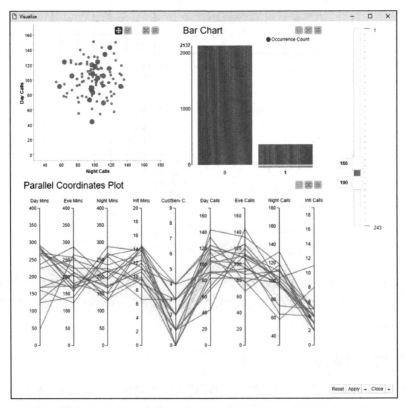

附图 4　包含散点图、柱状图和平行坐标图的组件的复合视图

企业中的数据科学

最后一步是将建模的输出部署到生产环境中，以便这些模型生成的洞见能够用于更好、更快的决策制定。在企业中，这种部署必须快速、简单、直观、无缝和安全。这是数据科学项目行动链条中的最后一步，或许也是最关键的一步。当工作流完成时（即模型经过训练和测试且性能得到了测量），你需要将应用推送到现实世界以处理真实的数据，为目标用户群提供价值。将应用迁移到现实世界的过程称为移入生产。将模型融入最终应用中的过程称为部署。这些阶段是深度相连的，可能会有很大问题，因为应用设计中的所有错误都可以并且将会在这个阶段出现。

使用 KNIME 分析平台可以将应用转移到生产环境中。如果你是数据科学家或数据科学学科的学生，但是并不会经常部署应用和模型，那么 KNIME 分析平台可能足以满足你的需求。但是，如果是在企业环境中，则需要调度、版本控制、访问权限和生产服务器的所有其他典型功能，那么仅将 KNIME 分析平台用于生产环境可能会很麻烦，可能不会为企业产生足够的价值。在这种情况下，KNIME 服务器并不是开源的，而是以年许可费用的价格出售，这样可以让你的生活轻松得多。首先，这种基于服务器的部署更适合企业 IT 环境的治理。此外，它还为团队和整个数据科学实验室提供了一个受保护的协作环境。最后，得益于 KNIME 的集成部署特性和一键式部署功能，模型部署和移入生产变得更容易、更快和更安全。最终用户可以从 KNIME 分析平台客户端运行应用，另一个更好的选择是从浏览器访问基于 Web 的应用。

前面提到的复合视图提供了所选点的交互和相连视图，当解决方案通过 KNIME 服务器的 Web 门户在 Web 浏览器上执行时，复合视图就变成了完整的 Web 页面和易于使用的应用。通过将组件作为工作流中的接触点，你可以在 Web 浏览器中获得受指导的分析应用（https://www.knime.com/knime-introductory-course/chapter1/section4/guided-analytics）。最终用户可以利用这些接触点来插入知识或首选项，以便将分析引导到期望的方向。

小结

通过本附录中的简要介绍，我希望我已经说服你试用 KNIME，亲自看看为什么 KNIME 分析平台是绝佳的商业分析和数据科学工具，而且能够支持你未来努力成为数据科学家。

KNIME 的易用性将为你节省很多时间，让你将更多的精力用于更重要的研究课题。请记住，它是免费的，而且有可靠的社区支持。KNIME 还提供了调试功能，允许你检查所实现的操作的正确性并记住所有节点的原子任务。这样，你就可以轻松地试验不同的分析策略了。简单的原型设计确实是 KNIME 分析平台的最佳特性之一，它让我们能够快速评估和试验新方法。

机器学习算法、数据整理方法和可访问的数据源使 KNIME 分析平台成为非常可靠的工具。但是，KNIME 分析平台也很容易使用。如果本地节点和扩展还不够，那么社区扩展同与其他脚本和编程语言的集成以及与报告工具的集成可以弥补特定领域的缺失功能。

最后，使用 KNIME 服务器作为针对企业的 KNIME 分析平台的补充，可以在公司 IT 环境中轻松、安全地部署和无缝集成。

附表 1 总结了将 KNIME 分析平台用作数据科学学习、教学和执行的潜在工具的十大主要原因。

附表 1　考虑 KNIME 的十大原因

10	易用性	图形用户界面具备直观的工作流建模逻辑，使分析平台的学习、教学和使用等非常简单、直观
9	可部署性	通过部署到云（在 KNIME 服务器上或者在你自己的 AWS 或 Azure 空间上）使工作流可以永久使用是一个快速而直接的过程
8	可扩展性	KNIME 允许你构建自己的节点，也允许你使用他人构建的节点。此外，你可以通过 JavaScript、Python 和 R 集成节点，增强功能性和可扩展性
7	社区支持	只需在 KNIME 网站上点击几下，就可以访问 KNIME 专家以及大型且高度活跃的用户社区，获取有关问题、建模提示和示例工作流的帮助
6	模块化	使用元节点和组件，KNIME 允许在不同的粒度级别创建可重用的建模构件
5	连接性	KNIME 可连接到几乎所有数据源（本地数据源、Web 数据源或云数据源）并适用于任何数据类型（结构化数据、半结构化数据、非结构化数据）
4	丰富的功能	KNIME 拥有超过 2000 个活跃节点和更多来自第三方（通过扩展）的数据科学函数集合
3	平台无关	KNIME 可以在 Windows、MacOS 和 Linux 这三种流行的操作系统上本地运行
2	开源	分析平台的源代码对所有人开放，可供所有人进行探索和创新
1	免费	KNIME 是免费的！它不是缩小版、限时版、试用版或社区版，而是全功能版本。它可以用于学习、教学和咨询等用途

致谢

本附录中很大一部分内容是在获得许可的情况下根据罗萨丽娅·西利波（Rosaria Silipo）女士的博客文章（https://medium.com/swlh/why-knime-98c835afc186）构建的。罗萨丽娅·西利波女士是 KNIME 的主任数据科学家以及 KNIME 教育和活动团队的领导者。